U0201615

NANOMATERIALS

纳米材料前沿

编委会

“十三五”国家重点出版物
出版规划项目

国家出版基金项目
NATIONAL PUBLICATION FOUNDATION

纳米材料前沿 〉

Liquid Phase Synthesis of Nanomaterials

纳米材料液相合成

王训　倪兵　等编著

化学工业出版社

·北　京·

本书主要介绍了纳米材料的液相合成方法，包括贵金属及其合金纳米晶的合成，水热/溶剂热法、模板法合成纳米材料，超细纳米晶的合成方法，并从理论角度探讨了纳米晶的生长机理。全书内容丰富，介绍了大量合成反应体系，以期从多方面启发读者了解整个纳米材料液相合成方法，为研究者从原子/分子的层次设计新材料和新结构提供一些思路。

本书可供从事纳米材料研究的科研和技术人员参考使用，也可作为材料、化学、环境等专业的高校师生的参考用书。

图书在版编目（CIP）数据

纳米材料液相合成/王训等编著. —北京：化学工业出版社，2017.5（2020.1重印）

（纳米材料前沿）

ISBN 978-7-122-29279-7

Ⅰ.①纳… Ⅱ.①王… Ⅲ.①纳米材料－液相－合成 Ⅳ.①TB383

中国版本图书馆CIP数据核字（2017）第050526号

责任编辑：韩霄翠 仇志刚
文字编辑：向 东
责任校对：边 涛
装帧设计：尹琳琳

出版发行：化学工业出版社
　　　　　（北京市东城区青年湖南街13号 邮政编码100011）
印　　装：北京瑞禾彩色印刷有限公司
710mm×1000mm 1/16 印张19 字数324千字
2020年1月北京第1版第2次印刷

购书咨询：010-64518888
售后服务：010-64518899
网　　址：http://www.cip.com.cn
凡购买本书，如有缺损质量问题，本社销售中心负责调换。

定　　价：118.00元

NANOMATERIALS

纳米材料液相合成

编写人员名单

（按姓氏汉语拼音排序）

蔡　钊　北京化工大学

韩娜娜　北京化工大学

梁海伟　中国科学技术大学

刘建伟　中国科学技术大学

刘军枫　北京化工大学

倪　兵　清华大学

孙晓明　北京化工大学

王定胜　清华大学

王　训　清华大学

徐雯雯　北京化工大学

俞书宏　中国科学技术大学

张天宇　北京化工大学

张照强　曲阜师范大学

朱万诚　曲阜师范大学

纳米材料是国家战略前沿重要研究领域。《中华人民共和国国民经济和社会发展第十三个五年规划纲要》中明确要求："推动战略前沿领域创新突破，加快突破新一代信息通信、新能源、新材料、航空航天、生物医药、智能制造等领域核心技术"。发展纳米材料对上述领域具有重要推动作用。从"十五"期间开始，我国纳米材料研究呈现出快速发展的势头，尤其是近年来，我国对纳米材料的研究一直保持高速发展，应用研究屡见报道，基础研究成果精彩纷呈，其中若干成果处于国际领先水平。例如，作为基础研究成果的重要标志之一，我国自2013年开始，在纳米科技研究领域发表的SCI论文数量超过美国，跃居世界第一。

在此背景下，我受化学工业出版社的邀请，组织纳米材料研究领域的有关专家编写了"纳米材料前沿"丛书。编写此丛书的目的是为了及时总结纳米材料领域的最新研究工作，反映国内外学术界尤其是我国从事纳米材料研究的科学家们近年来有关纳米材料的最新研究进展，展示和传播重要研究成果，促进学术交流，推动基础研究和应用基础研究，为引导广大科技工作者开展纳米材料的创新性工作，起到一定的借鉴和参考作用。

类似有关纳米材料研究的丛书其他出版社也有出版发行，本丛书与其他丛书的不同之处是，选题尽量集中系统，内容偏重近年来有影响、有特色的新颖研究成果，聚焦在纳米材料研究的前沿和热点，同时关注纳米新材料的产业战略需求。丛书共计十二分册，每一分册均较全面、系统地介绍了相关纳米材料的研究现状和学科前沿，纳米材料制备的方法学，材料形貌、结构和性质的调控技术，常用研究特定纳米材料的结构和性质的手段与典型研究结果，以及结构和性质的优化策略等，并介绍了相关纳米材料在信息、生物医药、环境、能源等领域的前期探索性应用研究。

丛书的编写，得到化学及材料研究领域的多位著名学者的大力支持和积极响应，陈小明、成会明、刘云圻、孙世刚、张洪杰、顾忠泽、王训、杨卫民、张立群、唐智勇、王春儒、王树等专家欣然应允分别担任分册组织人员，各位作者不懈努力、齐心协力，才使丛书得以问世。因此，丛书的出版是各分册作者辛勤劳动的结果，是大家智慧的结晶。另外，丛书的出版得益于化学工业出版社的支持，得益于国家出版基金对丛书出版的资助，在此一并致以谢意。

众所周知，纳米材料研究范围所涉甚广，精彩研究成果层出不穷。愿本丛书的出版，对纳米材料研究领域能够起到锦上添花的作用，并期待推进战略性新兴产业的发展。

万立骏

识于北京中关村

2017年7月18日

纳米化学作为无机化学的一个分支，进入21世纪以来得到了极大的发展，随着合成方法以及表征技术的不断进步，各种特殊结构、特殊功能的纳米材料被大量合成，巧妙的合成策略、新的晶体生长机理不断涌现。目前纳米化学的发展基本上已经度过了概念验证阶段，进入了新的扩展应用阶段。

目前相关专业书籍还不多，因此我们决定编写本书，从最常用的液相合成入手，总结已经发现的合成方法和规律，重点介绍纳米材料的合成以及生长机理，归纳当下的研究热点及发现的新现象、新知识，以期能对研究者有所启发。

在前面的章节中，我们先从贵金属的合成入手，介绍一些具体的案例，期望为读者带来一些纳米合成的直观感觉；随后我们介绍了水热/溶剂热合成的一些具体方法，以纳米阵列为重点阐述了相应的合成策略；在接下来的章节中，我们分别介绍了模板法以及超细纳米材料的合成，前者可以实现对纳米结构的精确控制，后者是目前纳米合成的一个新兴领域，其发展状态还处于概念验证阶段；最后，我们通过一些模型、理论介绍了纳米晶的生长机理。

本书的完成要感谢多位老师。本书第1章、第5章由王训教授和博士生倪兵完成，第2章由王定胜教授完成，第3章编写人员为刘军枫教授、孙晓明教授以及学生蔡钊、徐雯雯、韩娜娜、张天宇等，第4章由刘建伟副教授、梁海伟教授和俞书宏教授完成，第6章由朱万诚教授和研究生张照强完成，全书由王训教授负责策划、统稿和定稿工作。本书编写过程中多位专家学者审阅并提出了宝贵意见，另外，清华大学博士生欧阳琛对本书中的图片处理也做了很多工作，在此一并表示诚挚的感谢。

一方面，由于编者经验不足，另一方面，纳米化学领域仍在快速发展，新知识仍在不断涌现，书中肯定还有许多不全面或者疏漏之处，希望专家和同行们能够提出宝贵意见，以便在有机会再版时，进行补充和更正。

编著者
于清华大学化学系
2017年10月

Chapter 1

第1章
绪论

001

倪兵，王训

（清华大学化学系）

Chapter 2

第2章
贵金属及其合金
纳米晶

007

王定胜

（清华大学化学系）

2.1	引言	008
2.2	**疏水合成体系**	**013**
2.2.1	甲苯 – 油胺 – 甲醛合成体系	013
2.2.2	油胺 – 十八烯合成体系	017
2.2.3	十八胺合成体系	022
2.3	**亲水合成体系**	**037**
2.3.1	高沸点醇 – 苯环衍生物 –PVP 合成体系	037
2.3.2	苯甲醇 –PVP 合成体系	041
2.3.3	PVP 合成体系	045
2.4	**两步法合成合金及金属间化合物纳米晶**	**051**
2.4.1	晶种法	054
2.4.2	"从上至下"合成策略	063
2.5	**本章小结**	**070**
	参考文献	**073**

Chapter 3

第3章
水热/溶剂热法
合成纳米材料

077

刘军枫，蔡钊，徐雯雯，韩娜娜，
张天宇，孙晓明

（北京化工大学理学院）

3.1	引言	078
3.2	**水热/溶剂热法合成纳米材料的基本原理**	**078**
3.2.1	水热/溶剂热法合成纳米材料的影响因素	079
3.2.2	水热/溶剂热法合成纳米材料的发展趋势	085

3.3 水热/溶剂热法合成一维纳米材料   **086**

3.3.1 水热/溶剂热法合成纳米棒和纳米线   087

3.3.2 水热/溶剂热法合成纳米管   098

3.4 水热/溶剂热法合成纳米阵列   **104**

3.4.1 纳米阵列简介   104

3.4.2 一级纳米阵列   106

3.4.3 多层级纳米阵列   114

3.5 本章小结   **118**

参考文献   **119**

4.1 引言   **130**

4.2 模板法合成零维纳米材料   **132**

4.2.1 生物模板法合成零维纳米材料   134

4.2.2 非生物模板法合成零维纳米材料   135

4.3 模板法合成一维纳米材料   **138**

4.3.1 有机模板   139

4.3.2 多孔膜模板   141

4.3.3 用已有的一维纳米结构作模板   142

4.4 模板法合成二维纳米材料   **155**

4.4.1 生物模板法合成二维纳米材料   156

4.4.2 非生物模板法合成二维纳米材料   156

4.5 本章小结   **158**

参考文献   **158**

Chapter 4

第4章
模板法合成纳米材料

129

刘建伟，梁海伟，俞书宏
（中国科学技术大学化学系）

Chapter 5

第5章
超细纳米晶及其控制生长

163

倪兵，王训
（清华大学化学系）

5.1	**引言**	**164**
5.2	**一维超细纳米线**	**167**
5.2.1	一维非金属超细结构合成规律	168
5.2.2	团簇的组装	174
5.2.3	非金属一维超细纳米材料的柔性	177
5.2.4	非金属单壁纳米管	186
5.2.5	一维金属超细结构	191
5.2.6	一维材料力学性能与尺度的关系	197
5.3	**二维超细纳米晶**	**198**
5.4	**本章小结**	**203**
参考文献		**204**

Chapter 6

第6章
纳米晶生长机理

209

朱万诚，张照强
（曲阜师范大学化学与化工学院）

6.1	**引言**	**210**
6.2	**基于传统Lamer模型的生长机理**	**210**
6.2.1	Lamer模型	211
6.2.2	爆发性成核	214
6.2.3	Ostwald熟化	219
6.2.4	扩散控制生长	226
6.3	**取向连生（OA）机理**	**233**
6.3.1	OA机理概述	233
6.3.2	一维纳米结构	238
6.3.3	二维纳米结构	242
6.3.4	三维结构	244
6.3.5	OA和Ostwald熟化协同作用	246

6.4 纳米晶生长的原位观察与跟踪　　251

6.4.1 原位观察光谱技术　　252

6.4.2 原位观察电子显微镜技术　　255

6.5 纳米晶生长的理论研究进展　　267

6.5.1 分子动力学模拟　　267

6.5.2 蒙特卡洛模拟　　270

6.5.3 第一性原理　　272

6.6 本章小结　　274

参考文献　　274

索引　　286

NANOMATERIALS

纳米材料液相合成

Chapter 1

第1章
绪论

倪兵，王训
清华大学化学系

"纳米"是一个长度单位，1nm等于1m的十亿分之一。在这个尺度上，材料表现出独特的性能，建立在这个尺度上的科学统称为纳米科学。纳米科学是一门年轻的、建立在尺寸上的学科。1959年，理查德·费曼曾发表预言："物质世界的底端还有大量未知世界有待开拓（There's plenty of room at the bottom）。"这被认为是首次提出纳米科学的概念。在纳米尺度上，能量表现为不连续变化，赋予材料新奇的电子结构和能带结构；而材料表面原子所占比例较大，因此其化学活性也与相应块体材料产生区别。然而受限于当时的科技水平，这一"未知世界"并没有直接带来科技的突破。随着最近30多年在实验技术上的突破，人们现在对这个"物质世界的底端"有了越来越多的新认识，不断推动科学的发展。20世纪90年代初，纳米化学作为一个新的化学分支学科开始出现在现代化学研究领域中。哈佛大学的Whitesides和多伦多大学的Ozin教授最早在《科学（Science）》和《先进材料（Advanced Materials）》上阐述了"纳米化学（nanochemistry）"一词的科学涵义及主要研究范畴。纳米化学是在纳米尺度上研究物质的结构、组成等化学问题的一门科学，它是纳米科技中的一个非常重要的研究领域，也是同材料、生物、物理等学科交叉最紧密、最富挑战性的分支学科之一。

　　时至今日，纳米科学和纳米技术经过不断发展，已经达到较高的水平。以纳米化学研究为例，人们已经能够可控合成高纯度的不同成分、不同形貌的纳米材料，并依赖这些新材料，探索新的药物载体，尝试改进、创造催化剂，或者将其应用到二次电池等能源领域，不断推动着科学和人类社会的发展。同时纳米材料的表征手段也不断精进，以高分辨电子显微镜以及扫描探针显微镜为代表的纳米表征技术，不仅帮助人们直接观察纳米甚至原子级别的世界，还可以直接实现单个原子的操控。纳米科学和纳米技术互相促进，共同发展，大大扩展了人们对于物质世界的认识。如今二者的发展速度丝毫没有减慢，成果日新月异，极有可能为人类目前遇到的能源、环境、医疗等重大挑战提供解决方案。

　　纳米科学是一门内容非常丰富的交叉学科，因为其研究对象的尺度只限定在纳米领域，往往材料只要有一维在1～100nm就有可能表现出相异于其对应块体材料的性能，因而活跃在这个领域的研究者可以有不同的学科背景，例如化学、化工、物理、生物、材料、电子、机械等领域。物质科学的研究都基于材料的合成，只有用真实的材料测试过的理论才能证明其合理性。因此如果将纳米科学这门交叉学科划分上游研究和下游研究的话，合成无疑是最上游的研究。不同领域的研究者依赖于其学科背景，有着迥异的合成手段，目前形成了多种体系的合成手段。但总的来讲，都可以归纳在两种范畴内：从上至下法和由下至上法。从上至下法是指将一个块体材料利用物理、化学的方法减小其尺寸，使其最终成为纳米材料；由下至上法是指利用物理、化学的方法从无到有创造一个尺度在纳米领域的材料。材料的微加工是前者的一个典型代表，利用电子束或者刻蚀剂选择性消减材料的尺寸，这种方法能够可控地获得精细的结构，可以用来构筑集成电路、纳米阵列等，已经被广泛用在工业生产中。然而这种方法能够触及到的尺度有限，尤其对于尺寸小于50nm的设计显得难以控制。与之相对应，如今3D打印正快速发展，有望在未来实现由下至上纳米尺度材料的构筑。在由下至上法中，也有多种有效方法。气相沉积是一种被广泛应用的纳米材料设计方法，通过基底、模板、气源等参数的控制，利用物理或化学的方法，可以合成非常丰富的纳米材料和结构，制成新奇的纳米器件，探索新的物理现象。这两种合成方法是物理、材料、电子等领域研究中最常用的手段，因为其合成过程相对简单，操作较为模式化，易于理解，不需要过多的化学知识，因而研究者可以将研究重点放在材料的性能研究上。然而这两种方法适用的材料范围有限，并且对材料结构的控制能力有限。以物理气相沉积为例，往往需要耗费大量的能量蒸发昂贵的高纯度金属单质基底，并且无法实现三维纳米结构的构筑。因此尽管这些方法拥有无可替代的优点，人们还是需要对其他合成方法进行探索。

　　液相合成是千百年来材料制备的一种重要方法，纳米材料的液相合成是纳米化学的重要组成部分。基于对材料的化学研究，研究者希望从化学的角度解释并预测纳米结构的高度可控合成，这将有可能帮助研究者从原子/分子的层次指导设计新材料和新的结构，这种方法能够控制的尺度以及材料种类是其他方法难以企及的。到目前为止，几乎所有固态化合物都可通过液相合成的方法获得相应纳米材料，而且相当多的化合物都能实现其纳米结构的控制。无机材料的液相合成与有机反应不同，液相合成中具体晶体生长基元的化学结构较难确定，因而较难归纳、预测其详细的反应机理，所以尽管液相合成已经发展了很久，也没有形成类似有机化学反应机理的研究成果。人们对于晶体生长理论的研究已经有了几个世纪，然而在纳米材料的液相合成中，部分规律与传统的晶体生长理论有较大差别，这些成果是对于晶体生长理论的补充和新认识。随着纳米材料合成实例的不断积累，尽管目前人们还不能直接从原子分子的角度出发来解释所有现象，但大量经验性的规律和反应体系已经被发现，这也是本书的主要内容。

　　本书除了本章整体介绍了纳米材料的合成，后面的章节分别论述了贵金属及其合金纳米晶的合成、水热/溶剂热法合成纳米材料、模板法合成纳米材料、超细纳米晶及其控制生长、纳米晶生长机理。纳米材料液相合成方法显示出多元化，难以用一种系统全面的分类去涵盖所有内容，所以在本书中，我们倾向于选择一类具体的纳米材料（贵金属及其合金）、一项常用的实验技术（水热/溶剂热方法）、一种简单的设计思路（模板法）、一个新兴的学科前沿（超细纳米晶），以及一些传统的模型理论（纳米晶生长机理）介绍，希望从多方面启发读者，使其了解整个纳米液相合成方法。

贵金属的组成和结构相对较为简单，易于合成并且有较为重要的应用，因此贵金属纳米晶领域发展较早、较快。当水热/溶剂热法被应用在纳米材料合成领域之后，大量不同种类的纳米材料、纳米结构被迅速发现，极大地促进了纳米科学的进步。然而单纯的水热/溶剂热法常常难以有效地设计材料的结构，而模板法则可以用来控制材料结构，主要因为模板法是利用已知结构的前驱体，通过一些手段复刻前驱体的结构而得到设计的形貌。从目前纳米化学的发展水平来看，模板法是最有效的控制结构的方法。纳米化学仍然在快速发展，如今人们已经能合成多种至少一个维度在亚纳米尺度上的超细纳米晶，它们的生长模式与传统的纳米材料合成不完全相同，并且表现出了一般纳米材料没有的性能，进一步验证了纳米科学的核心是尺寸这一命题。最后，本书从理论的角度总结了一些纳米晶的生长机理。

值得注意的是，这个领域方兴未艾，未来也会有更多新材料和新方法出现，本书无法将这些内容包含在内，至于一些新兴的不成体系的内容，本书也难以一一囊括。化学是一门研究物质组成、结构、性能及变化规律的自然科学。对应到纳米材料液相合成中，研究"组成"可以帮助合成新物质，对具有规整化学计量比的纳米团簇的研究则可能更新化学键的理论，拓展分子的范围。而非整比化合物目前也不断被研究，尤其是氧缺陷化合物，是目前新催化剂设计的一项重要内容。人们使用化学式来表示物质组成已经有一百多年的历史，然而同一种化学式的物质由于晶型、尺寸的不同，有可能表现出完全不一样的性质，这说明这种方法有着局限性，而且非整比化合物较难用一个简洁的化学式来表示，因此未来或许会有一种更有效直接的方式表示不同的材料。"结构"通常可以通过"组成"之间的相互作用力调控，化学键一般在原子、离子间产生作用，距离较短、强度较大，而弱相互作用力则适用距离更长，然而强度一般较小。在亚纳米尺度上，弱相互作用力则有可能对产物的结构产生决定性的影响，而"结构"的变化往往会直接造成"性质"的变化，这也是我们研究超细纳米晶的一个重要原因。"变化规律"的研究除了需要利用控制实验探索各种反应过程的影响因素，还需要一些原位、实时的表征，帮助我们直接实现对整个反应过程的观测。后者需要更高的技术手段，在现阶段发展水平还不高，未来这方面一定会有更多突破，以帮助我们了解整个微观世界。

NANOMATERIALS

纳米材料液相合成

Chapter 2

第2章
贵金属及其合金纳米晶

王定胜
清华大学化学系

2.1 引言

2.2 疏水合成体系

2.3 亲水合成体系

2.4 两步法合成合金及金属间化合物纳米晶

2.5 本章小结

2.1
引言

金属纳米晶是目前纳米化学研究领域最热门的材料之一，贵金属组成、结构相对简单，并且具有非常丰富的应用，因此被广泛研究。金属纳米晶由于量子尺寸效应和表面效应[1]而表现出独特的光学、电学、磁学及催化性质[2]。例如，体相的金是没有磁性的黄色固体，10nm的金纳米颗粒由于吸收绿光而呈现红色，2～3nm的金纳米颗粒表现出相当的磁性，而更小尺寸的金纳米颗粒则会变为绝缘体[3]。在化学性质方面，体相的金对CO的氧化反应没有催化活性，而金纳米颗粒则有催化活性，且3.5nm左右的金纳米颗粒显示出最优的催化活性[4,5]。因此，金属纳米材料受到广泛关注。

与其他种类纳米材料相比，贵金属纳米晶的合成主要是氧化还原反应，反应物一般包括金属盐、还原剂、表面活性剂以及反应溶剂，有些原料可以同时起到几种作用，合成方法比较模式化，适用性广，同时贵金属的一些合成体系也可以直接应用到其他纳米材料的合成中。因此这一章中我们选择贵金属及其合金纳米晶作为具体的介绍对象，以帮助读者建立纳米材料液相合成的初步印象。

近年来，如何控制金属纳米材料的尺寸和形貌并最终实现对其物理化学性能的精确"剪裁"已引起研究者的广泛关注。这里简单介绍部分贵金属的生长机理，详细的生长机理在本书第6章中有具体介绍。金属纳米晶在溶液中的生长一般可以分为两个不同的阶段[6]：① 成核——金属前驱体通过还原或热分解在液相形成固相晶核；② 生长——固相晶核不断长大形成最终的纳米晶。

金属纳米晶的成核生长过程可以用 Lamer 模型解释（见图2.1）[7]。反应开始阶段，金属前驱体在溶液中被还原成零价金属原子。随着反应的进行，溶液中零价金属原子浓度不断升高。当零价金属原子的浓度达到某个临界值时，它们会在溶液中相互聚集形成团簇，进而从液相中脱离出来形成固相的晶核，同时溶液中零价金属原子浓度急剧下降至临界值以下。此后，新形成的零价金属原子会在已有的固相晶核上生长，晶核的尺寸随之逐渐增大，直至纳米晶表面的金属原子与溶液中的零价金属原子达到平衡。

成核过程快慢对于控制纳米晶的均一性具有决定性作用。Bawendi研究组指出，成核与生长的暂时分离是制备单分散纳米晶的关键[8]。让成核过程尽可能在瞬间完成是实现成核与生长暂时分离的方法之一。如图2.2所示，由于随反应进行溶液中金属前驱体的浓度通过还原反应不断减少，如果成核过程延续的时间较长，则不同时间段生成的晶核具有不同的初始生长条件，因而得到的产物多为尺寸不均、形貌混杂的纳米晶。Yang研究组认为，降低金属前驱体的反应活性可以促使反应物种在反应溶液中不断累积，当达到某一临界值时，反应液中不断累积的反应物种爆发式地形成晶核，从而达到瞬间成核的效果[9]。

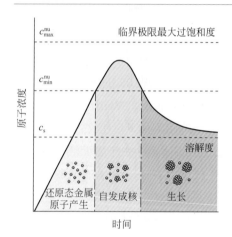

图2.1　金属纳米晶合成过程中，反应溶液中金属原子浓度随时间的变化曲线，以及纳米晶的成核与生长过程[6]

c_{max}^{nu}为晶核最大浓度；c_{min}^{nu}为晶核最小浓度；c_s为溶解度

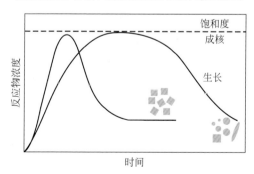

图2.2　成核时间对于产物均一性的影响：单一、快速的成核过程是获得均一纳米晶的关键[9]

双金属纳米晶体系的成核比单金属体系更加复杂，对于热分解体系的成核还需要考虑两种金属前驱体的热分解温度[10]，而还原体系则要考虑两种金属离子的还原电势。还原电势代表了金属离子被还原的难易程度，还原电势越正的金属离子越易被还原，还原速率越快。如果两种金属还原电势相差太多，就会导致较高还原电势的原子先还原出来。Monte Carlo模拟的理论计算表明，在异相成核中，当晶种大于一定尺寸时会降低成核的自由能势垒，并且此时均相成核速率趋于零（图2.3）[11]。此时较低还原电势的原子可以从先还原的原子处得到电子，被诱导还原并扩散得到合金[12~14]、金属间化合物[15]，或成核于表面形成核壳结构[16~19]；也有可能两种金属的晶格错配度太大，独立成核导致产物分相。因此，制备合金时，常常需要加入合适的配体降低较高还原电势的金属的离子浓度，降低其还原速率，从而使两种金属同时还原成核。

当团簇长到一定尺寸，由于改变形貌需要较大的能量，因此团簇固定为一定形貌，这标志着晶种的形成，晶种是晶核与纳米晶之间重要的桥梁[6]。根据Wulff构造原理[20]，在惰性气体或真空状态下（严格来说，只有在0K时才能得到），面心立方（fcc）结构金属的单晶的平衡形貌应为截角八面体（Wulff多面体）。但在液相体系得到的结构常常不是截角八面体，可能的原因如下：① 在合成中一直没有达到平衡状态；② 纳米晶不同面的表面能在液相体系中由于表面活性剂、杂质、溶剂的存在所受影响不同于真空体系；③ 成核中有缺陷孪晶的形成导致形成比Wulff多面体自由能低的十面体和二十面体；④ 合成中采用了较高的温度[6]。如图2.4所示，晶种分为单晶、二重孪晶、多重孪晶及含有层错的片，不同形貌

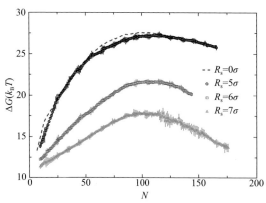

图2.3　不同尺寸晶种对成核自由能势垒的影响[11]

R_s为晶种半径；虚线代表均相成核势垒；N为原子个数

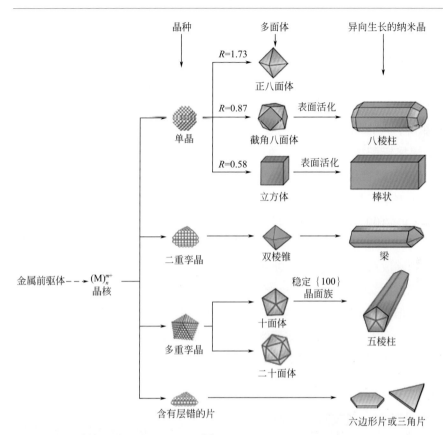

图2.4 fcc相金属不同形貌的形成过程[21]

其中绿色、橘色、紫色的面分别代表｛100｝、｛111｝和｛110｝面，红线代表孪晶面，*R*值是延［100］和［111］方向生长速率的比值

的晶种外延生长得到不同形貌的fcc相纳米晶。单晶可以生长为八面体、截角八面体、立方体；二重孪晶可以形成双棱锥；多重孪晶则可以形成十面体和二十面体。其中，截角八面体、立方体、双棱锥、十面体在有活性面时均可形成棒状结构；当晶种是片状结构并出现层错时，产物形貌则为三角形或六边形片状结构[21]。

在两种金属前驱体分解或还原速率差异不大的双金属体系中，其生长规律类似以上fcc相单金属的生长过程。但在两种金属前驱体分解或还原速率差异很大的双金属体系中，常常会得到岛状、核壳等异质结构，因此就要考虑两种金属的晶格错配度等因素。通常来说，金属在另一种金属单晶纳米晶的表面外延生长得到具有特定形貌的单晶结构，需要满足两者晶格错配度小于5%[22]，否则将会由于界面能过大、缺陷的生成导致得到壳层多晶的球形结构、岛状结构、多枝结构[23~28]。例如Au和Ag、Pt和Pd的晶格错配度分别为0.2%和0.85%，Tian组和Xia组通过将Ag外延生长到Au上成功合成了Au@Ag核壳结构[29]，Yang组和Xia组成功合成了Pt@Pd核壳结构[30]和Pd、Pt多层叠加的核壳结构[31]。Au和Pd的晶格错配度达4.7%，已经非常接近5%，其核壳结构也被很多组成功合成[32]。虽然目前制备的核壳结构大部分在5%范围内，但5%只是个经验值，通过加入特定的强吸附物种，可以实现晶格错配度大于5%的核壳结构。如图2.5（a）所示，Rh和Au的晶格错配度大概为7%，但是通过碘离子的调控，Rh能够在Au表面岛状生长，形成复合结构。高分辨透射电镜表征证明Rh和Au是紧密接触的。图2.5（b）则展示了Pd和Cu的不同核壳结构，Pd和Cu的晶格错配度高达7.1%，通过使用对Cu（100）面有强吸附作用的十六胺，成功在立方体、截角八面体、八面体的Pd表面外延生长得到了最终形貌为立方体的Pd@Cu核壳结构[33]。

　　只要控制好成核和生长过程，就能合成出尺寸、形貌、组成、原子排布方式等微观结构可控的金属纳米材料。尽管成核与生长的暂时分离是纳米晶可控合成的关键之一，但实际操作中往往不易实现。近些年来，随着纳米可控合成技术的快速发展，已经有各种不同的方法和体系被建立起来以实现金属（贵金属及其合金等）纳米晶的可控制备。下文中简单介绍几种广泛使用的合成体系并描述其合成控制方法。

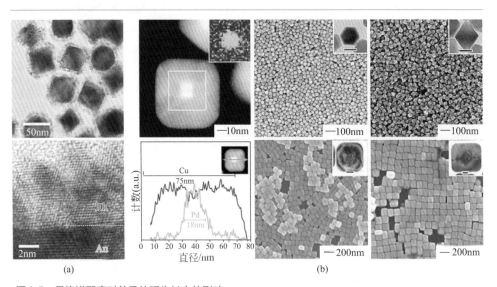

图2.5　晶格错配度对单晶外延生长中的影响

（a）Rh和Au的晶格位错约7%，在碘离子存在下形成岛状结构[23]；（b）在十六胺保护下以立方体、截角八面体、八面体的Pd为晶种外延生长得到的立方体Pd@Cu核壳结构[33]

2.2
疏水合成体系

根据反应的溶剂不同，一般可以将合成体系分为疏水体系和亲水体系，目前前者使用范围更广。归纳来说，合成油溶性金属纳米晶的一般思路为：选择合适的金属前驱体、疏水溶剂、表面配体和形貌调控剂，并在适当的条件下反应。目前，常用的反应前驱体为金属羰基化合物、乙酰丙酮盐、醇盐、硝酸盐、氯化物等金属盐类；疏水溶剂包括甲苯、四氢呋喃、二氧六烷、N,N-二甲基甲酰胺、二甲基亚砜等；表面配体包括油胺、油酸等；形貌调控剂包括甲醛、甲酸、甲胺、苯甲醛、苯胺等。

疏水溶剂中制备的纳米晶具有单分散性好、表面化学丰富和便于功能化等优势：首先，单分散纳米晶不仅可通过自组装形成有序堆积[34~36]，便于器件的制作[37]，而且是研究尺寸效应的理想体系[38]；其次，在疏水溶剂中，表面保护剂（surfactant）的选择范围得到了拓宽（包括长链羧酸类、硫醇类、胺类、膦类，等等），极大地丰富了纳米晶的表面化学；最后，在疏水溶剂中，钯、铂纳米晶表面可修饰功能性的有机分子，从而获得具有特殊功能的纳米催化剂[39]。

2.2.1
甲苯－油胺－甲醛合成体系

以甲苯为溶剂，油胺为保护剂，甲醛同时为还原剂和选择性吸附剂，可实现单分散Pd纳米晶的合成。通过改变油胺用量可成功调控Pd纳米晶的形貌，得到单分散的钯二十面体、十面体、八面体、四面体和三角片（见图2.6）[40]。TEM照片显示产物的尺寸和形貌均具有良好的单分散性，因此产物在碳膜上发生自组装形成了有序二维阵列。由HRTEM照片可判断产物的晶体结构（孪晶或单晶）以及基本形貌。

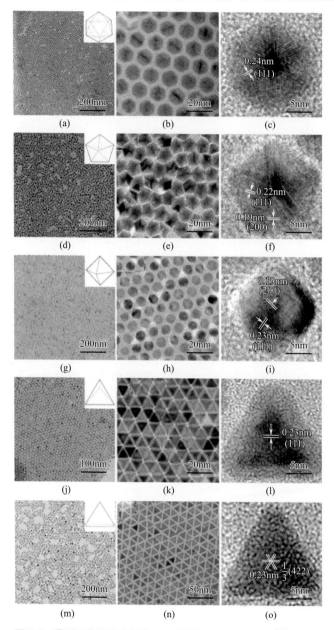

图2.6　不同形貌钯纳米晶的TEM照片和HRTEM照片[40]

钯纳米晶的TEM照片：(a)、(b)二十面体；(d)、(e)十面体；(g)、(h)八面体；(j)、(k)四面体；(m)、(n)三角片
钯纳米晶的HRTEM照片：(c)二十面体；(f)十面体；(i)八面体；(l)四面体；(o)三角片

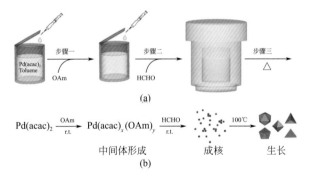

图2.7 （a）钯纳米晶的合成步骤示意图；（b）钯纳米晶生长机制示意图[40]

在此合成体系中，可用"中间体形成-室温成核-高温生长"的三步生长机制理解Pd纳米晶的形成过程（见图2.7）：乙酰丙酮钯［Pd(acac)$_2$］的甲苯（Toluene）溶液加入油胺（OAm）后，室温(r.t.)搅拌过程中（5min或10min）形成了钯盐中间体Pd(acac)$_x$(OAm)$_y$，且其反应活性随油胺用量增多而下降；随后甲醛的加入诱发了钯盐中间体还原，在室温搅拌过程中（5min或10min）便有晶核形成；将反应液加热至100℃则促使晶核迅速长大，纳米晶生长过程中甲醛经钯催化分解出的CO气体选择性地吸附在Pd（111）面上，使得产物形貌均暴露（111）面。在三步生长机制中，中间体的形成调节了二价钯的还原动力学；成核与生长的暂时分离保证了产物的单分散性。

为解释钯纳米晶形貌随油胺用量增多而发生演化的原因，可以通过热力学模型进行定性分析[41]。单个纳米晶的总吉布斯自由能［$U(d)$］可由等式（2.1）表达。其中，d 表示纳米晶粒径；U_c、U_s、U_e 和 U_t 分别表示晶体结合能、表面能、弹性应变能和孪晶界面能；V、S 和 T 分别表示纳米晶的体积、（111）面的表面积和孪晶面的面积；E_c、γ_{111}、W 和 γ_t 分别表示单位体积晶体结合能、（111）面单位面积表面能、弹性应变能密度和单位面积孪晶界面能。

$$U(d)=U_c+U_s+U_e+U_t=V(d)E_c=S(d)\gamma_{111}+V(d)W+T(d)\gamma_t \quad (2.1)$$

在不同形貌钯纳米晶的合成中，保持钯盐前驱体的用量不变，假设反应的转化率为100%，则不同油胺用量所制钯纳米晶的总体积相同，即等式（2.2）。

$$V_i=V_d+V_t=V_o+V_p \quad (2.2)$$

式中，角标i、d、t、o和p分别代表二十面体、十面体、四面体、八面体和三角片。由于单位体积晶体结合能（E_c）为常数，由等式（2.1）和等式（2.2）可知不同油胺用量所制钯纳米晶的晶体结合能（U_c）恒定不变。因此钯纳米晶的形貌演化主要取决于表面能（U_s）、弹性应变能（U_e）和孪晶界面能（U_t）三者间的相互作用。油胺作为保护剂，可改变纳米晶的表面能（U_s）；而弹性应变能（U_e）和孪晶界面能（U_t）则取决于产物中孪晶结构的数量。

当油胺用量为0.02mL时，由于油胺浓度较低，纳米晶表面缺乏足够保护，Pd（111）面的单位面积表面能（γ_{111}）较高，导致U_s项在等式（2.1）中处于主导地位。产物为降低其总吉布斯自由能倾向于采用比表面积最小的形貌，二十面体（见表2.1）因而成为主要产物。

表2.1 不同形貌钯纳米晶的比表面积和孪晶界面面积

钯纳米晶	二十面体	十面体	八面体	四面体
边长/nm	8.8	10.3	6.6	12.9
比表面积/nm^{-1}	0.45	0.73	1.1	1.1
孪晶界面面积/nm^2	1006	57.3	—	—

当油胺用量为0.1mL时，油胺用量的增加使纳米晶表面的保护得到了加强，削弱了U_s项在等式（2.1）中的作用，此时U_e和U_t项不可再忽略不计。根据晶体结构，二十面体可看作由二十个单晶四面体组成，为填充相邻四面体之间的空间缝隙，界面处的原子间距会被迫拉大，形成孪晶界面并产生弹性应变；十面体可看作由五个单晶四面体组成，其内部孪晶界面远少于二十面体（见表2.1）。因此，在U_s项不再占主导地位后，比表面积较大但孪晶界面和弹性应变较少的十面体取代了比表面积较小但孪晶界面和弹性应变非常多的二十面体，因此成为主要产物。与此同时，四面体作为单晶结构，其总吉布斯自由能只由U_c和U_s项决定，尽管四面体的比表面积很大，但当U_s项在能量表达式中的权重被削弱后，它也成为产物之一。

当油胺用量为1mL时，高浓度油胺环境使得纳米晶表面得到充分的保护，U_s项在能量表达式中的作用进一步被削弱，由孪晶结构造成的U_e和U_t项占据主导地位。因此具有五重孪晶结构的十面体在该条件下不再是能量最低的产物，取而代之的是单晶八面体。三角片也是1mL油胺体系的产物之一。在亲水体系中，三角片通常在反应速率比较慢的条件下，通过原子随机六方密堆而成，其生长过程受动力学控制。如前所述，在1mL油胺体系中形成的钯盐中间体反应活性最低，还原速率最慢，因而，此处钯三角片的生成机理很可能与亲水体系一样，也是受动力学控制的产物。

根据以上分析，在仅考虑热力学的前提下，图2.8中给出了油胺调控下钯纳米晶形貌演化的示意图。图中从左到右依次是二十面体、十面体、四面体、八面体、从结构上讲，从左到右它们的比表面积逐渐增加，而孪晶界面和弹性应变逐渐减少。随着油胺（保护剂）用量的增加，纳米晶单位面积表面能随之降低，因此产物从比表面积小但孪晶结构多的二十面体逐步演化为比表面积人但没有孪晶结构的八面体。

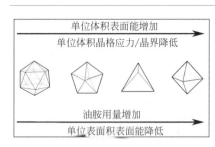

图2.8 钯纳米晶形貌随油胺用量增多发生演化的示意图[40]

2.2.2
油胺−十八烯合成体系

以十八烯为溶剂，油胺为保护剂，通过加入不同的形貌调控剂（如双十二烷基二甲基溴化铵、十八烷基甲基溴化铵、油酸等）可以实现金属纳米晶的合成及结构调控。以二水合氯化亚锡为锡源、乙酰丙酮钯为钯源，在油胺-十八烯合成体系中可得到颗粒尺寸较为均匀的Pd/Sn双金属实心纳米颗粒（见图2.9）[42]。

在上述合成体系中，可以通过加入不同形貌调控剂实现对Pd/Sn双金属纳米颗粒的结构调控。通过选择引入含溴的表面活性剂双十二烷基二甲基溴化铵，对反应进行优化，可以合成出空心结构的Pd/Sn双金属纳米颗粒（见图2.10）[42]。

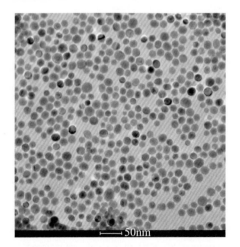

图2.9 Pd/Sn双金属实心纳米颗粒的电镜照片[42]

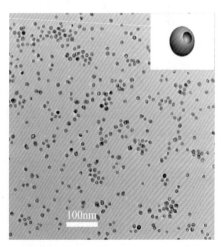

图2.10 Pd/Sn双金属空心纳米颗粒的电镜照片[42]

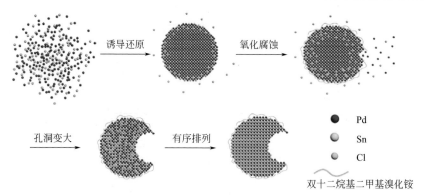

图2.11　Pd/Sn纳米空心结构形成过程示意图[42]

空心结构的形成可以用氧化腐蚀的机理来解释。反应体系中由于添加了双十二烷基二甲基溴化铵，其中的溴离子在反应的刚开始阶段能够紧密地附着在Pd纳米晶的表面，通过形成氧化还原电子对，局部腐蚀Pd纳米晶的表面[43]。氧化腐蚀更容易发生在Pd纳米晶具有缺陷的表面，而具有缺陷的位置往往是溴离子更容易吸附的位点。因此随着反应进一步进行，表面的空洞进一步扩大，最终形成空心结构。与此同时，越来越多的锡离子被Pd纳米晶表面带有的电子诱导还原出来。在300℃的反应温度下，原子更容易发生有序排列，最后生成具有稳定结构的Pd/Sn纳米空心结构（见图2.11）[42]。

在整个反应中，双十二烷基二甲基溴化铵起到了关键的作用。按照相同的实验方法，如果在反应体系中不加入双十二烷基二甲基溴化铵而加入其他类型的形貌调控剂如油酸，则不能够得到空心结构的纳米Pd/Sn。而利用十八烷基甲基溴化铵来代替双十二烷基二甲基溴化铵，同样是含有溴离子的形貌调控剂，得到的产物仍然具有空心结构的特点，这就表明在该反应体系中溴离子对于Pd/Sn双金属纳米颗粒的结构调控具有重要作用。

在油胺-十八烯合成体系中，同时加入油酸和双十二烷基二甲基溴化铵，以乙酰丙酮铜和乙酰丙酮铂分别为铜源和铂源，能合成得到具有凹六角多面体结构的Pt/Cu双金属纳米晶（见图2.12）[44]。在反应刚开始阶段，由于表面活性剂的作用，得到的是均一结构的Pt/Cu菱形十二面体（见图2.13）。随着反应进行，Pt/Cu纳米晶在三个棱边的交点处开始腐蚀，在顶部出现小洞（见图2.14）。最后腐蚀进一步沿着各个面进行直到反应平衡，Pt/Cu最终形成一个稳定的凹六角多面体结

构。对Pt/Cu凹六角多面体结构形成过程
的观察将有助于理解不同纳米结构的调控
合成。

Pt/Cu双金属凹六角多面体这种特殊
结构的纳米材料的制备是一个非常复杂的
过程，需要同时存在多种表面活性剂，而
对于产物的影响并不是单单某一种表面活
性剂起到主导作用，因此均一的凹陷多面
体结构是多种表面活性剂共同作用而得到
的最终结果。在整个反应体系中，双十二
烷基二甲基溴化铵主要作为腐蚀剂，而油
胺作为体系中的还原剂和表面活性剂，同
时油酸作为一种协同表面活性剂对Pt/Cu
凹六角多面体结构的形成也起到了十分重
要的作用。

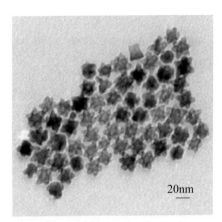

图2.12　Pt/Cu凹六角纳米晶的电镜图[44]

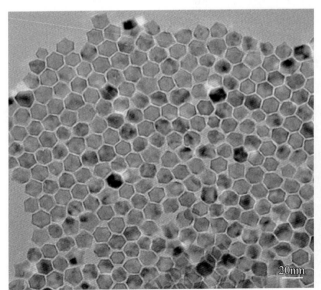

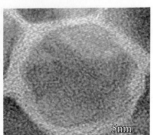

图2.13　Pt/Cu菱形十二面体纳米晶的电镜图和模型图[44]

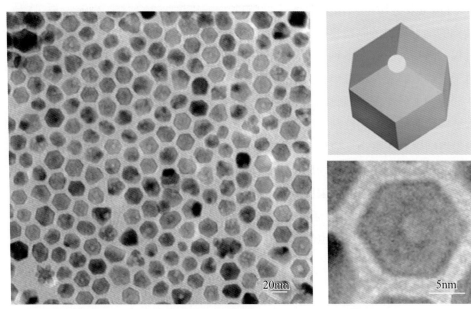

图2.14 孔洞结构Pt/Cu纳米晶的电镜图和模型图[44]

在油胺-十八烯合成体系中，加入四丁基硼氢化铵作为强还原剂，分别以二水合二氯化锡和乙酰丙酮铂为锡源和铂源，能合成得到单分散Pt-Sn纳米颗粒。而以乙酰丙酮铂为单独反应物时可得到单分散Pt纳米颗粒。在合成Pt-Sn纳米颗粒时，通过控制二水合二氯化锡和乙酰丙酮铂的比例可实现Pt-Sn纳米晶组成的调控。图2.15为制备的Pt和不同比例Pt-Sn纳米颗粒的电镜图及其尺寸分布，（a）～（f）分别对应Pt、$Pt_{75}Sn_{25}$、$Pt_{60}Sn_{40}$、$Pt_{50}Sn_{50}$、$Pt_{40}Sn_{60}$和$Pt_{30}Sn_{70}$[45]。

此合成体系同样适用于Pt-Fe合金的制备，当用乙酰丙酮铂和乙酰丙酮铁作为反应物时，通过控制乙酰丙酮铂和乙酰丙酮铁的比例，可分别得到不同组成的Pt-Fe合金纳米颗粒：$Pt_{89}Fe_{11}$、$Pt_{75}Fe_{25}$、$Pt_{52}Fe_{48}$、$Pt_{37}Fe_{63}$和$Pt_{13}Fe_{87}$（见图2.16）。

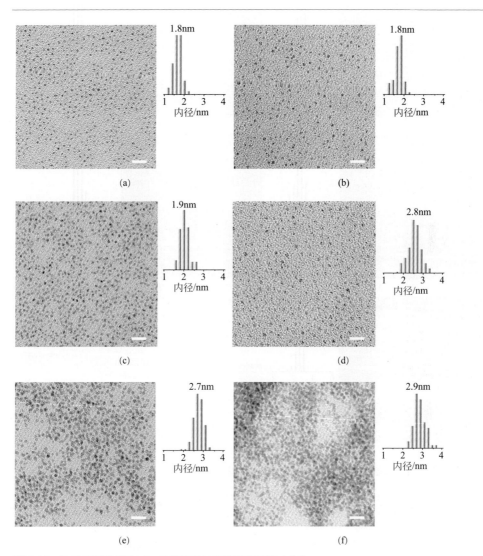

图2.15 Pt和不同比例Pt-Sn纳米颗粒的电镜图及其尺寸分布

（a）Pt；（b）Pt₇₅Sn₂₅；（c）Pt₆₀Sn₄₀；（d）Pt₅₀Sn₅₀；（e）Pt₄₀Sn₆₀；（f）Pt₃₀Sn₇₀。图中标尺统一为10nm[45]

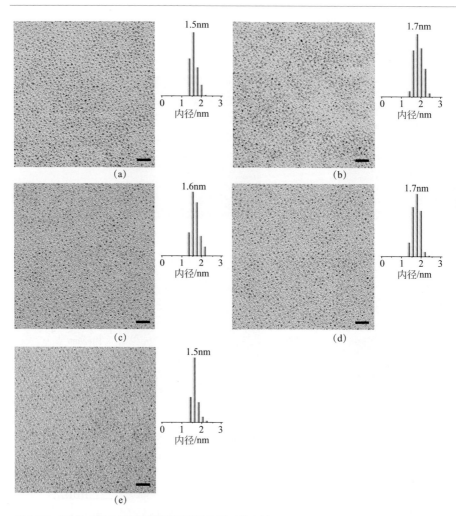

图2.16 Pt-Fe纳米晶的电镜照片和相应的尺寸分布图

（a）$Pt_{89}Fe_{11}$；（b）$Pt_{75}Fe_{25}$；（c）$Pt_{52}Fe_{48}$；（d）$Pt_{37}Fe_{63}$；（e）$Pt_{13}Fe_{87}$。图中标尺均为10nm[45]

2.2.3
十八胺合成体系

如前所述，合成油溶性金属纳米晶一般需要选择合适的疏水溶剂、表面配体和形貌调控剂在适当的条件下反应，不同的疏水溶剂、表面配体和形貌调控剂之间相互作用使得合成体系复杂，如何使合成体系简易化是发展新的合成方法的思路之一。以金属Ag为例，Ag是在催化、生物、光电子器件等领域有广泛用途的重要金属之一。夏幼南课题组[46]和杨培东课题组[47]对其做了比较深入的研究。合成银纳米晶的方法一般包括电化学沉积法、光解转换法、化学还原法、热解法等。1998年，Abe等[48]利用各种脂肪酸银前驱体［包括肉豆蔻酸银$Ag(CH_3(CH_2)_{12}COO)$、硬脂酸银$Ag(CH_3(CH_2)_{16}COO)$、油酸银$Ag(CH_3(CH_2)_7CH{=\!=}CH(CH_2)_7COO)$等］在氮气保护环境下热解得到了Ag纳米颗粒［见图2.17（a）］。2002年，Lee等[49]将热解前驱体换成$AgOOC(CF_2)_nCF_3$（$n=$10、12、14、16等）制得了平均直径为5nm的银颗粒［见图2.17（b）］。2004年，Hiramatsu等[50]以醋酸银为原料，油胺为表面活性剂，在不同的有机溶剂中（包括甲苯、环己烷、二氯苯等）合成了不同尺寸的Ag纳米颗粒［见图2.17（c）］。2007年，Chen课题组[51]采用了更简单的硝酸银为原料制备Ag纳米晶，然而制备

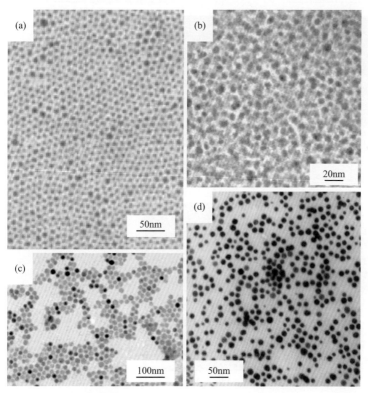

图2.17 （a）以脂肪酸银为原料制备的银颗粒[48]；（b）以$AgOOC(CF_2)_nCF_3$为原料制备的银颗粒[49]；（c）以醋酸银为原料制备的银颗粒[50]；（d）以硝酸银为原料制备的银颗粒[51]

过程复杂：首先将一定量的硝酸银加入到液体石蜡和油胺的混合溶剂中（体积比为4∶1），通一定时间氮气后，于180℃反应2h再于150℃反应8h后才得到产品[见图2.17（d）]。如何设计更简单、更有效的途径实现高质量银纳米晶的批量制备是值得思考的问题。

将油酸银作为金属前驱体在油酸（OA）和十二胺（DAm）的混合溶剂中加热反应可制备单分散Ag纳米颗粒。图2.18给出了不同反应温度时获得的Ag纳米晶的低分辨透射电子显微镜（TEM）照片[52]。当反应温度分别为160℃和200℃时，可以得到尺寸约为2.4nm[见图2.18（a）]和3.6nm[见图2.18（c）]的单分散Ag纳米粒子。值得一提的是，金属盐的前驱体对纳米晶尺寸的调控起到关键作用，这里使用油酸银络合物作为前驱体是因为其在有机溶剂中有很好的溶解性。十二胺作为弱还原剂对反应速率的控制起到了重要作用。在该体系中，随着温度的升高，油酸银可被十二胺辅助还原为单质银[53]。由于纳米晶被油酸及十二胺的

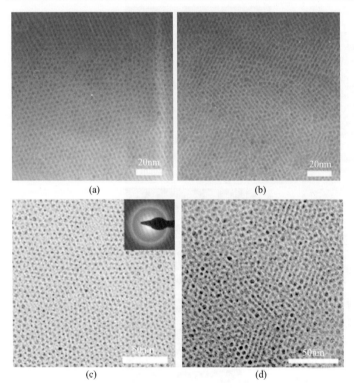

图2.18　不同反应条件下得到的Ag纳米晶的TEM照片

（a）、（b）160℃；（c）、（d）200℃ [52]

长链烷基链包覆，因此具有很好的单分散性和油溶性。实验中发现，适当高浓度的样品会在铜网上形成二维超晶格排列。如图2.18（b）和图2.18（d）所示，这些高度单分散的Ag纳米晶自组装为取向排列的棒状超结构。

通过改变反应条件，可实现Ag纳米粒子的尺寸调控。图2.19为在水热条件下合成的一系列Ag纳米晶的低分辨透射电镜（TEM）和高分辨透射电镜（HRTEM）照片。在180℃反应6h和200℃反应12h时，分别得到了尺寸约为4.5nm［见图2.19（a）］和约7.5nm［见图2.19（f）］的单分散的Ag纳米晶。当将AgNO$_3$（0.5g）先加入120℃的油酸和十二胺的混合溶液中（共10mL）溶解后，再转移至含有28mL正己烷的反应釜中加热反应，在160℃反应6h得到了约7.2nm［见图2.19（e），6mL OA+4mL DAm］的Ag纳米晶。将油酸银（3mmol）在搅拌下加入含20mL正己烷、4mL油酸和6mL十二胺的混合溶液中，在160℃的水热釜中反应6h后，就可以得到约6.8nm的单分散Ag纳米晶［见图2.19（b）］。

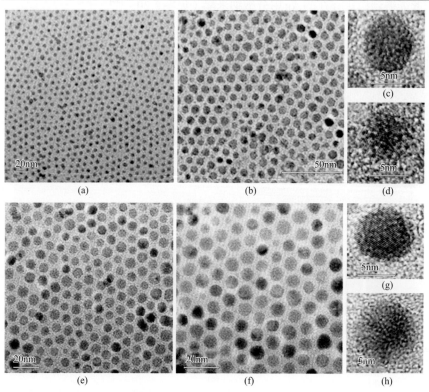

图2.19　不同反应条件下得到的Ag纳米晶的低分辨［（a）、（b）、（e）和（f）］和高分辨［（c）、（d）、（g）和（h）］透射电镜照片[52]

上述反应体系仍然同时使用了油酸和十二胺两种组分，且以油酸银络合物作为反应前驱体，合成方法并不够简易。硝酸银（AgNO₃）分解是我们熟知的反应，然而，要使分解产物银（Ag）为纳米级颗粒，必须设计合理的体系，有效分离成核与生长过程。选用十八胺（$C_{18}H_{37}NH_2$，ODA）同时作为溶剂和表面活性剂的单一组分体系，反应过程可以表示如下：

$$2AgNO_3 \xrightarrow[\triangle]{ODA} 2Ag(纳米颗粒) + 2NO_2 + O_2 \qquad (2.3)$$

在ODA溶剂中直接加入AgNO₃，短时间内便可得到单分散Ag纳米颗粒。其中，AgNO₃的加入方式有两种：其一为热注入方式（hot-injecting），即先将体系升到所需温度，然后再加入AgNO₃；其二为缓慢升温方式（heating-up），即先将AgNO₃加入到ODA中，再缓慢升温至所需温度。两种方式均可导致"瞬间成核（burst nucleation）"的发生，在之后的晶核生长过程中再无成核过程的发生，所形成的纳米晶被同时作为表面活性剂的ODA所包覆，可以有效阻止纳米晶之间的团聚，因此能得到稳定存在的Ag单分散纳米晶（见图2.20）[54]。

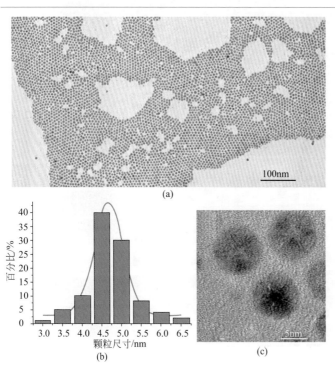

图2.20 （a）制备的纳米Ag颗粒透射电镜照片；（b）纳米Ag颗粒尺寸分布图；（c）8.6nm Ag颗粒的高分辨透射电镜照片[54]

在该制备纳米Ag颗粒的体系中，反应时间是调控产品尺寸的一个重要因素。图2.21（a）和（b）为将0.5g AgNO₃于180℃下加入10mL ODA中分别反应30min和60min时所得产物的TEM照片。从图中可以看出，纳米Ag颗粒的尺寸随着反应时间的延长而增大：当反应进行30min时，所得Ag颗粒平均直径为6.6nm；当反应进行60min时，所得Ag颗粒平均直径为8.6nm。另外，此方法还至少包括如下两个优点。其一是制备过程简便、快捷、较易放大合成。将5g AgNO₃于180℃下加入100mL ODA中反应60min，结果仍可得到单分散Ag纳米颗粒［见图2.21（c）］，通过对比图2.21（c）和（b）可知，此时得到的Ag颗粒尺寸与放大之前的结果相比较基本保持不变。其二是ODA溶剂可以循环使用，即每次实验过程中倾倒出的ODA可以回收利用。使用回收的ODA合成Ag（其余条件与制备4.7nm Ag时的一致），同样可以制得单分散Ag纳米颗粒［见图2.21（d）］，通过对比图2.21（d）和图2.20（a）可知，此时得到的Ag颗粒质量与使用新鲜ODA时的结果相比较基本保持不变。由此可见，在ODA中快速分解AgNO₃的方法为我们提供了大规模制备高质量单分散Ag纳米晶的一种可能途径。此外，此方法亦可推广到其他贵金属纳米晶的制备。

图2.21　在不同条件下制备的纳米Ag颗粒TEM照片[54]

在十八胺合成体系中，十八胺为唯一组分，同时发挥溶剂、表面活性剂和形貌调控剂的作用，大大简化了合成过程。在这个反应体系中，十八胺还起到弱还原剂的作用。电负性比 Ag（1.93）高的金属也可以在十八胺体系中被还原得到：当用 $HAuCl_4$、$PdCl_2$、H_2PtCl_6、$IrCl_3$、$RuCl_3$ 和 $RhCl_3$ 代替 $AgNO_3$ 作为金属前驱体时，可以分别得到 Au、Pd、Pt、Ir（见图 2.22）、Ru 和 Rh 纳米晶[55]。

然而，十八胺作为弱还原剂，其还原能力有限，对于电负性小于 Ag（1.93）的金属，其离子一般不能被十八胺还原成零价金属。如在这个体系中加入电负性比 Ag 低的金属的盐类 [如 $Ni(NO_3)_2$、$Co(NO_3)_2$、$Zn(NO_3)_2$ 等]，并不能得到零价金属（Ni、Co、Zn 等），而只能得到金属氧化物（NiO、CoO、ZnO 等）[56]。对于电负性为临界值的金属 Cu（1.92），则情况特殊。在十八胺合成体系中，以硝酸铜为反应物，能制备出具有特定形貌和尺寸的铜基化合物纳米晶，反应产物与硝酸铜浓度密切相关：低浓度硝酸铜的反应产物为单分散金属 Cu 纳米晶（见图2.23）；中等浓度硝酸铜的反应产物为 Cu_3N 纳米立方体；高浓度硝酸铜的反应产物为 Cu_2O 纳米球[57]。以上实验事实表明，在十八胺体系中，只有当铜离子浓度

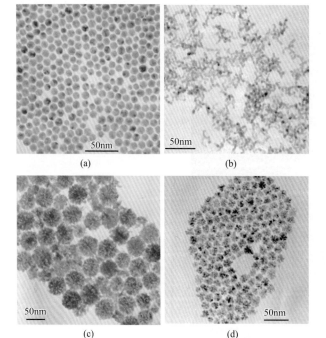

(a)　(b)　(c)　(d)

图2.22　十八胺体系中合成得到的金属纳米晶

（a）Au；（b）Pd；（c）Pt；（d）Ir[55]

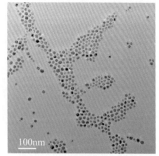

图2.23　十八胺体系中低浓度硝酸铜合成得到的 Cu 纳米晶[57]

极低的时候，十八胺才有能力将其还原为零价铜。

　　既然贵金属都能被十八胺还原出来，那么很容易理解在该合成体系中，可以得到双贵金属纳米晶，如在这个体系中同时加入硝酸银和氯金酸作为反应物，则Ag和Au都会被十八胺还原出来而形成AgAu合金纳米晶。同理可以得到由任意两种贵金属组成的合金纳米晶（如AgPt、AuPt、AuPd、PdPt、PtRh等），甚至可以得到由三种及三种以上贵金属组成的合金纳米晶（如AuPdPt、AgAuPd等）。图2.24给出了在十八胺体系中合成得到的AgAu、AgPt、AuPt和AuPdPt合金纳米晶电镜图[55]。

　　合金纳米晶的组成可以通过改变两种金属前驱体的比例进行调控，以AgPd$_x$纳米晶为例，在十八胺体系中可以合成出不同组成的Ag-Pd合金纳米晶[58]。图2.25给出的是制备的AgPd$_x$纳米晶的TEM照片，图2.25（a）～（e）分别对应AgPd$_2$、AgPd$_4$、AgPd$_6$、AgPd$_9$和AgPd$_{19}$。虽然银离子和钯离子均能被十八胺还原成零价金属，但在该体系中形成Ag-Pd合金纳米晶并非共还原机制。以AgPd$_4$

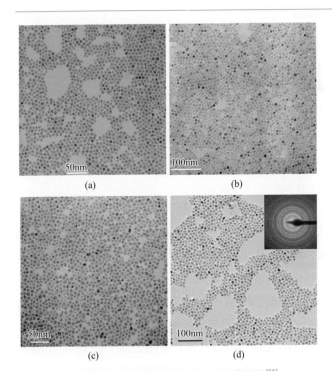

图2.24　十八胺体系中合成得到的合金纳米晶电镜图[55]

（a）AgAu；（b）AgPt；（c）AuPt；（d）AuPdPt

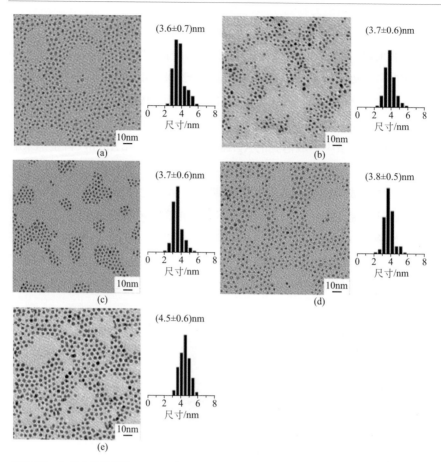

图2.25　AgPd_x纳米晶的TEM照片及对应的尺寸分布图

（a）AgPd_2；（b）AgPd_4；（c）AgPd_6；（d）AgPd_9；（e）AgPd_19[58]

纳米晶作为模型，通过不同反应时间产物的TEM、粉末X射线衍射（PXRD）和紫外-可见吸收光谱（UV-Vis）表征，对$AgPd_x$纳米晶的生长机理展开研究。图2.26为在制备$AgPd_4$纳米晶过程中不同时间取点得到的产物TEM图。由图可知，反应1min时，大部分产物是约10nm的颗粒；继续反应至10min的过程中，约10nm的颗粒逐渐消失，约4nm的颗粒逐渐增多；反应30min时，全部产物均为约4nm的颗粒。通过PXRD（见图2.27）和UV-Vis（见图2.28）表征可以确定产物的组成。由于Ag纳米颗粒有波长为400nm的特征表面等离子体共振（SPR）峰[59]，而Pd纳米颗粒没有SPR性质，结合PXRD峰位置，可以确定反应1min的产物主要为Ag纳米晶。随着反应的继续进行，SPR峰消失，PXRD的峰移向更高

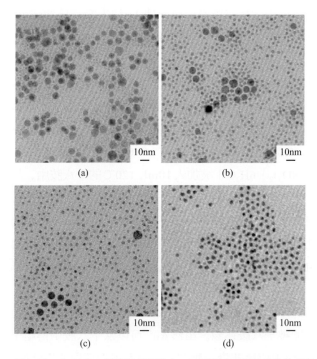

图2.26 在AgPd₄纳米晶的制备中，不同反应时间的产物的TEM图

（a）1min；（b）3min；（c）10min；（d）30min[58]

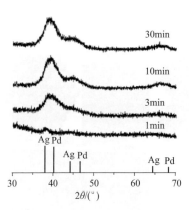

图2.27 在AgPd₄纳米晶的制备中，不同反应时间产物的PXRD图[58]

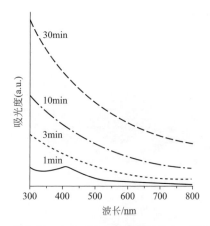

图2.28 在AgPd₄纳米晶的制备中，不同反应时间产物的UV-Vis图[58]

的角度，表明Ag-Pd合金的生成。由于反应中观测到Ag的大颗粒，而最终产物中没有这种大颗粒，因此有可能是由于发生了置换反应而使Ag纳米颗粒尺寸减小。因此在该体系中形成AgPd$_x$纳米晶的机制为"Ag被还原—Ag置换Pd—Ag再被还原并扩散"的三步生长机理。

按以上原理推断，由于十八胺不能还原非贵金属，应该不能得到贵金属/非贵金属的双金属纳米晶。事实上，同时将HAuCl$_4$和非贵金属的盐加入十八胺体系中时，生成了Au-M（M为非贵金属，如Co、Ni、Cu等）双金属纳米晶。在Au-M双金属纳米晶的合成中，0.05g HAuCl$_4$和0.25g Co(NO$_3$)$_2$·6H$_2$O［或0.25g Ni(NO$_3$)$_2$·6H$_2$O，或0.25g Cu(NO$_3$)$_2$·6H$_2$O］被加入10mL 120℃的十八胺中，然后体系升温至200℃。磁力搅拌10min后，收集产物并用乙醇洗几次。通过X射线衍射（XRD）、TEM、HRTEM、能谱仪（EDS）和高角度环形暗场电子显微镜（HAADF-STEM）表征，证明在十八胺体系中，Au^{3+}分别与Co^{2+}、Ni^{2+}和Cu^{2+}得到了Au-Co核壳纳米晶、Au-Ni纺锤形异质结构纳米晶和Au-Cu合金结构纳米晶（见图2.29）[60,61]。

很显然，十八胺体系中得到Au-Co（或Ni、Cu）双金属纳米晶的过程并不是共还原过程，因为非贵金属不能被十八胺还原。虽然Au^{3+}可以从十八胺中得电子被还原，但是由于Au的氧化还原电位比非贵金属的高，因而不能还原非贵金属。事实却是在十八胺和Au同时存在时，非贵金属被还原了，这就说明在十八胺体系中贵金属可以诱导还原非贵金属。贵金属诱导还原过程可以用图2.30表示。根据Alivisatos课题组的工作[53]，十八胺可以在较高的温度下提供电子。Au^{3+}可以

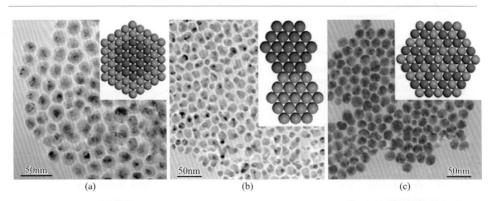

图2.29　十八胺体系中合成得到的（a）Au-Co核壳纳米晶、（b）Au-Ni纺锤形异质结构纳米晶和（c）Au-Cu合金结构纳米晶[61]

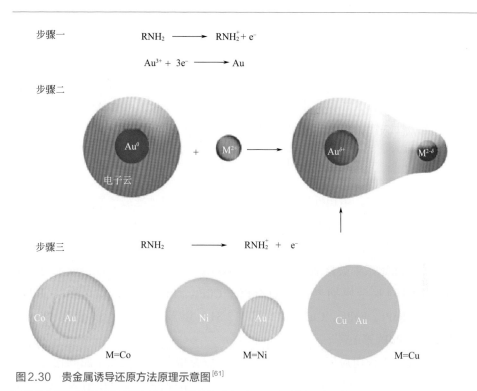

步骤一 $RNH_2 \longrightarrow RNH_2^+ + e^-$

$Au^{3+} + 3e^- \longrightarrow Au$

步骤二

步骤三 $RNH_2 \longrightarrow RNH_2^+ + e^-$

图2.30   贵金属诱导还原方法原理示意图[61]

从十八胺中捕获电子被还原为Au（步骤一）。零价的Au周围被球状分布的电子云包围，虽然M^{2+}（M=Co、Ni或Cu）不能从Au中捕获电子而被还原，但Au周围的自由电子与M^{2+}的空轨道因为静电作用而相互吸引，从而将M^{2+}吸引到Au表面而共同分享一部分电子云。此过程使Au带上部分正电荷，而十八胺提供的电子又使其变回电中性。一旦$Au^{\delta+}$变为电中性，由Au到M^{2+}的偏移就会再次发生，直到M^{2+}被完全还原（步骤二）。当零价的M生成，就会与金原子碰撞生成Au-M双金属纳米晶，这个过程主要由动力学参数控制。最稳定的动力学状态就是最终的产物（步骤三）。很显然，在上面的反应条件下，Au-Co核壳结构、Au-Ni纺锤形异质结构和Au-Cu合金结构分别是其最稳定的结构。

    贵金属诱导还原反应主要用于合成贵金属（Au、Pt、Pd、Ir、Rh、Ru等）和非贵金属（Mn、Fe、Co、Ni、Cu、Zn等）的双金属纳米晶。通过调节前驱体的浓度和反应温度可以达到调节产物的尺寸和形貌的目的。双金属纳米晶的组成主要由两种金属盐的摩尔比决定。但是，在十八胺体系中并不能制备任意组成的双金属纳米晶。例如Pd盐和过量的Fe盐生成的是FePd合金和Fe_3O_4。为了解释这一现象，可引入双金属的有效电负性$\chi_{effective}$的概念。众所周知，电负性表示不同原子在形成化学键时吸电子能力的强弱。如果将双金属看作像普通单个原子那样吸引电子的人造原子（AMA），则可以用$\chi_{effective}$定义它。双金属有效电负性的由组分金属的电负性决定，具体计算可由以下公式得出：

$$\chi_{effective}(M_x M'_y) = \frac{x}{x+y}\chi_M + \frac{y}{x+y}\chi_{M'} \quad\quad (2.4)$$

在十八胺体系中，电负性比Ag（$\chi=1.93$）大的金属才能被还原，据此可以推测$\chi_{effective}$大于1.93的双金属纳米晶才能被合成，因此$Fe_{1-x}Pd_x$（$x<0.27$；$\chi_{Fe_{0.73}Pd_{0.27}}=1.93$）的纳米晶不能在此体系中被合成。同样的道理，Ag与非贵金属的双金属纳米晶也不能在此体系中被合成。根据这个有效电负性规则，成功地合成了有效电负性大于1.93的双金属纳米晶，如$ZnPt_3$、$CdPt_3$、$InPt_3$、$CoPt_3$、$CoPd_2$、InPd、NiPt、CuPt、FePt、$FePt_3$、CuPd等（见图2.31）以及三金属、多金属纳米晶（AuPdPt、Cu_2PdPt等）[62]。

电负性规则不仅可应用于十八胺体系中指导合成各种合金和金属间化合物纳米晶，也同样适用于其他合成体系。2005年[36]，李亚栋课题组在前人工作的基础上，设计并利用物质相界面转移与分离原理，发展出一种普适性的通用合成方法——液相-固相-溶液相（liquid-solid-solution）合成策略，实现了用简单、廉价的无机盐类（如普通硝酸盐和氯化物等）为原料合成各种类型的单分散纳米晶。利用乙醇的弱还原性，以贵金属盐为原料，采用这一策略，能方便地合成贵金属单分散纳米晶Ag、Au、Pt、Pd、Rh、Ir等，这表明在该反应条件下，贵金属离子能被乙醇还原，那么根据电负性规则，只要有效电负性大于Ag的合金也能在该反应体系中被合成。实验结果表明，在液相-固相-溶液相合成体系中可实现Pt基（PtCu、PtFe、PtNi、PtAg等）、Pd基（PdCu、PtCo、PdNi、PdAg等）等贵金属合金的可控合成。在此基础上，以PtCu及PdCu合金为例，通过控制前驱体的含量等条件，实现了不同组成的Pt-Cu（$Pt_{0.1}Cu_{0.9}$、$Pt_{0.2}Cu_{0.8}$、$Pt_{0.3}Cu_{0.7}$、$Pt_{0.4}Cu_{0.6}$、$Pt_{0.5}Cu_{0.5}$）及Pd-Cu（$Pd_{0.4}Cu_{0.6}$、$Pd_{0.3}Cu_{0.7}$、$Pd_{0.2}Cu_{0.8}$、$Pd_{0.1}Cu_{0.9}$）纳米晶的可控合成（见图2.32）[63]。

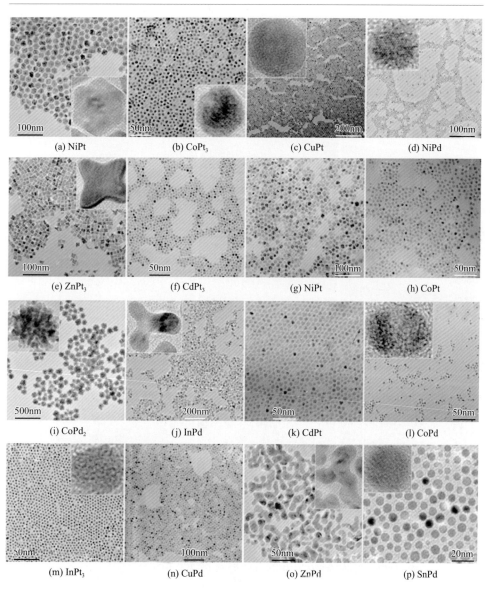

(a) NiPt   (b) CoPt$_3$ (c) CuPt   (d) NiPd

(e) ZnPt$_3$ (f) CdPt$_3$ (g) NiPt   (h) CoPt

(i) CoPd$_2$ (j) InPd   (k) CdPt   (l) CoPd

(m) InPt$_3$ (n) CuPd   (o) ZnPd   (p) SnPd

图 2.31 利用有效电负性规则在十八胺体系中合成的一系列合金和金属间化合物纳米晶[62]

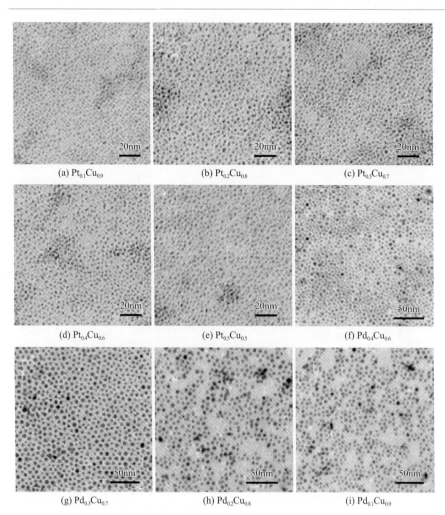

(a) Pt$_{0.1}$Cu$_{0.9}$

(b) Pt$_{0.2}$Cu$_{0.8}$

(c) Pt$_{0.3}$Cu$_{0.7}$

(d) Pt$_{0.4}$Cu$_{0.6}$

(e) Pt$_{0.5}$Cu$_{0.5}$

(f) Pd$_{0.4}$Cu$_{0.6}$

(g) Pd$_{0.3}$Cu$_{0.7}$

(h) Pd$_{0.2}$Cu$_{0.8}$

(i) Pd$_{0.1}$Cu$_{0.9}$

图2.32　液相－固相－溶液相合成体系中得到的系列Pt-Cu及Pd-Cu纳米晶[63]

2.3
亲水合成体系

归纳来说，合成水溶性金属纳米晶的一般思路与合成油溶性金属纳米晶的思路类似：选择合适的金属前驱体、亲水溶剂、易溶于水的表面配体和水溶性形貌调控剂，在适当的条件下反应。金属前驱体一般为金属无机盐类；亲水溶剂一般为水或醇类等；易溶于水的表面配体一般为聚乙烯吡咯烷酮或十六烷基三甲基溴化铵等；水溶性形貌调控剂一般为无机小分子类。

2.3.1
高沸点醇－苯环衍生物－PVP合成体系

使用高沸点醇类作为溶剂、苯环衍生物作为形貌调控剂、亲水性高分子聚乙烯吡咯烷酮（PVP）作为表面活性剂可实现系列水溶性金属及合金纳米晶的制备。下面以Pt-Ni为例说明在该合成体系中如何实现纳米晶的调控合成。图2.33为在该体系中合成的系列Pt-Ni纳米晶[64]。溶剂为苯甲醇，表面活性剂为聚乙烯吡咯烷酮，形貌调控剂为苯甲酸、苯胺或溴化钾。

利用这种方法制备的Pt-Ni合金（PtNi$_2$）具有非常均一的形貌及很窄的尺寸分布。这些Pt-Ni合金的表面暴露的是严格意义上的（111）或者（100）晶面。图2.33中的高分辨透射电镜（HRTEM）图片及对应的快速傅里叶变换（FFT）图形表明这些颗粒都是具有单晶特性的。对HRTEM图片的连续晶格条纹分析表明0.213nm和0.186nm的晶格间距分别对应Pt-Ni合金的（111）和（100）晶面。Pt-Ni八面体暴露了8个（111）面，通过测量对角线的长度，得出尺寸分布在（11.8±1.2）nm。合成体系中苯甲酸的使用对于八面体的形成至关重要。考察苯甲酸用量对于形貌的影响，当苯甲酸用量从0mmol提高到0.04mmol的时候，八面体形貌的产率也从40%提高到了95%，进一步提高苯甲酸的量之后对形貌没有明显的影响。当把苯甲酸换成苯胺之后，可以得到Pt-Ni合金的截角八面体。

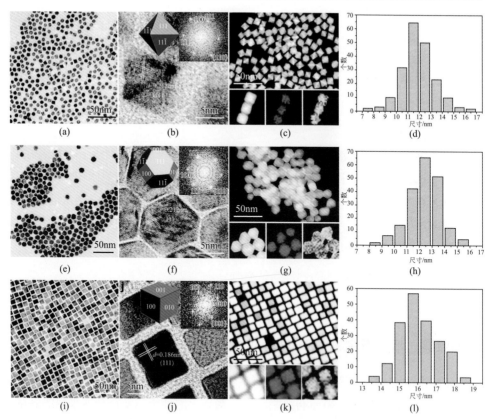

图2.33 PtNi₂八面体的（a）TEM图；（b）HRTEM图，插图为FFT图形和对应的结构模型；（c）EDS能谱区域扫描；（d）尺寸分布。PtNi₂截角八面体的（e）TEM图；（f）HRTEM图，插图为FFT图形和对应的结构模型；（g）EDS能谱区域扫描；（h）尺寸分布。PtNi₂立方体的（i）TEM图；（j）HRTEM图，插图为FFT图形和对应的结构模型；（k）EDS能谱区域扫描；（l）尺寸分布[64]

Pt-Ni截角八面体是由（111）和（100）面共同组成的，通过测量两个平行面的长度，得出尺寸分布在（12.5±1.1）nm。在这个合成方法中，苯甲醇同时作为还原剂和溶剂。而苯胺作为共还原剂来影响纳米晶还原反应的反应动力学[65]。通过改变苯胺的量，可以调控Pt-Ni合金的尺寸从16.0nm到12.5nm、7.2nm和4.8nm。苯胺的加入会显著影响纳米晶的成核过程，强还原剂苯胺的加入会造成纳米晶的大量快速成核从而导致尺寸的减小。通过改变苯胺和苯甲酸的用量比例可以调控截角八面体的截角程度。如图2.34所示，提高比例能够显著增加截角程度。

要得到完全暴露（100）晶面的立方体纳米晶，需要在晶体生长过程中有效抑制（100）晶面的生长。之前有很多的研究报道CO能够选择性地吸附在Pt的

（100）晶面从而导致立方体的形成[65,66]。这一思路同样可以应用到Pt-Ni立方体的合成。通过测量对角线的长度，得出颗粒的尺寸分布在（16.1±1.7）nm，并且暴露6个等价的（100）晶面。如果不加入溴化钾，立方体形貌的产率会显著地从95%降到60%；如果不加入CO，就只能得到各种混合形貌的产物。

以上合成水溶性Pt-Ni纳米合金颗粒的策略也能够推广到合成其他类型的水溶性双金属合金颗粒，如RhNi、PdNi、PdCu、PtCu等（见图2.35）[64]。

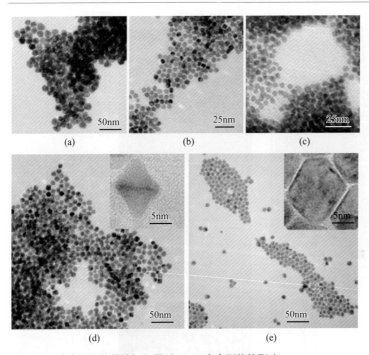

图2.34　改变不同的苯胺加入量对Pt-Ni合金形貌的影响

（a）20μL苯胺；（b）500μL苯胺；（c）5mL苯胺；（d）50μL苯胺和0.15g苯甲酸；（e）50μL苯胺和0.017g苯甲酸[64]

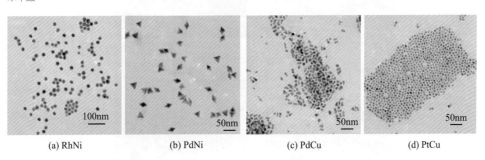

(a) RhNi　　　(b) PdNi　　　(c) PdCu　　　(d) PtCu

图2.35　不同类型的水溶性合金颗粒[64]

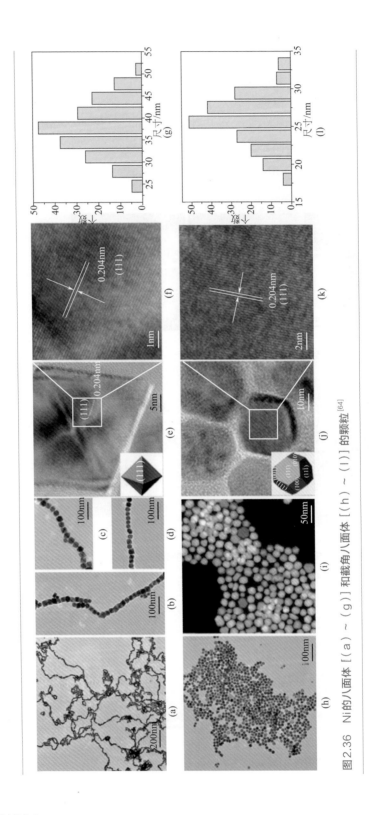

图2.36　Ni的八面体[(a)～(g)]和截角八面体[(h)～(l)]的颗粒[64]

这种通用的方法也能够用来合成单一金属纳米晶，如Ni纳米晶。在合成Pt-Ni合金纳米晶的体系中，只加入金属镍盐，把反应温度提高到200℃并且在反应体系中加入苯甲醛作为还原剂，可得到尺寸分布在（40±4.5）nm的Ni八面体。类似地，当把苯甲酸换成苯胺之后，同样可以得到尺寸分布在（25.2±4.3）nm的Ni的截角八面体（见图2.36）[64]。

值得指出的是，使用高沸点醇类作为溶剂、苯环衍生物作为形貌调控剂、亲水性高分子PVP作为表面活性剂的方法存在着两个特点。一方面，有很多课题组报道了为了实现铂基合金形貌的可控合成[67~69]往往需要使用$W(CO)_6$[70]或者CO[71]等作为还原剂或者形貌调控剂。使用这一类试剂利用了CO[72]或者溴离子[73]等对铂的选择性吸附。该合成体系采用的苯甲酸或者苯胺等苯环衍生物也是利用了这样一种选择性吸附的原理。而这种苯环衍生物对金属（如Au[74]、Pt[75]、Ni[76]等）、氧化物[77]或者碳材料[78]的选择性吸附很早就被人们认识到。如果将苯甲酸换为水杨酸或者是苯甲酸钠等类似的苯环衍生物同样可以达到对Pt-Ni合金可控合成的目的。另一方面，在疏水性溶剂中常用到的表面活性剂例如油胺、油酸等往往会在金属催化剂的表面发生很强的配位吸附作用而造成催化剂活性的降低[79]。所以对那些表面包覆有疏水长链的催化剂来说，往往需要经历一个后处理的过程来得到需要的高催化活性。而获得的这一类PVP包覆的合金催化剂是不需要对催化剂进行后处理的，而且可以通过简单的配体交换过程在这一类水溶性的纳米颗粒表面修饰上疏水性的官能团，使得制备的催化剂能够适应更复杂的反应环境。

2.3.2
苯甲醇–PVP合成体系

本小节中以金属Rh超薄片的合成为例介绍这一合成体系。相对于其他金属在合成上的快速发展，铑系纳米晶（包括铑和铑合金）的合成进展缓慢，主要反映在对纳米晶形貌的控制具有很大难度，目前文献可见报道仅为立方体[80,81]、四面体[82]、五角星和枝状结构[83,84]与薄片[85]这几例（见图2.37），远远少于金、铂、钯等丰富的形貌。主要原因是铑的还原需要强还原剂，因此不易通过弱还原剂和其他配体的配合在温和的条件下有效控制成核和生长过程以及最终的形貌。铑生长快速，容易形成热力学稳定的各向同性的三维稳定结构，因此不易通过表面活性剂的使用实现动力学控制以形成各向异性的形貌。也因为与其他金属本质上显

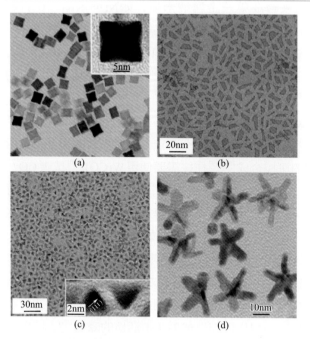

图2.37　铑纳米晶的规则形貌

（a）使用流动泵控制前驱体注入速度，得到铑立方体结构[81]；（b）低温条件下合成铑薄片结构[85]；（c）铑四面体结构[82]；（d）铑五角星结构[83]

著的差异，所以很难将其他金属的制备方法照搬使用。

　　制备形貌可控金属纳米晶的方法可为合成单原子层结构提供借鉴。在合成过程中使用特殊的表面活性剂会显著影响纳米晶的成核及生长过程，进而决定纳米晶的最终形貌。研究发现对各向异性的金属超薄二维材料的合成，经常使用强配位的表面活性剂，用以强烈抑制晶体在一个维度上的生长，同时不限制晶体在另外两个维度上的原子堆积，以此控制形成超薄二维结构。如图2.38所示，郑南峰课题组使用一氧化碳作为表面活性剂强烈抑制钯纳米晶在（111）面上的生长，配合使用溴代无机盐控制在（100）面内的生长，有效合成了超薄钯纳米片[86]。在钌纳米片的生长过程中，甲醛对结构的形成也起到关键作用，通过选择性地在（0001）面上吸附形成超薄结构[87]。此外，使用含有羰基的前驱体如$[Rh(CO)_2Cl]_2$，配合合适的反应温度和时间，可以成功制备超薄铑纳米片[85]。使用此类方式制备所得的纳米片可以均匀分散于良性溶剂中，此外根据应用的需要，表面活性剂在后处理过程中可以通过配体交换方式表面改性[88]，还可以通过焙烧、抽真空方式去除[89,90]，极大拓展了二维材料的应用空间。因此，这类

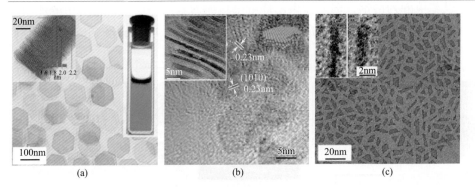

图2.38 利用液相合成方法得到自支撑的贵金属超薄结构

（a）超薄钯六角形纳米片，厚度为1.8nm[86]；（b）超薄钌无规则纳米片，厚度不到2nm[87]；（c）超薄铑纳米片，厚度为1.3nm[85]

通过表面活性剂辅助制备的二维材料也可以称之为自支撑的二维材料。自支撑的超薄二维金属材料仍处于发展初期，可成功制备的例子小于5个，并且在这些报道中材料的厚度也远远未达到单原子层或寡原子层的要求，因此存在极大的发展空间。

虽然在使用表面活性剂控制二维超薄材料的形成方面获得了一些进展，但是合成方法仍极大地依靠经验，不具有强预见性，同一方法无法指导其他金属超薄片甚至片状结构的形成。如郑南峰课题组采用水热法，同样使用甲醛作为还原剂和结构导向剂[91]，却得到钯凹四面体结构。主要原因在于表面活性剂只能弱配位于表面，部分控制纳米晶的成核以及生长行为，最终形貌在很大程度上仍取决于金属本征属性。相对于表面活性剂，载体提供了一个更为有效的模板，金属前驱体可在载体上原位还原并生长为超薄结构。如图2.39所示，张华课题组利用石墨烯作为载体，原位生长金的超薄纳米结构[92]；包信和课题组首先通过STM技术实现在铂片上生长铁的氧化物，再以铂颗粒为载体，原位生长四氧化三铁超薄结构[93]；D.W.Goodman课题组报道指出，使用二氧化钛作为载体，可以精确控制单原子层和双原子层金的形成[94]。使用载体诱导超薄金属的形成具有很强的适用性，也为精细研究催化机理和设计优秀催化剂提供了材料基础。然而研究表明，超薄材料中金属元素与载体之间存在强的化学键合，因此负载型的超薄金属层并不能表现出本征化学性质，例如报道指出外延生长法得到的硅片负载的单原子层铅和铟中存在明显的Pb-Si和In-Si共价键，其超导性能也与之有密切关系[95]。从这个角度上看，自支撑超薄金属材料具有无法取代的地位。

以苯甲醇为溶剂，弱配体聚乙烯吡咯烷酮为表面活性剂，利用甲醛还原乙酰丙酮铑可以得到自支撑的单原子层铑片[96]。图2.40给出产物的TEM照片。

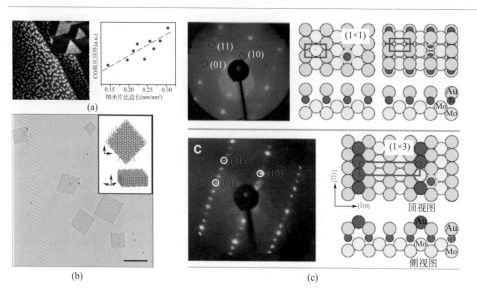

图2.39　利用载体原位生长金属超薄结构

（a）FeO$_{1-x}$负载的Pt（111）岛状薄层结构，利用STM进行记录[93]；（b）利用氧化石墨烯作为载体，原位生长获得超薄金纳米片，厚度为16个金原子层厚[92]；（c）利用二氧化钛作为载体，可控合成单、双层金[94]

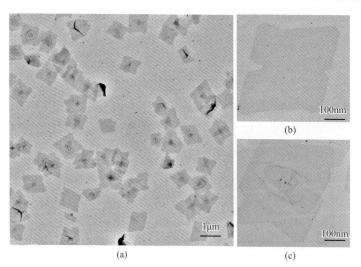

图2.40　超薄铑片TEM照片

（a）低倍率照片；（b）典型铑片的高倍率照片；（c）典型铑片的高倍率照片，显示铑片表面具有类似石墨烯的皱褶，暗示其具有超薄结构和良好的柔韧性[96]

单原子层铑片为半透明状，具有均一的近似平行四边形的片状形貌，尺寸在500 ~ 600nm，与碳支持铜网的背底相比具有很低的衬度，暗示具有超薄厚度。产物仅存少量颗粒，表明具有高的收率。片状结构自身或片之间没有团聚，显示了良好的分散性。利用多种先进表征手段从不同方面证明铑片厚度为一个原子层。首先利用原子力显微镜（AFM）测量铑片厚度不到0.4nm，再使用球差校正TEM证明衍射图案与单原子层唯一符合，最后使用同步辐射技术表征结构中铑原子配位数与单层结构一致。并且借助于理论计算说明了单原子层铑片能稳定存在的原因。理论计算结果表明，铑片中存在一种新型的离域大δ键（由两个d轨道沿着轨道对称方向四重交叠所形成）用于稳定单原子层结构。

2.3.3
PVP合成体系

以水为溶剂，PVP同时为表面配体、还原剂以及软模板，$Pd(NH_3)_4Cl_2$为金属前驱体，可合成出具有单空腔、双空腔和三空腔的复杂空心钯纳米晶，制备方法简便易行，反应条件灵活宽松。所得钯纳米晶的SPR吸收峰可在355 ~ 702nm内调节[97]。

图2.41（a）给出了由0.1g PVP与8mmol/L $Pd(NH_3)_4Cl_2$制得的空心Pd纳米晶的低倍TEM照片，产物呈球状，尺寸均一，平均粒径为（56±7.5）nm。随着TEM照片放大倍数的提高［见图2.41（b）］，产物的空心结构特征逐渐显现。有趣的是，这些空心钯具有不同的形态，可定性描述为空腔结构的单体、二聚体以及三聚体。图2.41（c）给出了产物所含空腔数的分布，623个纳米晶中，单空腔、双空腔以及三空腔产物所占比例分别为56%、34%和8%。根据相应的粉末XRD谱图［见图2.41（d）］可确认产物为fcc相的Pd（JCPDS 65-2867）。图2.41（e）给出了空心钯壳层的HRTEM照片，晶格条纹间距为0.23nm，对应于fcc相Pd（111）面的面间距。单个空心纳米晶的EDX线扫描确认了产物的空心结构特征［见图2.41（f）］。

为理解空心纳米颗粒形成的机理，研究了产物结构随时间变化的过程。反应开始后，每隔5min取一次样并进行结构分析（见图2.42）。前40min反应液始终呈无色透明状，表明钯前驱体还未被还原，但40min时取出的样品在透射电镜下呈类囊泡结构。45min时，反应液变为浅棕色，表明钯前驱体开始还原，透射电镜下观察到5 ~ 20nm的小颗粒聚集在一起形成半球形聚集体。50min时，半球形

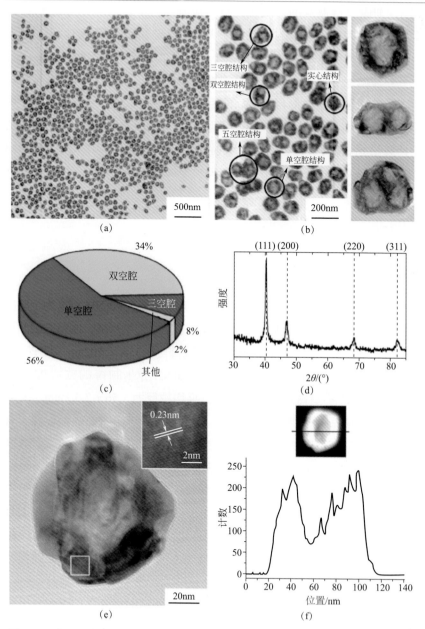

图2.41 空心钯纳米晶

（a）低倍TEM照片；（b）高倍TEM照片；（c）空腔数分布；（d）粉末XRD谱图；（e）HRTEM照片；（f）单个空心颗粒的EDX线扫描[97]

聚集体发育成完整的空心球聚集体，该聚集体的平均外径为227nm、平均内径为136nm。60min时，空心球聚集体的尺寸显著下降，外径降至129nm而内径降至48nm，表明聚集体的结构变得更加致密。此外，从图2.42（e）中还能观察到致

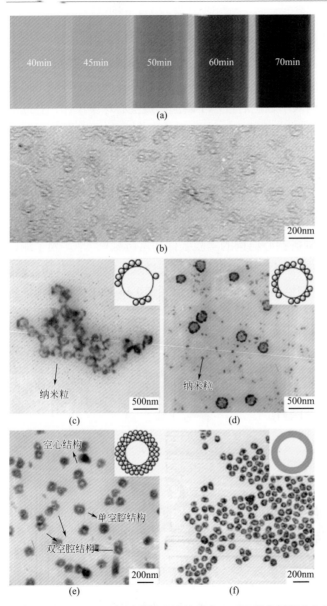

图2.42 （a）不同反应时间反应液的颜色。不同反应时间产物的TEM照片：（b）40min；（c）45min；（d）50min；（e）60min；（f）70min[97]

密聚集体之间相互连接所形成的二聚体结构。这些二聚体结构很可能是双空腔纳米钯的前身。70min时，结晶良好的空心钯纳米晶便已形成，从小颗粒聚集体到纳米晶的转变可以通过取向连生（oriented attachment）过程来描述[98,99]：相邻的小颗粒纳米晶通过共享特定取向的晶面而相互融合，形成较大的纳米晶，从而降低其较高的表面能。

　　根据以上实验事实，提出了空心钯纳米晶的形成机理，可简要描述为"还原-聚集-融合"[见图2.43（a）]：反应开始阶段，PVP在水中形成囊泡结构；某一时刻，围绕在PVP囊泡结构周围的钯前驱体被PVP链端的羟基还原成小颗粒；随着还原的进行，越来越多的钯纳米小颗粒沿着PVP囊泡形成空心球聚集体，并逐渐变得致密；这些空心球聚集体进而通过取向连生演化形成最终的空心纳米晶。此外，空心球聚集体在反应液中可通过随机移动发生相互碰撞，并偶合形成二聚体、三聚体等复杂结构[见图2.42（e）]，导致产物中出现多空腔结构的纳米晶[见图2.43（b）]。

　　原则上讲，囊泡结构的稳定性受许多因素影响，如温度、pH值、离子强度、聚合物浓度等，使得囊泡法制备空心结构的实验条件非常苛刻[100~104]。为了测试该合成体系的灵活性，首先将聚合物（PVP）的加入量从0.1g变更至0.025g和0.4g。图2.44（a）和（b）分别给出了0.025g PVP体系和0.4g PVP体系所得产物

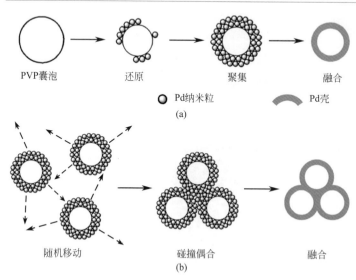

图2.43　（a）PVP囊泡主导下，空心钯纳米晶的形成机理：还原-聚集-融合；（b）多空腔纳米结构的形成机理：PVP囊泡随机移动-碰撞偶合-融合[97]

的TEM照片，图中所标数字表示邻近颗粒所含空腔个数。随着PVP用量的增多，产物的粒径略有降低［见图2.44（c）］，而双空腔和三空腔结构在产物中的比例显著增大［见图2.44（d）］。当PVP用量为0.025g时，产物平均粒径为58nm，产物中85%的颗粒为单空腔结构，11%为双空腔结构，三空腔结构仅占3%。当PVP用量增至0.4g时，产物平均粒径为52nm，产物中45%的颗粒为单空腔结构，双空腔和三空腔结构分别增至39%和13%。前面提到，多空腔结构源于PVP囊泡结构的随机碰撞和偶合，PVP用量增加无疑提高了囊泡结构的浓度及其碰撞概率，从而导致产物中双空腔和三空腔结构增多。

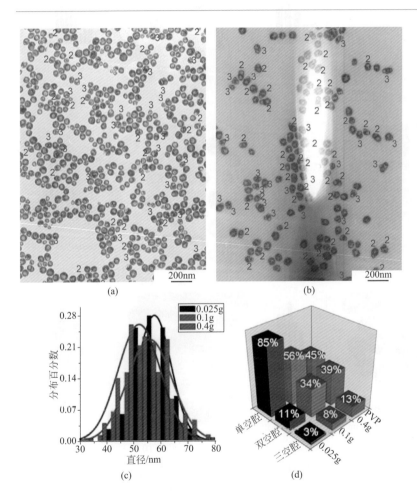

图2.44 （a）PVP用量为0.025g时产物的TEM照片；（b）PVP用量为0.4g时产物的TEM照片；（c）不同PVP用量下产物的粒径分布；（d）不同PVP用量下产物所含空腔数的分布[97]

产物的尺寸可通过改变金属前驱体的浓度实现调控。当PVP加入量固定在0.1g，Pd(NH$_3$)$_4$Cl$_2$浓度分别为2mmol/L、4mmol/L、8mmol/L、12mmol/L、16mmol/L、20mmol/L和24mmol/L时，所得产物平均粒径分别为（16±3）nm、（29±4）nm、（56±8）nm、（61±7）nm、（76±10）nm、（88±10）nm和（168±13）nm（部分图见图2.45）。

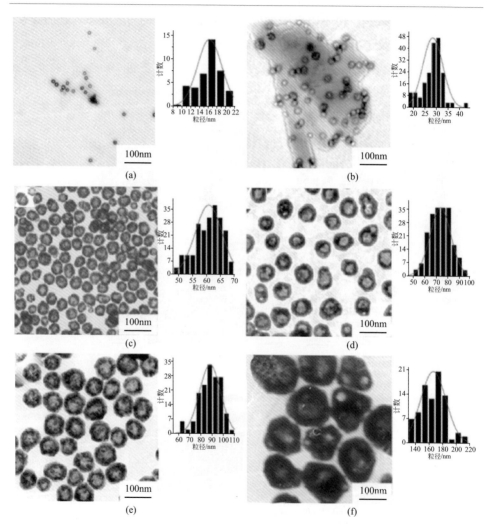

图2.45 PVP用量为0.1g时，不同Pd(NH$_3$)$_4$Cl$_2$浓度下产物的TEM照片

（a）~（f）所对应的Pd(NH$_3$)$_4$Cl$_2$浓度和产物平均粒径分别为：2mmol/L，16nm；4mmol/L，29nm；12mmol/L，61nm；16mmol/L，76nm；20mmol/L，88nm；24mmol/L，168nm[97]

2.4
两步法合成合金及金属间化合物纳米晶

以上两类合成体系均为一步法合成金属纳米晶，一步法虽然也能合成合金和金属间化合物纳米晶，但相对于单一金属纳米晶，两种金属在同一体系中同时成核生长，其情况较一种金属复杂得多。因为双金属合成涉及两种金属的成核及生长过程，就需要把很多因素考虑在内。

（1）还原电势

还原电势表现的是金属盐的前驱体在溶液当中还原的难易程度，越正的还原电势表明这种金属越容易被还原出来。尽管还原电势的概念是在水溶液中定义的，但是在非水溶液中同样能够利用还原电势的概念来判断不同金属还原的趋势。

根据能斯特方程，可以推断出金属的还原电势是受配体影响的。这种配体和金属的配位作用会降低金属离子的浓度，从而降低其还原电势，导致金属在配体存在的条件下的还原变得更加困难。比如在合成金属纳米晶的时候常用的卤素离子就是一种常见的会降低金属还原电势的物质。可以很容易理解，如果在金属的合成过程中引入和金属具有强配位作用的配体能够显著地增加金属的成核难度，并减慢金属离子的还原速率。而这样的配体往往会和某些特定的晶面有相互作用，从而能够减慢这个晶面的生长速率，使得最后得到的金属纳米结构暴露这种晶面[105]。因为贵金属的还原电势往往要高于非贵金属的还原电势，所以如果要得到这两类金属的合金结构往往需要加入配体来降低贵金属的还原电势。但是，最近李亚栋课题组也报道了在溶液体系中，先还原出来的贵金属也会传递一部分电子给非贵金属，从而诱导非贵金属还原出来，同样也能够得到双金属的合金或者核壳结构[60]。

在反应中，还必须要注意溶液中存在的氧气。氧气的存在会造成还原的金属单质有可能再一次氧化生成高价的离子，这种过程被称为氧化腐蚀。同样不难理解，一些和金属具有强配位作用的配体也会促进这种氧化腐蚀作用的发生。因为从金属盐到金属单质本质上是一个还原过程，所以还原电势是一个在合成双金属材料的时候不得不考虑的因素。还原电势还会牵涉到两种金属之间的置换反应，一种电负性较大的金属离子和一种电负性较小的金属单质之间很容易发生置换反应。而这样的置换过程很可能和还原过程及氧化腐蚀过程同时存在于合成双金属颗粒的反应过程中。

（2）界面能

如果合成的是双金属的核壳结构的话，那就必须考虑两种金属之间的界面能。如果界面能较大，则倾向于孤立型的岛状生长模式；如果界面能较低，则壳层金属倾向于在内层金属的外部进行平面铺展型生长。如图2.46所示，图（b）展现的是平面型生长模式，图（a）是岛状生长模式。如果将这两种生长模式引入到纳米晶的合成当中，相对应地需要考虑两种金属的晶格适配。Yang课题组曾经合成了Au@Ag和Pt@Pd的核壳结构。在这些核壳结构中，晶格的错配度分别只有0.25%和0.77%[106]。之后Tian等人在合成Au@Pd核壳结构的时候晶格错配度甚至可以达到4.88%[22]。尽管Au和Pt之间的错配度有4.08%，但是Au@Pt之间具有直接单晶表面接触的外延生长的核壳结构至今无法合成出来。所以如果想要控制壳层金属在内层金属外部的平面型生长的话需要考虑两个因素：两种金属的晶格错配度在5%以内，同时两种金属在界面处的成键要强于覆盖层在其内部的成键。最近，Xia等人报道晶格错配度高达7.1%的Cu和Pd也能形成Pd@Cu的核壳结构[33]。这种结构的获得一部分是因为Pd和Cu之间有很强的结合方式，另一部分是因为Cu表面使用的表面活性剂十六胺能够大大降低Cu的表面能。如果壳层金属

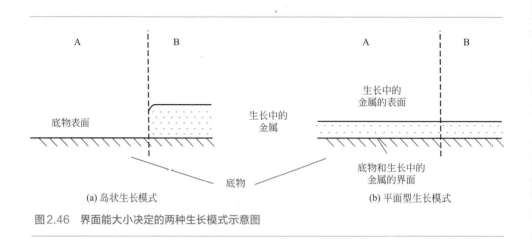

(a) 岛状生长模式　　　　　　　　　(b) 平面型生长模式

图2.46　界面能大小决定的两种生长模式示意图

遵循的是平面型生长模式，则壳层和内层金属之间的晶体生长方向及界面处的原子排布方式必须是一致的。如果壳层金属遵循的是岛状型生长模式，在强还原条件下也能形成双金属的核壳结构，但是这种壳层的结构往往是多晶的。晶格的错配会产生较大的表面张力从而促进缺陷及孪晶的生成。所以这种核壳结构往往是球形或者树枝状分叉结构。

（3）还原速率

金属的还原速率和金属的还原电势、体系中的还原剂及反应温度等相关，可以通过使用不同的还原剂或者改变还原剂浓度的方式来实现对金属的还原速率的调控。如果体系的还原速率太低，则金属的成核和生长会在接近平衡的条件下进行。速率太快就会破坏这种平衡。在平衡状态下，具有较高的还原电势的金属会优先还原出来，这样会导致两种金属的生长顺序不同而生成核壳结构。而如果在平衡状态下，两种金属容易形成合金的结构。同样，成核速率还会对金属的表面结构产生影响。较慢的还原速率有利于多重孪晶的生成，而从孪晶转变为单晶所需要的能量较高，因此较稳定。如果金属的还原速率升高，会导致金属的爆炸性成核。短时间内同时生成大量微小的表面能极大的晶核，会导致核与核之间发生碰撞并继续长大，所以往往认为在这种情况下得到的结构不是热力学稳定的。

（4）形貌调控剂

如果想要实现控制晶面确定的双金属结构，则形貌调控剂的使用是不可避免的。这一类试剂可以是金属前驱体的抗衡离子、阴离子、溶剂、盐、表面活性剂、聚合物或者气体分子。比如在水溶液中进行的合成过程常常使用到卤素离子，Br^- 和 I^- 对于抑制多数面心立方金属的（100）面的合成有显著效果[6]。在纳米晶的合成当中，有很多的步骤都需要用到形貌调控剂。一般认为在生长阶段，形貌调控剂主要发挥两个作用：一方面，它能够显著降低选择性配位的晶面的表面能，使得这个晶面在热力学上是稳定的；另一方面，形貌调控剂还能够选择性覆盖住晶面的表面，导致这个晶面的生长速率变慢，从而导致其他生长较快的晶面消失而使得这个晶面得以保留下来。前一种方式是从热力学上进行考虑的，第二种方式是从动力学上进行考虑的。最近人们还发现，形貌调控剂还能够控制氧化腐蚀过程。比如可以使用形貌调控剂将某个特定的晶面保护下来，使其不与氧气发生接触，从而导致氧化腐蚀只发生在其余未被保护的晶面。比如最近 Xia 课题组就利用这种方法得到了一种新颖的 Rh 立方框架结构（见图2.47）。

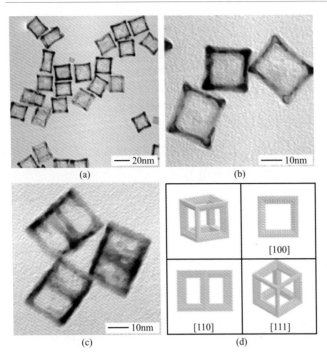

图2.47　通过晶面形貌调控剂控制生长及氧化腐蚀过程得到的Rh立方框架结构[6]

2.4.1
晶种法

　　尽管成核与生长的暂时分离是纳米晶可控合成的关键之一，但实际操作中往往难以实现。晶种法克服了这一难题，它以事先合成的小尺寸纳米晶作为晶种，在反应液中加入低浓度的同种金属前驱体，在合适的反应条件下诱发金属前驱体在晶种表面进行同质外延生长。晶种法将纳米晶的成核与生长阶段完全分开，在宽松的反应条件下即可实现对纳米晶尺寸和形貌的控制。这一策略已广泛用于钯、铂纳米晶的可控合成中。例如，Xu研究组以立方体钯纳米晶为晶种，以CTAB（十六烷基三甲基溴化铵）和 I⁻ 为选择性吸附剂，通过改变 I⁻ 浓度和反应温度，合成了单分散的钯立方体、八面体、立方八面体和菱形十二面体[107]。

　　在晶种存在的条件下，若将异种金属前驱体加入到反应液中，则会出现以下三种生长模式：① 异质外延生长（heteroepitaxial growth）；② 金属置换反应（galvanic replacement）；③ 固相扩散合金化。异质外延生长即异种金属在已有晶

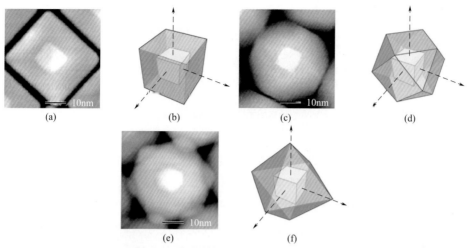

图2.48　异质外延生长法制备Pt@Pd核壳结构[30]

种上进行外延生长，该方法是制备核壳结构、岛状结构的有效途径之一。Yang研究组以铂立方体为晶种，以TTAB（十四烷基三甲基溴化铵）和NO₂为选择性吸附剂，通过改变NO₂的浓度，合成了不同形貌的Pt@Pd核壳结构（见图2.48）[30]。此处TTAB选择性吸附Pd（100）面，而NO₂选择性吸附Pd（111）面，随着NO₂用量的增加，（111）面在产物中的比例逐渐增多，产物的形貌由立方体［由六个（100）面组成］经立方八面体［由六个（100）面和八个（111）面组成］逐渐演化为八面体［由八个（111）面组成］。

　　如果异种金属前驱体在反应液中的还原电势比晶种高，则可能发生金属置换反应，即异种金属前驱体被晶种还原并沉积在晶种表面，同时，晶种被异种金属前驱体氧化变成阳离子进入反应溶液。该方法常用于制备空心结构，Xia研究组以银立方体为晶种，在反应液中分别加入Na₂PdCl₄和Na₂PtCl₄，通过零价银与二价钯、铂离子之间的置换反应得到了Pd/Ag纳米笼（见图2.49）和Pt/Ag纳米笼[108]。

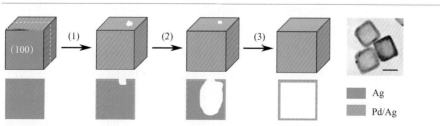

图2.49　金属置换反应制备Pd/Ag纳米笼（图中标尺为50nm）[108]

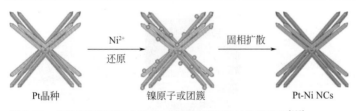

图2.50 晶种固相扩散法制备Pt-Ni树枝状纳米结构示意图[109]

下面分别以Pt-Ni合金纳米晶和Au-Cu金属间化合物纳米晶的合成为例说明晶种法合成合金和金属间化合物纳米晶的过程。

图2.50给出了晶种固相扩散法制备Pt-Ni树枝状纳米结构示意图。合成路线分为两步：首先对纯铂纳米晶进行调控合成，控制其尺寸、表面结构和整体形貌；然后以纯铂为晶种，利用晶种固相扩散法将镍元素引入其中形成合金，实现组成的调控。该合成路线的优势在于将组成和其他物理参数的调控分步进行，不仅简化了合成体系，而且可充分利用已有的单金属纳米晶合成方法为双金属纳米晶的可控合成服务。

铂晶种的制备：称取0.025g六水合氯铂（Ⅳ）酸和0.5g十八胺加入10mL圆底烧瓶中，磁力搅拌下加热至120℃，十八胺随温度升高逐渐熔化，六水合氯铂（Ⅳ）酸溶解在十八胺中形成无色透明溶液。称取7.5g十八胺置于25mL两口圆底烧瓶中，加热套加热至230℃。待温度稳定后，将六水合氯铂（Ⅳ）酸的十八胺溶液迅速倒入两口圆底烧瓶中，溶液迅速变黑，5min后停止加热。待反应液降至70℃，向两口圆底烧瓶中加入20mL乙醇，混合均匀后停止磁力搅拌，并在70℃下静置30min。趁热小心倾去上层十八胺溶液，瓶底黑色固体用10mL正己烷溶解，超声分散后转移至离心管中。向离心管中加入5mL乙醇，超声混匀后，在5000r/min的转速下离心5min。倾去上层清液，离心管底部固体用正己烷与乙醇（10mL/5mL）的混合溶剂洗涤3遍后分散在5mL正己烷中保存。

Pt-Ni合金的制备：称取4mg六水合硝酸镍和0.5g十八胺置于10mL圆底烧瓶中，磁力搅拌下加热至120℃，十八胺随温度升高逐渐熔化，六水合硝酸镍溶解在十八胺中形成无色透明溶液。称取7.5g十八胺置于25mL两口圆底烧瓶中，加热套加热至80℃，向圆底烧瓶中加入分散于正己烷中的铂晶种（约8mg），120℃下将正己烷蒸发去除。随后将两口圆底烧瓶中溶液加热至230℃，温度稳定后，将六水合硝酸镍的十八胺溶液迅速倒入两口圆底烧瓶中，5min后，将反应液温度升至250℃。20min后停止加热，待反应液降至70℃，向两口圆底烧瓶中加入

20mL乙醇，混合均匀后停止磁力搅拌，并在70℃下静置30min。趁热小心倾去上层十八胺溶液，瓶底黑色固体用10mL正己烷溶解，超声分散后转移至离心管中。向离心管中加入5mL乙醇，超声混匀后，在5000r/min的转速下离心5min。倾去上层清液，离心管底部固体用正己烷与乙醇（10mL/5mL）的混合溶剂洗涤3遍后分散在5mL正己烷中保存。

图2.51（a）给出了Pt晶种的TEM照片。Pt晶种呈树枝状结构，平均臂宽与臂长分别为（5.7±1.5）nm和（49.8±12.3）nm。图2.51（b）给出了由Pt晶种制备的Pt-Ni纳米晶的TEM照片。Pt-Ni纳米晶继承了Pt晶种的树枝状形貌，平均臂宽和臂长分别增至（6.1±1.2）nm和（54.3±10.3）nm。EDX面扫描元素分布图［图2.51（c）］表明，Pt元素与Ni元素在样品中均匀分布。EDX能谱分析［图2.51（d）］初步确认原子比Pt/Ni为89/11，与ICP-MS所测结果（Pt/Ni=86/14）基本一致。

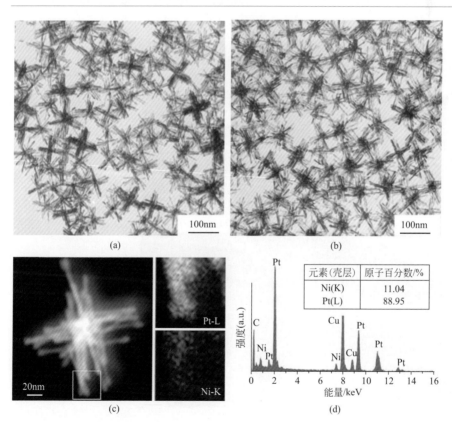

图2.51（a）Pt晶种的TEM照片；（b）Pt-Ni纳米晶的TEM照片；（c）Pt-Ni纳米晶的EDX面扫元素分布图；（d）Pt-Ni纳米晶的EDX能谱分析[109]

通过HRTEM对树枝状Pt-Ni纳米晶的表面结构进行了研究。图2.52（a）给出了随机选择的树枝状Pt-Ni纳米晶的低倍TEM照片，图中白框所选区域分别代表树枝状结构的根部、分支和尖端，它们相应的HRTEM图像分别如图2.52（b）～（d）所示。从晶格条纹的连续性可判断，根部存在少量位错，但分支和尖端均呈单晶结构，这表明树枝状结构是通过连续生长而成。通过对晶格条纹间距的测量可确认分支生长方向为[111]。若以[111]方向作为分支的主轴，则与其近乎垂直的侧表面不可能是密排的（111）面或次密排的（100）面，而应是开放结构。球差校正透射电镜研究确认了这一判断。图2.53（a）给出了分支的球差校正透射电镜照片，从中可清晰地看到分支的侧表面具有很多台阶，其中一部分可以指认为（211）面。根据Lang和Somorjai规定的标记法[110]，（211）面可表示为3（111）×（100），即在平坦的（111）面上每三个原子就有一个（100）台阶，如图2.53（b）所示。应当指出（211）面的台阶密度甚至比许多高指数晶面还要高［见图2.53（c）］。

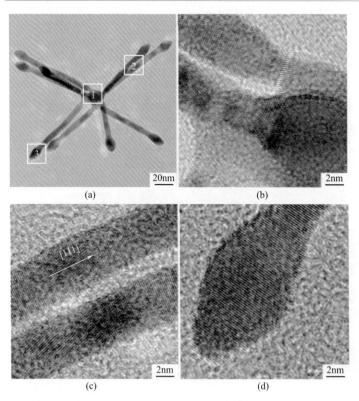

图2.52 树枝状Pt-Ni纳米晶的HRTEM照片[109]

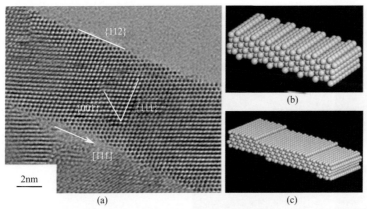

图2.53 （a）树枝状Pt-Ni纳米晶的球差校正电镜照片；（b）（211）面的原子堆积模型；（c）
（899）面的原子堆积模型[109]

对于Cu-Au体系，一般有$CuAu_3$、$CuAu$、Cu_3Au三种金属间化合物和任意比例的合金。首先合成Au纳米颗粒作为晶种，然后在体系中引入铜源，在合适的合成条件下分别得到尺寸、形貌、组成可控的Cu-Au纳米晶。

金纳米晶（种子）的合成：在给定温度下将$0.5mmol$ $HAuCl_4 \cdot 4H_2O$和$20mL$油胺（OAm）溶解在$20mL$四氢萘中，在Ar气保护下搅拌约$15min$，然后将含有$1mmol$叔丁基胺硼烷、$2mL$油胺和$2mL$四氢萘的溶液注入到以上溶液中，溶液先变成棕黄色，很快转为紫红色，搅拌反应$1h$后，往所得胶体溶液中加入足量的乙醇，在$9000r/min$转速下离心$8min$，所得沉淀用$35mL$正己烷分散，再加乙醇，离心，最后分散到$30mL$正己烷中待用。金颗粒的尺寸决定于反应的温度，温度越高，尺寸越小。另外，合成$8.5 \sim 9.5nm$ Au纳米晶步骤为：在搅拌条件下将$0.25mmol$的$HAuCl_4 \cdot 4H_2O$、$0.5mmol$的1,2-十六二醇和$1.25mL$油胺溶解在$25mL$四氢萘中，所得溶液在油浴中加热至$130℃$并保持$40min$后自然冷却至室温，后处理步骤同前面实验。图2.54给出了不同尺寸的Au纳米颗粒的透射电镜（TEM）图片。

Cu-Au金属间化合物的合成：在$25mL$烧瓶中加入$0.5mmol$ $Cu(CH_3COO)_2 \cdot H_2O$、$0.5mL$油酸（OA）和$2.25mL$三辛基胺（TOA），在搅拌条件下加热至$70℃$形成透明溶液，然后加入$0.5mmol$ Au种正己烷溶液，当正己烷蒸发完全时将温度升至$120℃$并通入Ar气，持续$20min$后，以大约$25℃/min$的升温速率将温度升至$280℃$，并在此温度下保持$50 \sim 100min$，然后自然冷却至室温。往所得溶液中加入足量乙醇后离心，将得到的产物用$20mL$正己烷分散。若投料摩尔比Au ： Cu为1 ： 3并在$300℃$反应，将得到Cu_3Au纳米晶。

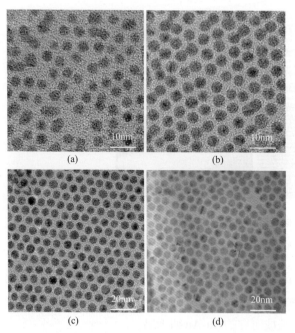

图2.54　不同尺寸的Au纳米颗粒的透射电镜（TEM）照片

（a）约3.5nm；（b）约4.9nm；（c）约6.3nm；（d）8.5～9.5nm[15]

　　图2.55中（a）和（b）是所得Cu_3Au和$CuAu$产物的TEM图片。图片显示出产物基本上是球形的颗粒且具有很窄的尺寸分布，测量得出Cu_3Au尺寸为（10.0 ± 0.3）nm，$CuAu$尺寸为（11.0 ± 0.6）nm，它们继承了Au种颗粒的尺寸均一性。图2.55中（c）和（d）给出了典型的Cu_3Au和$CuAu$颗粒的高分辨电镜图（HRTEM），颗粒表面明显的边界显示颗粒实际上具有多面体的结构，伪五重对称轴说明颗粒是一个二十面体或十面体，这种结构主要来源于Au种颗粒。仔细观察可以发现，有些颗粒具有类单晶（非完美单晶）的结构，这种颗粒可能是来源于单晶结构的Au种颗粒。一般而言，为了降低本身的表面能，直径小于10nm的Au颗粒大部分都具有二十面体或十面体的孪晶结构，只有很少的颗粒具有单晶结构[111,112]。所以制得的Cu_3Au和$CuAu$颗粒都具有多重孪晶的结构，由于铜原子的进入或多或少会破坏标准的二十面体和十面体结构，特别是当Cu/Au更高时，得到的金属间化合物颗粒并不是理想的二十面体和十面体。图2.55中（e）和（f）给出了Cu_3Au和$CuAu$产物的选区电子衍射谱图（SAED），图中所有的衍射信息都能被指认为立方相Cu_3Au和四方相$CuAu$。很明显，对于$CuAu$，特征晶面

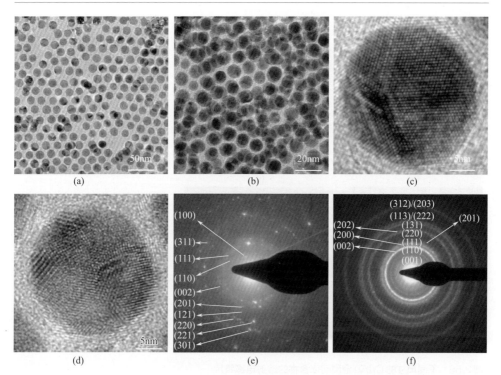

图 2.55　利用 6.3nm 和 8.5～9.5nm Au 种制备的 Cu_3Au 和 CuAu 产物的透射电镜照片、高分辨透射电镜（HRTEM）照片及选区电子衍射（SAED）花样图

（a）、（c）、（e）对应 Cu_3Au；（b）、（d）、（f）对应 CuAu[15]

（001）和（110）以及（200）/（002）和（220）/（202）分裂的衍射信息都呈现于电子衍射谱图中；对于 Cu_3Au，特征晶面（001）和（110）的衍射信号也可以观察到，但是其强度并不高。

　　为了确定上述合成方法在调控纳米晶的尺寸方面具有很大的优势，以在 280℃ 合成 CuAu 为例，采用不同尺寸（3.5nm、4.9nm、6.3nm）的 Au 种颗粒参与反应。当用 3.5nm 和 4.9nm 的 Au 种反应时，反应 50min 只能得到 CuAu 合金，当反应 100min 后，CuAu 金属间化合物生成；而当用尺寸更大一点的 Au 种反应时，如 6.3nm 和 8.5～9.5nm，反应 50min 就能得到 CuAu 金属间化合物。事实上，尺寸越小，其表面张力越大，颗粒的有序化需要耗费更多的时间。图 2.56 中的（a）、（b）、（c）是不同尺寸产物的 TEM 图片，显示出所有产物都是由单分散的颗粒组成。测量结果显示产物的尺寸强烈依赖于 Au 种的尺寸，Au 种颗粒直径越大，产物的尺寸就越大，如约 3.5nm、约 4.9nm 和约 6.3nm 的 Au 种分别生成了

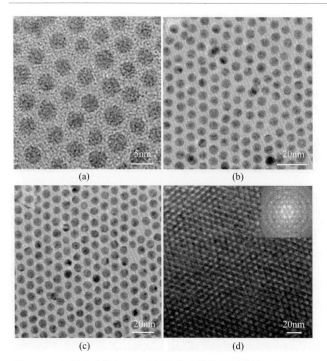

图2.56 不同尺寸的CuAu金属间化合物的透射电镜照片

（a）（4.2±0.2）nm、（b）（6.0±0.2）nm、（c）（7.4±0.3）nm、（d）（6.0±0.2）nm纳米晶组装成的多层超晶格，内置的图片为相应的快速傅里叶变换图[15]

（4.2±0.2）nm、（6.0±0.2）nm和（7.4±0.3）nm的CuAu产物。所以，结果表明，利用此方法只要通过调整Au种尺寸就可以很容易地实现产物尺寸的调控。由于产物颗粒具有很窄的尺寸分布，因此它们很容易形成三维的超晶格。以（6.0±0.2）nm的CuAu为例，当提高胶体溶液的浓度时，随着正己烷的挥发，产物颗粒将在铜网支持的碳膜上自组装形成超晶格。图2.56中的（d）是典型超晶格的TEM图和相应快速傅里叶变换（FFT）图，它们共同说明此超晶格是一个六方密堆积（hcp）的超晶格。

图2.57给出了产物可能的形成机理。一方面，在设计的合成体系中，Au种颗粒表面被油胺分子保护以阻止团聚，但是当温度升高时，分子运动和颗粒的布朗运动加剧，因此将有部分的油胺分子脱离Au颗粒表面而留下一些活性位点。另一方面，在Au颗粒和油酸及三辛基胺（TOA）的协同作用下[113]，Cu^{2+}被还原成铜原子或者是由多个铜原子组成的原子簇[114]，这些新生成的铜原子或原子簇具有很高的反应活性，和Au颗粒表面的活性位点碰撞时就会扩散进入Au颗粒的晶格

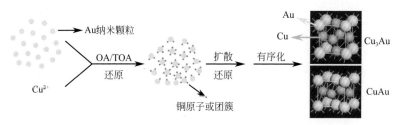

图2.57　纳米晶可能的形成机理[15]

而形成合金，而合金的形成又将加速Cu^{2+}的还原[113]，实际上，这些协同作用将导致Cu^{2+}的还原和扩散同时进行。当扩散结束后，体系的温度将提供足够的能量使合金有序化最终形成金属间化合物。该合成反应的原理本质上是固相反应的原理。对于一个传统固相反应而言，反应物一般为由不规则颗粒组成的固体粉末，不同反应物不能完全混合均匀，所以固相反应很难实现均匀的传质扩散，也就不能合成单分散的纳米晶。该合成体系中设计的反应实际上是把固相反应"搬"到液相中进行，Au种均匀地分散在体系中，原位还原出的铜原子和每一个Au种碰撞的概率相等，相当于一个溶液反应，正是这种均匀的、原子级别的扩散和单分散的Au种颗粒共同造就了单分散的产物纳米晶，并且比固相反应所用温度更低、时间更短。

2.4.2
"从上至下"合成策略

在过去的几十年里，"由下至上"的合成策略在如何更为精确地操纵原子方面取得了巨大的发展。一系列具有特定结构和优异的物理化学性质的金属[10,46]被陆续合成出来。并且，利用连续的"由下至上"的合成策略还能够去构造更为复杂的核壳[30,115]、分支[116]、合金[117]和异质[118]等结构。如果把"由下至上"和"从上至下"的合成策略结合起来，将能成功合成一类非常经典的Au-Ag的空心或者框架结构。选择性地将便宜的金属腐蚀掉而剩下的贵金属会重新排列，化学腐蚀被证明是一种十分有效而经典的"从上至下"的合成策略。这种策略可以同时对金属纳米结构的组成、大小和形貌进行控制[119,120]。1926年，美国人雷尼发明了雷尼镍并将其作为一种工业催化剂。这种催化剂是通过将镍铝合金中大部分的铝腐蚀掉而得到的，其活性组分为剩下的高活性组分镍。而这种多孔性催化剂作为一种对植物油加氢反应很重要的催化剂被沿用至今[121]。

李亚栋课题组以单分散双金属纳米晶为前驱体，采用简单的硝酸腐蚀法成功制备了具有窄孔径分布的纳米多孔合金（见图2.58）[122]。该方法具有如下优点：① 制备过程简便快捷，腐蚀过程1min内即可完成，表明该方法具有易于放大的优点，为工业化制备多孔合金打下了基础；② 采用该途径制备的多孔合金结构上具备窄孔径分布和大比表面积的特点，大比表面积有利于反应物分子与合金催化剂颗粒的充分接触，保证了催化剂的高活性，窄孔径分布有利于反应物分子的选择性通过，保证了催化剂的高选择性，因此，由此法所得多孔合金是潜在的优异纳米催化剂；③ 该方法具有普适性，腐蚀过程与合金种类无关，因此只要能获得单分散双金属纳米晶前驱体，便可采用该途径制备相应的多孔合金材料，而单分散双金属纳米晶的合成方法已被广泛建立，所以采用该途径可实现一系列多孔合金材料的制备。

硝酸腐蚀过程往往反应比较剧烈，具有不可控性，通常得到的为多孔性结构而很难对结构进行精确的调控。如果采用相对温和的配位反应则会使腐蚀过程缓慢进行从而实现对结构的有效调控。比如先制备得到Pt-Ni合金，利用一种对镍有选择性配位作用的配体（丁二酮肟）实现对化学腐蚀的控制，并在室温下通过这种方法得到Pt-Ni合金的内凹型结构[123]。在这个腐蚀过程中，丁二酮肟起的作用是很关键的。而这个化学腐蚀过程和下面三个反应相关。

$$Ni(0) - 2e^- \rightleftharpoons Ni(II) \qquad (2.5)$$

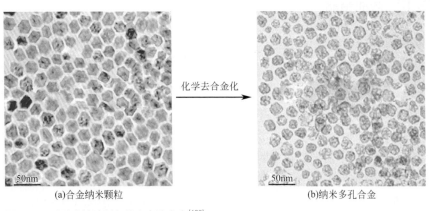

化学去合金化

(a)合金纳米颗粒   (b)纳米多孔合金

图2.58　硝酸腐蚀法制备纳米多孔合金[122]

$$\frac{1}{2}O_2 + H_2O + 2e^- \rightleftharpoons 2OH^- \qquad (2.6)$$

$$Ni(\text{II}) + 2 \ \ \begin{matrix} H_3C-C=N-OH \\ | \\ H_3C-C=N-OH \end{matrix} \ \ \rightleftharpoons \ \ \left[\begin{matrix} & H & \\ & O \cdots O & \\ H_3C-C=N & N=C-CH_3 \\ & \diagdown Ni \diagup & \\ H_3C-C=N & N=C-CH_3 \\ & O \cdots O & \\ & H & \end{matrix} \right]^0 + 2H^+ \qquad (2.7)$$

反应方程式（2.5）和式（2.6）可以看作是一个氧化还原反应的两个半反应。参照相应的反应操作过程和实验现象，在双金属表面的 Ni 会被空气中的氧气氧化成 Ni（II）。腐蚀过程随着溶液中氧气浓度的增加而加快。如果溶液中没有氧气的存在，那么腐蚀是不会进行的。这也验证了这是一个氧化腐蚀的过程。对于反应方程式（2.7），在中性的环境中，丁二酮肟会选择性地只和 Ni（II）配位而生成红色的丁二酮肟镍的固体[124]。这种选择性腐蚀导致了从双金属的颗粒当中被氧气腐蚀掉时，Ni 具有比 Pt 高得多的倾向性和溶解速率。ICP-MS 的结果表明在腐蚀之后的溶液当中并没有检测到 Pt（II），这也进一步说明了这种腐蚀的方法是不能够腐蚀 Pt 的。从反应方程式（2.7）可以看出，醋酸的加入会使得化学平衡向左边移动，也就是丁二酮肟镍沉淀溶解的过程。而这个溶解过程也可以通过 XPS 光电子能谱测试来进行跟踪。XPS 分析的表面信息表明 PtNi₃ 八面体的 Pt 4f7/2 和 4f5/2 分别对应结合能 71.3eV 和 74.6eV，表明 Pt 的价态是零价的。而 Ni 2p3/2 是 852.8eV，也是和 Ni(0) 相对应的。经历了腐蚀过程之后，Pt 的价态基本没有改变，而 Ni 已经大部分被氧化。当加入醋酸之后，基本可以把二价 Ni 的配合物洗掉。值得一提的是，腐蚀的过程在没有丁二酮肟的情况下是不会发生的，即使把反应的温度提高到100℃，或者延长化学腐蚀的时间，或者加大腐蚀剂的加入量，都无法将 Ni 从 Pt-Ni 合金中完全腐蚀掉。这个现象可以通过测量 Pt-Ni 合金的电极电势来进行解释。不管是增加 Pt-Ni 合金中 Ni 的浓度或者是加入腐蚀剂丁二酮肟，都会显著地令 Pt-Ni 合金的电极电势降低，因为这会使 Pt-Ni 合金更容易被氧化，对应的就是活性组分 Ni 被氧化腐蚀析出。随着腐蚀反应的进行，Pt-Ni 合金的电极电势会不断升高，也意味着 Pt-Ni 合金的抗腐蚀能力不断地增强。

图 2.59 是 PtNi₂ 八面体腐蚀之后得到的 TEM 图片。可以看出这是一种类星形结构，由 6 个对称的分支组成。放大的 TEM 图片和 HAADF-STEM 表明了这种结构的 6 个分支的亮度要高于中心的区域，证明了这种内凹型结构的获得可以看作是在一个完美的八面体的每个面都挖了一个内凹的空腔。图 2.60 是不断增加 Pt-Ni

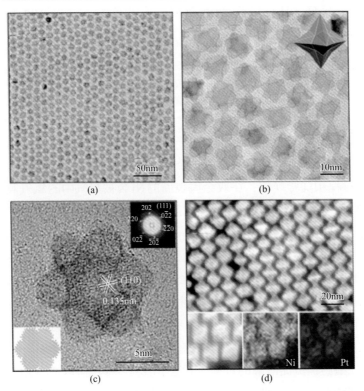

图2.59 PtNi₂八面体腐蚀之后得到的（a）TEM图；（b）放大的TEM图，插图为对应的结构模型；（c）HRTEM图，插图为FFT图形和对应的结构模型；（d）EDS能谱区域扫描[123]

合金的前驱体的Ni : Pt的摩尔比，并将得到的Pt-Ni合金纳米颗粒进行腐蚀所得到的TEM和HRTEM图。可以看出，当增加了Pt-Ni合金中的Ni/Pt的比例，意味着有更多的Ni可以被腐蚀掉，这样腐蚀之后得到的结构的凹度会越来越大。

　　化学腐蚀的可控性对于这种亚稳态的内凹型结构的形成是至关重要的。用PtNi₁₀八面体作为前驱体来探证化学腐蚀过程中的形貌演变过程。图2.61是从PtNi₁₀八面体经历的腐蚀反应的各个阶段得到的样品的TEM图。随着反应的进行，得到的纳米颗粒的凹度是不断增加的。而在腐蚀反应的最初阶段，反应是沿着[100]方向进行的，也就是说顶点上的Ni最先开始被腐蚀。当纳米颗粒形成了很窄的（100）面之后，[110]方向和[111]方向紧接着被腐蚀，八面体的棱和面都会内凹形成空洞并最终得到内凹八面体。另外，过于剧烈的条件比如浓硝酸的腐蚀会很快造成表面结构的坍塌和扭曲，最终只能得到一些杂乱的结构而不是规整的内凹型结构。

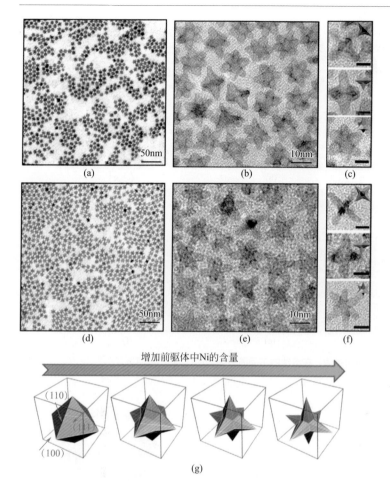

图2.60 （a）、（b）、（c）PtNi₃，（d）、（e）、（f）PtNi₁₀八面体腐蚀之后的TEM和HRTEM图[123]；
（g）Ni的含量与腐蚀后得到的结构关系示意图

　　另外，也可以采用一种基于相转移界面促进的两相法腐蚀策略（见图2.62），能够在相对温和的条件下以较快的速度将实心的PtNi₁₀纳米八面体腐蚀为Pt₄Ni八面休纳米骨架。利用该方法，也可将PtNi₃纳米菱形十二面体和PdCu₅纳米菱形十二面体腐蚀成相应的菱形十二面体骨架结构[125]。

　　在合成中，经配体交换得到的油胺（OAm）保护的油溶性PtNi₁₀纳米八面体往往分散在上层甲苯相中，而在下层水相中加入螯合剂EDTA-2Na即可实现选择性刻蚀。在90℃加热的反应釜中，镍原子被空气氧化为正价离子，OAm分子则通过配位将镍离子从纳米晶表面搬运到水油界面处交换给EDTA，从而将Ni带入水相。正是通过相界面源源不断地将Ni腐蚀并转移到水相，促进了一系列反应平

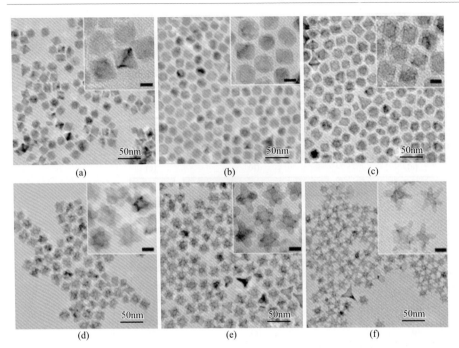

图2.61　以PtNi₁₀八面体为前驱体，在腐蚀的不同阶段得到的样品的TEM图[123]

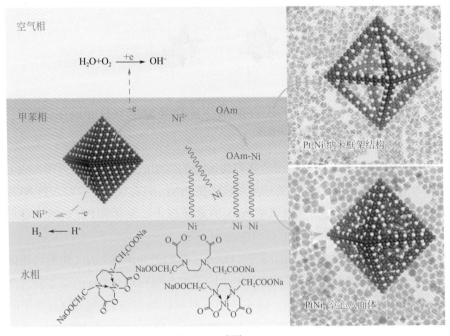

图2.62　相转移界面促进的两相法腐蚀示意图[125]

衡的向右进行，使得总体的腐蚀过程能够顺利地进行。借助于OAm对棱边（110）面的保护，八面体的骨架结构最终得以保留（见图2.63）。此外，当减少EDTA-2Na的用量时，还得到了表面富Pt的PtNi₄多孔八面体的新颖结构（见图2.64）。

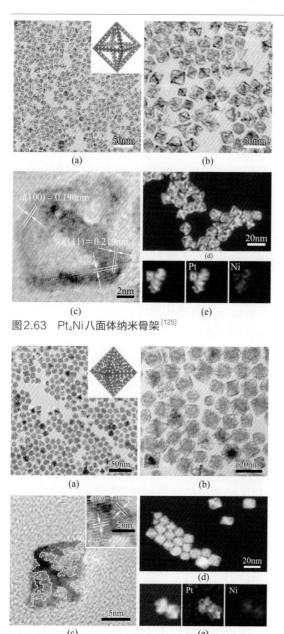

图2.63　Pt₄Ni八面体纳米骨架[125]

图2.64　PtNi₄多孔八面体[125]

2.5
本章小结

纳米科学飞速发展了几十年，虽然人们发展了很多的合成方法及策略，得到了种类丰富的金属纳米结构，但传统的合成方法并不足以对金属纳米晶的表面结构进行原子级别的调控。尽管金属材料结构相对简单，但是人们对于更为复杂的结构比如一些多级的复合结构，仍旧缺乏相应的合成策略及理论以指导复杂结构的合成。虽然研究者已经能够使用一些原位的光谱和电镜技术对纳米晶的成核过程进行一些信号的捕捉，但是对于这个复杂并且及其快速的过程，人们的认识还是十分有限，而且时至今日依然没有成熟的理论可以更好地认识纳米晶的成核过程。而成核的方式对晶面、缺陷、生长方式的影响无疑都是非常大的，认识的不足制约着人们更为精确地去控制金属纳米晶的微观结构。所以时至今日对于金属纳米晶的成核与生长的研究，仍然存在着巨大的机遇和挑战。

在金属纳米晶的合成当中，当溶液中的团簇达到一个临界浓度的时候将会成核并不断和生成的原子结合最终生长成为纳米晶。对于生长过程可以很容易通过各种不同的实验条件来控制，并能够做到可控，然而相对而言，去捕捉并控制纳米晶最初始的成核阶段是非常困难的，因为这个过程是非常迅速的而且被观察对象的尺寸是非常小的。尽管任务十分困难，人们还是在这个领域做了很多开创性的工作并取得了可喜的成绩。1950年，Lamer等人第一次提出了在液相环境中纳米颗粒的成核机制[7]。不久，Myerson等人尝试着利用理论计算的方法更深入地去理解纳米晶的成核过程并进一步发展了纳米晶的成核理论[126,127]。而在实验上，试图在真实的空间和时间内观测这么小的对象和一个这么迅速的过程是十分具有挑战性的。可喜的是，最近原位技术和各种表征技术的发展使得人们对于纳米晶的成核有了更深一步的理解。电镜是一种有效的手段，能帮助我们对纳米晶结构的尺寸、组成、结构及形成过程同时进行观测。然而电镜技术对于研究纳米晶的成核过程依然存在着很大的难度。首先，电镜技术分辨率的不足使得观察尺寸在1nm以下的纳米晶存在着困难；其次，传统的电镜技术不是原位的观测过程，所以无法提供真实的时间分辨信息。在球差校正电镜及原位检测技术的发展下，原位电镜应运而生[128]。这是一种能够同时提供纳米晶合成过程中时间和空间分辨信息的一种强有力的测试手段[129]。因为纳米晶的成核过程是在溶液中进行的，所以如何在原位状态下观察液相状态下的样品也是需要考虑的问题[130]。

当人们解决了一系列技术上的难题之后，Alivisatos课题组首次用原位电镜技术观察到了Pt纳米晶的成核和生长的过程。他们用电镜很清晰地观察到了纳米晶形成的各个过程，这是首次在液相环境下观测到的纳米晶成核与生长过程（见图2.65）[53]。他们发现在Pt纳米颗粒的成核过程中，不同的颗粒堆积方式会直接影响到最终得到的Pt颗粒的结构。这是人们第一次在实验室对纳米晶的成核与生长过程有了一个最直观的理解，研究者真实地看到了这个过程是怎样发生的。不久之后，通过将液相的样品池固载在石墨烯上，该课题组又将这种原位的电镜技术发展到了原子级别的分辨率，促进人们对成核和生长的过程有了更清晰的了解[131]。同时还可以借助这种原位的手段去进一步研究光、热、磁场等一系列外部因素对纳米晶成核与生长的影响。这种对纳米晶成核的直接观察能够极大地加深人们对成核与后续生长机制的理解。

另外一个值得关注的技术是一些原位的光谱技术，比如原位的精细X射线吸收谱（in-situ XAFS）。因为在最初的成核阶段，我们并不清楚金属前驱体是否被完全还原。它们很有可能只是部分还原，并形成一些很小的团簇[132]。而对这些成核过程中几个原子的团簇的表征对于深入理解成核过程是十分重要的。In-situ XAFS技术是一种对空间信息十分敏感的表征技术，而且这种手段的分辨率是原子级别的，因此这种技术能够对纳米晶成核过程当中的结构变化提供最真实的光谱信号，而这些光谱信号和观测对象的几何及电子结构是紧密相关的[133]。

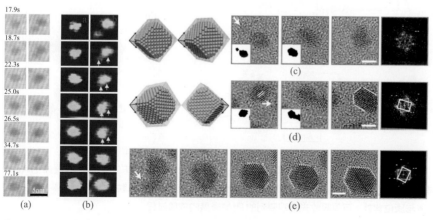

图2.65　原位电镜观察到的Pt纳米晶的成核与生长过程[53]

如图2.66（a）和（b）所示，Wei课题组成功将时间分辨原位XAFS技术通过一个连续过程运用到观察Au纳米颗粒的成核与生长过程当中，并且原位监控了其随时间变化的结构信息。包括从前驱体怎样生成小于1nm的团簇，再到最终长大生成纳米颗粒，整个Au的还原过程都能够通过原位的技术完整地记录下来。最后结合原位光谱给出的信息及合理的猜想，可以大概推断出Au的成核机制[134]。这种最新发展的原位XAFS技术能够进一步和原位紫外吸收光谱结合起来［图2.66（c）][135]。这两种光谱技术的结合能够更加全面地观察复杂的成核过程当中的结构变化信息。不仅对于Au，这样的原位技术也能够观察其他金属比如Pt的成核过程［图2.66（d）]。在Pt的成核过程中，不同还原条件下造成的成核方式不一样最终会导致生成的Pt的纳米结构不同。比如一维"Pt_nCl_x"结构的形成能够导致最终形成Pt的纳米线，而零维"Pt_n^0"的成核方式则会导致最终生成Pt的球状纳米颗粒。成核过程当中的结构变化信息不仅能够真实地反映在光谱信号中，成核过程当中团簇表面的一些电子结构信息也同样能够通过这种技术被我们所认识[136]。这种技术提供的是一种时间分辨的、能够做到原子分辨率的几何和电子结构信息信号。XAFS原位光谱技术的发展必将为人们今后更好地研究纳米晶的成核过程提供强有力的手段。只有充分地认识了金属纳米晶的成核过程，才能够更好地去设计所需要的具有特定几何和电子结构的金属纳米晶。

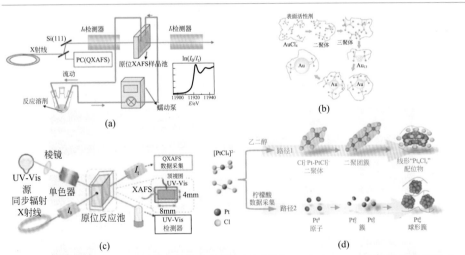

图2.66 （a）in-situ XAFS技术的仪器示意图；（b）基于in-situ XAFS技术检测推断的Au纳米晶的成核过程；（c）in-situ XAFS技术与原位紫外可见吸收光谱串联技术；（d）基于in-situ XAFS技术与原位紫外-可见吸收光谱观测到的Pt纳米晶的成核过程

参考文献

[1] (a)Bruchez M, Moronne M, Gin P, Weiss S, Alivisatos AP. Science, 1998, 281: 2013;(b)El-Sayed MA, Acc Chem. Res, 2004, 37: 326.

[2] (a). Alivisatos AP. Science, 1996, 271: 933;(b) Murray CB, Kagan CR, Bawendi MG, Annu Rev Mater Sci, 2000, 30: 545;(c)Xia Y, Yang P, Sun Y, Wu Y, Mayers B, Gates B, Yin Y, Kim F, Yan H. Adv Mater, 2003, 15: 353.

[3] Roduner E. Chem Soc Rev, 2006, 35: 583.

[4] Haruta M, Yamada N, Kobayashi T, Lijima S. J Catal, 1989, 115: 301.

[5] Valden M, Lai X. Goodman DW. Science, 1998, 281: 1647.

[6] Xia Y, Xiong Y, Lim B, et al. Angew Chem Int Ed, 2009, 48: 60.

[7] LaMer VK, Dinegar RH. J Am Chem Soc, 1950, 72: 4847.

[8] Murray CB, Norris DJ, Bawendi MG. J Am Chem Soc, 1993, 115: 8706.

[9] Tao AR, Habas S, Yang P. Small, 2008, 4: 310.

[10] Sun SH, Murray CB, Weller D, et al. Science, 2000, 287: 1989.

[11] Cacciuto A, Auer S, Frenkel D. Nature, 2004, 428: 404.

[12] Kang Y, Pyo JB, Ye X, et al. ACS Nano, 2012, 6: 5642.

[13] Yu Y, Yang W, Sun X, et al. Nano Letters, 2014, 14: 2778.

[14] Zhang H, Jin M, Xia Y. Chem Soc Rev, 2012, 41: 8035.

[15] Chen W, Yu R, Li LL, et al. Angew Chem Int Ed, 2010, 49: 2917.

[16] Carroll KJ, Hudgins DM, Spurgeon S, et al. Chem Mater, 2010, 22: 6291.

[17] Lee YW, Kim M, Kim ZH, et al. J Am Chem Soc, 2009, 131: 1 036.

[18] Lu CL, Prasad KS, Wu HL, et al. J Am Chem Soc, 2010, 132: 14546.

[19] Wang G, Huang B, Xiao L, et al. J Am Chem Soc, 2014, 136: 9643.

[20] Wulff G, Krystallogr Z. Mineral, 1901, 34: 449.

[21] Xiong Y, Xia Y. Adv Mater, 2007, 19: 3385.

[22] Fan FR, Liu DY, Wu YF, et al. J Am Chem Soc, 2008, 130: 6949.

[23] Sneed BT, Kuo CH, Brodsky CN, et al. J Am Chem Soc, 2012, 134: 18417.

[24] Sobal NS, Ebels U, Möhwald H, et al. J Phys Chem B, 2003, 107: 7351.

[25] Yan JM, Zhang XB, Akita T, et al. J Am Chem Soc, 2010, 132: 5326.

[26] Sobal NS, Hilgendorff M, Möhwald H, et al. Nano Lett, 2002, 2: 621.

[27] Carroll KJ, Calvin S, Ekiert TF, et al. Chem Mater, 2010, 22: 2175.

[28] Tsuji M, Hikino S, Matsunaga M, et al. Mater Lett, 2010, 64: 1793.

[29] Ma Y, Li W, Cho EC, et al. ACS Nano, 2010, 4: 6725.

[30] Habas SE, H. Lee, Radmilovic V, et al. Nature Mater, 2007, 6: 692.

[31] Zhang H, Jin M, Wang J, et al. J Am Chem Soc, 2011, 133: 10422.

[32] Xiang Y, Wu X, Liu D, et al. Nano Lett, 2006, 6: 2290.

[33] Jin M, Zhang H, Wang J, et al. ACS Nano, 2012, 6: 2566.

[34] Park J, Joo J, Kwon SG, et al. Angew Chem Int Ed, 2007, 46: 4630.

[35] Kim SW, Park J, Jang Y, et al. Nano Lett, 2003, 3: 1289.

[36] Wang X, Zhuang J, Peng Q, et al. Nature, 2005, 437: 121.

[37] Talapin DV, Lee JS, Kovalenko MV, et al. Chem Rev, 2010, 110: 389.

[38] Link S, El-Sayed MA. J Phys Chem B, 1999, 103: 4212.

[39] Klajn R, Wesson PJ, Bishop KJM, et al. Angew Chem Int Ed, 2009, 48: 7035.

[40] Niu ZQ, Peng Q, Gong M, et al. Angew Chem Int Ed, 2011, 50: 6315.

[41] Ling T, Zhu J, Yu HM, et al. J Phys Chem C, 2009, 113: 9450.

[42] Liu XW, Li XY, Wang DS, et al. Chem Commun, 2012, 48: 1683.

[43] Xiong YJ, Cai HG, Wiley BJ, et al. J Am Chem Soc, 2007, 129: 3665.

[44] Liu XW, Wang WY, Li H, et al. Sci Rep, 2013, 3: 1404.

[45] Rong HP, Niu ZQ, Zhao YF, et al. Chem Eur J, 2015, 21: 12034

[46] Sun YG, Xia YN. Science, 2002, 298: 2176.

[47] Tao A, Sinsermsuksakul P, Yang PD. Angew Chem Int Ed, 2006, 45: 4597.

[48] Abe K, Hanada T, Yoshida Y, et al. Thin Solid Films, 1998, 329: 524.

[49] Lee SJ, Han SW, Kim K. Chem Commun, 2002, 442.

[50] Hiramatsu H, Osterloh FE. Chem Mater, 2004, 16: 2509.

[51] Chen M, Feng YG, Wang X, et al. Langmuir, 2007, 23: 5296.

[52] Li P, Peng Q, Li YD. Chem Eur J, 2011, 17: 941.

[53] Zheng HM, Smith RK, Jun YW, et al. Science, 2009, 324: 1309.

[54] Wang DS, Xie T, Peng Q, et al. J Am Chem Soc, 2008, 130: 4016.

[55] Wang DS, Li YD. Inorg Chem, 2011, 50: 5196.

[56] Wang DS, Xie T, Peng Q, Zhang SY, Chen J, Li YD. Chem Eur J, 2008, 14: 2507.

[57] Wang DS, Li YD. Chem Commun, 2011, 47: 3604.

[58] Rong HP, Cai SF, Niu ZQ, Li YD. ACS Catal, 2013, 3: 1560.

[59] Pan AL, Yang ZP, Zheng HG, et al. Appl Surf Sci, 2003, 205: 323.

[60] Wang DS, Li YD. J Am Chem Soc, 2010, 132: 6280.

[61] Wang DS, Li YD. Adv Mater, 2011, 23: 1044.

[62] Wang DS, Peng Q, Li YD. Nano Res, 2010, 3: 574.

[63] Mao JJ, Wang DS, Zhao GF, Jia W, Li YD. Cryst Eng Comm, 2013, 15: 4806.

[64] Wu Y, Cai S, Wang D, He W, Li Y. J Am Chem Soc, 2012, 134: 8975.

[65] Tsung CK, Kuhn JN, Huang W, et al. J Am Chem Soc, 2009, 131: 5816.

[66] Bratlie KM, Lee H, Komvopoulos K, et al. Nano Lett, 2007, 7: 3097.

[67] Ahrenstorf K, Albrecht O, Heller H, et al. Small, 2007, 3: 271.

[68] Hou YL, Wang C, Kim JM, et al. Angew Chem Int Edit, 2007, 46: 6333.

[69] Zhang J, Fang JY. J Am Chem Soc, 2009, 131: 18543.

[70] Zhang J, Yang HZ, Fang JY, et al. Nano Lett, 2010, 10: 638.

[71] Wu JB, Gross A, Yang H. Nano Lett, 2011, 11: 798.

[72] Wu BH, Zheng NF, Fu G. Chem Commun, 2011, 47: 1039.

[73] Yin AX, Min XQ, Zhu W, et al. Chem Eur J, 2012, 18: 777.

[74] Katoh K, Schmid GM. Bulletin of the Chemical Society of Japan, 1971, 44: 2007.

[75] Horanyi G, Solt J, Nagy F. Acta Chimica Academiae Scientarium Hungaricae 1971, 67: 425.

[76] Neuber M, Zharnikov M, Walz J, et al. Surface Review and Letters, 1999, 6: 53.

[77] Pang XY, Lin RN. Asian Journal of Chemistry, 2010, 22: 4469.

[78] Koh M, Nakajima T. Carbon, 2000, 38: 1947.

[79] Mazumder V, Sun SH. J Am Chem Soc, 2009, 131: 4588.

[80] Zhang Y, Grass ME, Kuhn JN, et al. J Am Chem Soc, 2008, 130: 5868.

[81] Zhang H, Li W, Jin M, et al. Nano Letters, 2011, 11, 898.

[82] Park KH, Jang K, Kim HJ, et al. Angew Chem Int Ed, 2007, 119: 1170.

[83] Zhang H, Xia X, Li W, et al. Angew Chem Int Ed, 2010, 49: 5296.

[84] Zettsu N, McLellan JM, Wiley B, et al. Angew Chem Int Ed, 2006, 45: 1288.

[85] Jang K, Kim HJ, Son SU. Chem Mater, 2010, 22: 1273.

[86] Huang X, Tang S, Xiao L M, et al. Nature Nanotechnology, 2011, 6: 28.

[87] Yin AX, Liu WC, Ke J, et al. J Am Chem Soc, 2012, 134: 20479.

[88] Webber DH, Brutchey RL. J Am Chem Soc, 2012, 134: 1085.

[89] Grass ME, Joo SH, Zhang Y, et al. J Phys Chem C, 2009, 113: 8616.

[90] Song H, Rioux RM, Hoefelmeyer JD, et al. J Am Chem Soc, 2006, 128: 3027.

[91] Huang X, Tang S, Zhang H, et al. J Am Chem Soc, 2009, 131: 13916.

[92] Huang X, Li S, Huang Y, et al. Nature Communications, 2011, 2: 292.

[93] Fu Q, Li WX, Yao Y, et al. Science, 2010, 328: 1141.

[94] Chen MS, Goodman DW. Science, 2004, 306: 252.

[95] Zhang T, Cheng P, Li WJ, et al. Nature Physics, 2010, 6: 104.

[96] Duan HH, Yan N, Yu R, et al. Nature Communications, 2014, 5: 3093.

[97] Niu ZQ, Zhen YR, Gong M, et al. Chem Sci, 2011, 2: 2392.

[98] Penn RL, Banfield JF. Science, 1998, 281: 969.

[99] Penn RL, Banfield JF. Geochimica Et Cosmochimica Acta, 1999, 63: 1549.

[100] Xu HL, Wang WZ. Angew Chem Int Ed, 2007, 46: 1489.

[101] Huang CC, Hwu JR, Su WC, et al. Chem Eur J, 2006, 12: 3805.

[102] Guo FQ, Zhang ZF, Li HF, et al. Chem Commun, 2010, 46: 8237.

[103] Liu Y, Chu Y, Zhuo YJ, et al. Adv Funct Mater, 2007, 17: 933.

[104] Zhang XJ, Li D. Angew Chem Int Ed, 2006, 45: 5971.

[105] Jana NR, Gearheart L, Murphy CJ. Chem Commun, 2001, 617.

[106] Song JH, Kim F, Kim D, et al. Chem Eur J, 2005, 11: 910.

[107] Niu W, Zhang L, Xu G. ACS Nano, 2010, 4: 1987.

[108] Chen J, Wiley B, McLellan J, et al. Nano Letters, 2005, 5: 2058.

[109] Niu ZQ, Wang DS, Yu R, et al. Chem Sci, 2012, 3: 1925.

[110] Lang B, Joyner RW, Somorjai GA. Surf Sci, 1972, 30: 440.

[111] Baletto F, Mottet C, Ferrando R. Phys Rev B, 2001, 63: 155408.

[112] Wang ZL. J Phys Chem B, 2000, 104: 1153.

[113] Jiang HJ, Moon KS, Wong CP, et al. IEEE Trans Adv Packag, 2005, 173.

[114] Yin M, Wu CK, Lou YB, et al. J Am Chem Soc, 2005, 127: 9506.

[115] Ghosh Chaudhuri R, Paria S. Chem Rev, 2011, 112: 2373.

[116] Lim B, Jiang M, Camargo PHC, et al. Science, 2009, 324: 1302.

[117] Sra AK, Schaak RE. J Am Chem Soc, 2004, 126: 6667.

[118] Macdonald JE, Sadan MB, Houben L, et al. Nature Mater, 2010, 9: 810.

[119] Wittstock A, Zielasek V, Biener J, et al. Science, 2010, 327: 319.

[120] Mulvihill MJ, Ling XY, Henzie J, et al. J Am Chem Soc, 2010, 132: 268.

[121] Raney M. US Patent 1628190, 1926-5-14.

[122] Wang DS, Zhao P, Li YD. Sci Rep, 2011(1): 37.

[123] Wu YE, Wang DS, Niu ZQ, et al. Angew Chem Int Ed, 2012, 51: 12524.

[124] Gazda DB, Fritz JS, Porter MD. Analytica Chimica Acta, 2004, 508: 53.

[125] Wang Y, Chen YG, Nan CY. Nano Res, 2015, 8: 140.

[126] Auer S, Frenkel D. Nature, 2001, 409: 1020.

[127] Erdemir D, Lee AY, Myerson AS. Acc Chem Res, 2009, 42: 621.

[128] Bordiga S, Groppo E, Agostini G, et al. Chem Rev, 2013, 113: 1736.

[129] Klein KL, Anderson IM, De Jonge N. J Microsc, 2011, 242: 117.

[130] N. de Jonge, Ross FM. Nature Nanotechnology, 2011, 6: 695.

[131] Yuk JM, Park J, Ercius P, et al. Science, 2012, 336: 61.

[132] Colombi Ciacchi L, Pompe W, De Vita A. J Am Chem Soc, 2001, 123: 7371.

[133] Wang Q, Hanson JC, Frenkel AI. J Chem Phys, 2008, 129: 234502.

[134] Yao T, Sun Z, Li Y, et al. J Am Chem Soc, 2010, 132: 7696.

[135] Yao T, Liu S, Sun Z, et al. J Am Chem Soc, 2012, 134: 9410.

[136] Li Y, Cheng H, Yao T, et al. J Am Chem Soc, 2012, 134: 17997.

NANOMATERIALS

纳米材料液相合成

Chapter 3

第3章
水热/溶剂热法合成纳米材料

刘军枫，蔡钊，徐雯雯，韩娜娜，张天宇，孙晓明
北京化工大学理学院

3.1 引言

3.2 水热/溶剂热法合成纳米材料的基本原理

3.3 水热/溶剂热法合成一维纳米材料

3.4 水热/溶剂热法合成纳米阵列

3.5 本章小结

3.1
引言

　　水热合成研究最初从模拟地矿生成开始到沸石分子筛和其他晶体材料的合成已经历了100多年的历史。20世纪90年代后期，水热/溶剂热方法被应用到纳米材料的化学合成中，并由此迅速发展起来。与其他加工过程相比，水热/溶剂热法获得的产品纯度较高、粒径均一、晶型完美。此外，水热/溶剂热装置和操作较为简单，能耗较低，反应快速，这些优势使得水热/溶剂热合成方法在纳米材料合成的领域始终占有特殊地位，被研究者大量使用。

　　至今，研究人员已经利用水热/溶剂热法制备出多种多样的纳米材料：从化学组成来说，包括氧化物、氟化物、硫化物、氮化物、有机-无机杂化材料、碳材料、金属材料、金属-有机框架材料等；从晶体结构上来说，包括钙钛矿体系、烧绿石体系、水滑石体系等各种各样晶体结构的纳米材料；从尺寸上来说，包括零维、一维、二维、三维纳米材料以及其组装、复合等尺度的各种纳米材料；从材料功能上来说，具有压电特性、磁特性、光敏特性、光电转化性能等的纳米材料都可以通过水热/溶剂热方法合成。本章将介绍水热/溶剂热法合成纳米材料的基本原理，并以一维纳米材料及纳米阵列结构为例，介绍水热/溶剂热法在纳米材料控制合成中的广泛应用。

3.2
水热/溶剂热法合成纳米材料的基本原理

　　水热/溶剂热合成是指在一定温度（100 ~ 1000℃）和压强（1 ~ 100MPa）下利用溶液中物质化学反应进行合成的技术[1]。由于反应在高温、高压条件下进行，因此水热/溶剂热的合成反应往往需要在特定类型的密闭容器（高压釜）中发生，这样一些常温常压下反应的动力学速率将显著提高。水热/溶剂热为各种前驱体的反应和结晶提供了一个在常压条件下无法得到的特殊物理和化学环境。例如，在水热条件下，水既作为溶剂又作为矿化剂，是传递压力的媒介，同时由于在高压下绝大多数反应物能部分溶解于水，从而促使反应在液相或气相中进行，改善反应物的扩散传质。如果反应体系溶剂中含有液态有机物或完全以有机物为溶剂则可以称为溶剂热法。以非水溶剂代替水，不仅扩大了水热法的应用范围，而且能够实现通常条件下无法实现的反应，可以用来制备具有亚稳态结构的材料。

水热/溶剂热合成纳米材料过程中的反应热力学和动力学理论至今还没有准确的表述，因此本节将侧重于介绍与水热/溶剂热合成纳米材料过程中紧密相关的参数对反应过程和产物的影响，以此阐述水热/溶剂热合成纳米材料的原理。

3.2.1
水热/溶剂热法合成纳米材料的影响因素

水热/溶剂热合成过程中的温度、压力等诸多参数都会对反应产物的结构、组成、尺寸、形貌等产生显著影响。下面将重点介绍溶剂、反应物、添加剂、温度、压力、填充度等主要的影响因素。实际上这些影响因素不是单一变化的，往往改变其中一种因素也会造成其他因素的显著变化，这里根据改变的主要内容进行介绍。利用水热/溶剂热来制备纳米晶已经取得了巨大的成果，但是并没有一种普适的指导性理论来指导纳米材料的液相合成，在具体合成方法的设计中往往还需要依赖已有的文献，改进或套用相似的体系，以达到合成目的。

3.2.1.1
溶剂

溶剂是水热/溶剂热反应中最重要的因素之一。溶剂不仅为反应提供了液态环境，还决定了反应需要选择的温度范围、压力大小，有时还可以起到模板、矿化剂等作用影响产物的尺寸和形貌。

在水热/溶剂热合成纳米材料的过程中，主要有以下几组溶剂特征需要考虑：① 溶剂的物理性质（介电常数、极性、密度等）；② 溶剂的化学性质（主要是溶剂化作用、对产物某种特定形貌的稳定作用）；③ 溶剂与反应物、添加剂的相互作用。

除水以外，越来越多的有机溶剂被用于溶剂热合成，这些非水溶剂的使用拓宽了高温高压下合成纳米材料种类的范围。用于溶剂热反应的有机溶剂种类繁多、性质各异。常见有机溶剂的主要物理常数见表3.1[2]。

表3.1 常见有机溶剂的物理性质

溶剂	M_r	ρ/(g/mL)	熔点/℃	沸点/℃	ε_r	μ/(10^{-30}C·m)	极性参数E_N^T
十四醇	214.39	0.823	39	289	—	—	—
2-甲基-2-己醇	116.20	—	—	—	—	—	—
2-甲基-2-丁醇	88.15	0.805	−12	102	7.0	5.67	0.321
2-甲基-2-丙醇	74.12	0.786	25	83	—	—	0.389
2-戊醇	88.15	0.809	—	120	13.8	5.54	—
环己醇	100.16	0.963	21	160	15.0	6.34	0.500
2-丁醇	74.12	0.807	−115	98	15.8	—	0.506
2-丙醇	60.10	0.785	−90	82	18.3	5.54	0.546
1-庚醇	116.20	0.822	−36	176	12.1	—	0.549
2-甲基-1-丁醇	88.15	0.802	−10	108	17.7	5.47	0.552
己醇	102.18	0.814	−52	157	13.3	—	0.559
3-甲基-1-丁醇	88.15	0.809	−11	130	14.7	6.07	0.565
戊醇	88.15	0.811	−78	137	13.9	6.00	0.568
丁醇	74.12	0.810	−90	118	17.1	5.54	0.602
苯甲醇	108.14	1.045	−15	205	13.1	5.67	0.608
丙醇	60.10	0.804	−127	97	20.1	5.54	0.602
乙醇	46.07	0.785	−130	78	24.3	5.64	0.654
四乙二醇	194.23	1.125	−6	314	—	—	0.664
1,3-丁二醇	90.12	1.004	−50	207	—	—	0.682
三乙二醇	150.18	1.123	−7	287	23.7	18.61	0.704
1,4-丁二醇	90.12	1.017	16	230	31.1	8.01	0.704
二乙二醇	106.12	1.118	−10	245	—	—	0.713
1,2-丙二醇	76.10	1.036	−60	187	32.0	7.51	0.722
1,3-丙二醇	76.10	1.053	−27	214	35.0	8.34	0.747
甲醇	32.04	0.791	−98	65	32.6	5.67	0.762
二甘油	166.18	1.300	—	—	—	—	—
乙二醇	62.07	1.109	−11	199	37.7	7.61	0.790
丙三醇	92.09	1.261	20	180	42.5	—	0.812
水	18.01	1.000	0	100	80.4	6.47	1.000

溶剂对于水热法合成纳米材料的影响可以从以下两个角度来分析：纳米粒子尺寸和形貌的控制以及在复合纳米材料制备中的作用。

溶剂主要通过晶体成核和生长两个过程影响纳米粒子的尺寸和形貌。具体来看，不同溶剂的物理性质会影响晶体成核反应的动力学，使反应更加易于调控。例如在合成 TiO_2 纳米晶体的过程中，通过使用不同介电常数的溶剂可以调控 TiO_2 产品的结晶度[3]。研究发现，以2-丙醇作溶剂时制得的 TiO_2 纳米晶的结晶度最佳，造成这一结果的原因在于：2-丙醇溶剂的介电常数相对较低，导致反应体系在成核之前具有更大的过饱和度，由此影响了随后的结晶成核过程。

同时溶剂化学性质对晶体的生长也有显著的影响。有些溶剂会与底物在反应过程中形成中间化合物，这种中间化合物可以作为模板使产物定向生长从而影响产物的最终形貌。例如在以金属氯化物（或氮化物）和硒粉作为反应物，水合肼作为溶剂，溶剂热反应合成一维金属硒化物的过程中，"NH_2NH_2"可以作为双齿配位基团与两个金属阳离子结合形成团簇，这种线形的中间物种会进一步诱导产物的一维形貌的生成[4]。另外溶剂物理性质也会对晶体生长产生影响。例如，在使用 $[In(NO_3)_3 \cdot nH_2O]$ 和 $[SnCl_4 \cdot 5H_2O]$ 作为反应物、NH_4OH 作为矿化剂通过溶剂热法合成氧化铟锡（ITO）的过程中，研究发现溶剂的黏度对得到的ITO晶体的尺寸和性质具有重要的影响。当采用不同的溶剂（乙醇、乙二醇、聚乙二醇）时，随着溶剂黏度的增加（从乙醇到聚乙二醇），晶体生长速率增大（相对于成核速率），同时产物的氧空位增多，因而具有了更多的自由电子和更强的导电性[5]。此外，在稀土氧化物纳米粒子的溶剂热合成中，也可通过改变溶剂黏度调控产物的形貌[6]。值得注意的是，改变一种溶剂就改变了大量的相关合成参数，例如沸点、黏度、介电常数等，因此往往难以直接说明哪种参数的改变显著地造成了产物形貌的变化，而关于体系中相互作用力对于最终产物的影响，将在后文超细纳米晶的章节中进行表述。

在纳米复合材料中，体系可以被看作不同纳米单元的组合，溶剂在某些复合纳米材料制备过程中可以起到决定性作用。例如，利用碳纳米管（CNTs）作为模板，使用 $Ce(NO_3)_3 \cdot 6H_2O$ 作为前驱体，在溶剂热反应中通过均相包覆的方法可以制备 CeO_2 纳米管[7]。但是研究发现，当采用不同的溶剂（乙醇、二甲基甲酰胺、甲苯、吡啶）时，只有在使用吡啶作为溶剂的反应条件下，CeO_2 才能均匀沉积在CNTs上。这可能是因为溶剂吡啶中含有N，在反应初期先将CNTs表面改性使得 CeO_2 更容易沉积在CNTs上。

3.2.1.2
反应物

反应物在水热反应中的具体作用是由化学反应的类型决定的。在水热反应中常见的基本反应类型包括离子交换反应、脱水反应、分解反应、氧化还原反应、沉淀反应、溶胶-凝胶晶化反应、水解反应等。反应物除了作为最终产物化学元素的来源，在不同反应类型的水热反应中还可以起到脱水剂、氧化剂、还原剂等作用。一般来讲，反应物的以下各种性质会对最终产物造成重要影响：反应物的种类、反应物的物态、反应物的组成，下面分别介绍这些性质如何影响最终产物。

反应物的种类不同，可以直接影响到产物的最终结构。例如使用氨基硫脲作为硫源、$CdCl_2$ 作为含 Cd 前驱体、乙二胺作为溶剂制备 CdS 纳米晶须的过程中，乙二胺中强亲核的 N 会进攻氨基硫脲分子，导致 C＝S 键弱化，在加热条件下 C＝S 会进一步弱化、缓慢解离，从而提供硫元素。由于采用氨基硫脲作为反应物的这一过程比较缓慢，所以就生成了细长的须状结构。若将氨基硫脲换成硫、硫脲则不能生成这种细长的结构[8]。硫源的种类往往通过释放硫的速率不同而显著影响硫化物的最终形貌，这在其他的硫属化合物的合成中至关重要。反应体系中的阴离子也会对产物造成决定性的影响，这主要是因为不同类型的阴离子对阳离子的配位能力不同，造成反应体系中裸露的阳离子的浓度发生变化。

至于反应物的物态，大多数情况下，水热/溶剂热反应中的反应物都溶解于溶剂中形成溶液，以利于反应产物的均一性。但是，有些时候，反应物在反应体系中仍然以不溶的固态形式存在，它就很有可能成为模板诱导产物的生长。例如，在将 ZnO 纳米棒转化为 ZnS 纳米管的过程中，以预先合成 ZnO 纳米棒作为模板，然后以硫代乙酰胺作为硫源通过水热法将 ZnO 纳米棒转化为 ZnO/ZnS 核壳结构，产物经过 KOH 处理使 ZnO 溶解，可得到 ZnS 纳米管[9]。在这个过程中，反应物 ZnO 起到了模板的作用。

在一些溶剂热反应中，不同反应物组成比例的不同会造成产物晶体结构的差异。例如在以 Y_2O_3、NaF 为前驱体，EDTA 为螯合剂，水为溶剂合成 $NaYF_4$ 的过程中，Y^{3+} 与 F^- 的比例决定了所得到的 $NaYF_4$ 是立方晶系（萤石结构）还是六方晶系（$Na_{1.5}Nd_{1.5}F_6$ 型）。当 Y^{3+}/F^- 为化学计量比时，得到立方晶系产物，而 F^- 过量时（$Y^{3+}/F^-=1/7.5$）时，生成六方晶系产物。此外，$EDTA/Y^{3+}$ 的比例是影响产物形貌的主要因素。在这个过程中，F⁻既作为反应物，又起矿化剂的作用[10]。

3.2.1.3
添加剂

添加剂是指不直接形成产物的物质，通常可以用来调节溶剂的性质或反应过程中的某个或多个步骤。在反应过程中，添加剂主要影响反应物或产物的一些物理、化学性质。对于反应物，添加剂可以影响其溶解性，例如矿化剂可改变反应物溶解度的温度系数[11]，从而促进产物在水热条件下的析出。使用碱金属盐作为矿化剂，在水热条件下合成 $Cd(OH)_2$ 单晶纳米线[12]，产物的形貌和尺寸很大程度上依赖于碱金属盐的种类（KCl、KNO_3、K_2SO_4、$NaCl$、$NaNO_3$ 和 Na_2SO_4）。如果不使用以上矿化剂，在产物中只能得到纳米颗粒，得不到长的纳米线。此外，使用 $Ce(NO_3)_3 \cdot 6H_2O$ 作铈源、$Na_3PO_4 \cdot 6H_2O$ 作矿化剂在温和的水热条件下可以制备粒径均一的 CeO_2 纳米八面体和纳米棒单晶[13]。与以往合成 CeO_2 纳米结构过程中使用强碱作沉淀剂相比，Na_3PO_4 的添加可使产物更纯净并且更容易获得和分离八面体及棒状形貌的产品。

添加剂的使用也可以对产物的性质产生较大的影响。晶体生长过程中通常会使用封端剂、表面活性剂或者生物分子来实现定向生长，从而得到各向异性的形貌。例如，在制备 TiO_2 纳米棒时使用油酸作为封端剂，是由于其羧酸官能团可以与 TiO_2 晶核表面紧密结合[14]。生物分子在溶剂热合成过程中可直接作为模板控制最终产物的形貌（例如使用海藻酸制备单晶二氧化碲纳米线，或者利用胡萝卜素制备单晶硒），也可作为自组装反应剂[15]。

3.2.1.4
温度

温度的主要作用不仅在于可以调节溶剂的两个物化状态：亚临界状态和超临界状态，还可以调控反应物动力学参数以及产物的热力学平衡状态等，正如在其他化学过程中的作用那样。温度是所有溶剂热反应的关键因素，通过调节温度不仅可以控制产物结构，例如在氟氧化钒的溶剂热合成中，随着温度的增加，氟氧钒单元的结构从单体、双聚物演变成四聚物，最终成为链状结构[16]，还能调节元素价态，例如在 Na-V-(O)F 和 K-V-(O)F 体系的溶剂法合成过程中，可以通过改变反应温度实现调节钒的价态[17]。V^{4+} 的氟氧化钒可在 100℃ 条件下制备，而 V^{3+} 的氟氧化钒只有在 220℃ 条件下才能制得。最后温度还可以调节粒子尺寸和结晶度，例如CdS的尺寸和结晶度可以通过对温度和反应时间的控制得到调控：120℃反应10h得到针状结构的产物，在160℃反应10h则可以得到纤锌矿结构的纳米棒单晶[18]。

3.2.1.5
压力

压力是区分水热/溶剂热与其他液相合成方法的根本原因之一。但是，由于在溶剂热反应中大多是自生压力，压力在溶剂热中的作用并没有得到非常全面的研究。目前，仅有少数文献报道了压力与产物的关系。例如，在使用硅和碳酸钙合成硅灰石的过程中，随着压力的增加硅灰石产率也会提高[19]。

3.2.1.6
填充度

填充度是指加入的物料占反应釜的总体积分数，在密闭的水热/溶剂热反应釜中，当所容物组成固定时，压力是随着温度、填充度变化的，见图3.1。填充度对反应的影响相应就体现在一定温度下压力对反应的影响。一般实验室合成采用的填充度在50%～80%。例如，在CdS纳米棒的溶剂热合成中，当填充度在15%～90%内变动时，随着填充度的增加，CdS纳米棒长径比会相应变小，同时其带隙宽度也会相应变窄[20]。

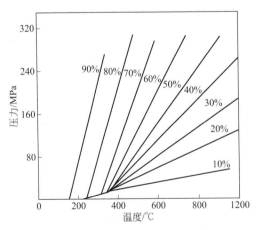

图3.1　水的压力随温度和填充度的变化[21]

3.2.1.7
pH值

根据不同水热/溶剂热反应的特征，pH值会对产品的尺寸、形貌、组成或结构产生相应影响。例如，在水热合成不同形貌的$In(OH)_3$微纳结构过程中，pH值对形貌的调节起到了非常重要的作用。当反应体系的pH值由5下降至3时，$In(OH)_3$的形貌会由棒状结构逐渐转化成线形团聚体结构[22]。

3.2.1.8
水热/溶剂热法与其他技术的联用

其他一些相关技术（电化学、微波、机械混合、超声、外磁场等）与水热法的联用极大地促进了水热法的发展，这些技术的应用或可以提高反应速率或可以改变产物的形貌与性能等。

随着微波合成技术日益成熟，微波与水热法的联用已经有很多实例[23]，如SAPO-34纳米分子筛的合成[24]、锂电池材料$LiFePO_4$的合成等[25]。外加磁场在磁性纳米材料的合成过程中也起到了独特的作用。张立德等采用添加外加磁场的溶剂热反应合成了一维链状$Ni_{0.33}Co_{0.67}$合金纳米结构和金属丝状的$Ni_{0.33}Co_{0.67}$合金纳米结构[26]。实验结果表明，外磁场的使用不仅可以造成链状和金属丝状的产物形貌，与同等条件下没有加外磁场的合成方法相比，该方法还可以增强产物的饱和磁感应强度、剩余磁感应强度、矩形比、矫顽力等磁性质。电化学与水热法的结合也有很重要的应用。例如，使用水热-电化学联用的技术可在碳纳米管阵列上沉积具有生物活性的纳米羟基磷灰石[27]，或者制备ZnO纳米棒[28]等。

3.2.2
水热/溶剂热法合成纳米材料的发展趋势

在近二十年纳米技术飞速发展的过程中，由于可以在金属、非金属、氧化物、氢氧化物、氮化物、硫化物、有机-无机复合物等广泛的化合物范围内制备单分散、晶型完美的纳米材料，并且可以通过控制反应参数灵活调节纳米材料的尺寸和形貌，水热法越来越受到研究者的青睐。水热/溶剂热法合成的纳米材料成分越来越复杂化，结构越来越多级化。近年来，一维纳米材料的合成取得了丰硕的成果，纳米阵列因其在电催化、光催化等领域巨大的应用潜能日益受到人们的关注。接下来本章将重点介绍水热/溶剂热法在合成一维纳米材料和纳米阵列中的实际应用。

<h1 style="text-align:center">3.3</h1>

水热/溶剂热法合成一维纳米材料

一维纳米材料，是指在三维空间中有两维处于纳米尺度并受到约束的纳米材料，例如纳米棒、纳米线及纳米管等[29~32]。1991年，日本科学家S.Iijima发现了碳纳米管[33]。由于具备不同于碳的其他体相（石墨、金刚石等）或纳米结构（C_{60}等）的性质，如极高的机械强度和导热性、与螺旋度相关的导电性等，碳纳米管独特的结构特性与理化性能使其一度被视为未来纳米电子器件的最佳结构基元，并由此推动了对整个一维纳米材料的研究。随着研究的不断深入，各种新颖的一维纳米材料如非碳纳米棒、纳米线和纳米管相继被发现，引起了国内外的广泛关注[34,35]。

与体相材料及纳米粒子相比，一维纳米材料具有独特的物理化学性质及在纳米科技领域内巨大的应用潜力[30,31]。首先，一维纳米材料被认为是能够有效传输载流子的最低维度结构，是未来纳米电子领域内传输信息最理想的工具[30]。其次，一维纳米材料还因其较小的维度和尺寸而表现出独特的电学、光学和力学特性，在激光、传感、电子显微镜探针等方面有着广泛的应用[29,36~42]。另外，一维纳米材料在构造纳米器件方面发挥着重要作用，既可以作为导线，也可以作为基本的功能结构单元[43~48]。正如哈佛大学著名科学家C.M.Lieber教授认为，"一维体系是可用于电子有效传输及光激发的最小维度结构，因此可能成为实现纳米器件集成与功能化的关键"[30]。

设计与合成一维纳米材料，探索其物理化学特性对于理解其基本性质和发展纳米科技至关重要。在一维纳米材料的制备合成中，最重要的原则就是在保证材料向一维方向生长的同时控制其形貌及单分散性[31]。基于这种设计思想，近年来，已有多种化学合成技术被应用于一维纳米材料的控制合成，例如化学气相沉积、液相沉淀、水热/溶剂热、微乳液法等不同的方法已经取得了不错的进展。

化学气相沉积（CVD）法是指利用挥发性的金属化合物蒸气，通过化学反应在衬底表面上沉积所需单质或化合物，并在保护性气体中快速冷凝，从而制备各种一维纳米材料。反应过程中的衬底温度、气体流动状态等参数决定了在反应室内衬底附近的温度、反应气体浓度和流动速度的分布，进而可以影响产物的生长速率、均匀性及结晶质量[49]。而液相沉淀法是指将沉淀剂加入到一种或多种离子的可溶性盐溶液中，在一定温度下发生盐的水解反应，生成不溶性的氢氧化物、水合氧化物、盐类等中间产物，随后热解脱水即得到所需的一维纳米材料产品[50]。

在水热/溶剂热法中，以水/非水有机溶剂为反应体系，通过选择合适的反应添加剂（表面活性剂或盐离子等），并对反应体系加热，控制釜内反应溶液的温度或压强差产生对流形成过饱和状态从而析出或生长晶体[51]。微乳液法是指两种相对不互溶的液体在表面活性剂作用下形成热力学稳定、各向异性、透明或半透明的、粒径大小在10～100nm的均匀乳液体系，利用其限域效应可以用来设计合适的化学反应制备一维纳米材料[52]。

在上述化学合成技术中，水热/溶剂热合成法由于其温和、高效及易调节等特点，具有明显的优势。目前，作为材料合成及晶体生长的一种重要方法，水热/溶剂热法已在一维纳米材料的设计合成中取得了广泛应用。下面将以纳米棒、纳米线及纳米管为例，介绍水热/溶剂热法在构筑一维纳米材料中的设计思想及合成策略。

3.3.1
水热/溶剂热法合成纳米棒和纳米线

纳米棒是指长度较短（通常小于1μm）、长径比较小且纵向形貌笔直的一维柱状实心纳米材料，而纳米线通常指长度较长（通常大于1μm）、长径比较大且形貌笔直或者弯曲的一维实心纳米材料。纳米棒与纳米线之间的界限并没有统一的标准[53]，其最主要的差别在于长径比的不同。

贵金属及其合金的一维材料研究已经有很长一段时间，这种独特的结构不仅能保持金属的导电性等物理性质，还拥有大量的表面原子，因此其化学活性也显著提高。实际上对于纳米棒及纳米线等一维材料控制合成的研究是伴随着液相合成体系的发展而发展的。一维纳米材料的合成已有几十年历史，但只有在引入液相合成法（特别是水热/溶剂热法）以后，其制备才真正变得简单高效。以Au纳米棒为例，最早合成Au纳米棒［见图3.2（a）］的方法是以硅或者铝的微孔为模板，电化学还原Au$^{3+[54]}$，这种方法耗能高、无法大规模制备且得到的Au纳米棒纯度不高。2001年，C.J.Murhpy小组首先引入了液相法合成法制备Au纳米棒[55~58]［见图3.2（b）］。在液相条件下，反应可以被更加精确地调控，但这种方法制备的Au纳米棒产率仍然偏低且得到的样品需要分离提纯。直到2005年，H.M.Ji课题组提出了Au纳米棒的溶剂热法合成[59]，Au纳米棒的控制合成才变得非常容易［见图3.2（c）］，他们以十六烷基三甲基溴化铵（CTAB）和辛烷作表面活性剂，甲酰胺和丁醇作还原剂和溶剂，在无水条件下通过一锅法制备得到了Au纳米棒。这种方法操作更加简便，合成过程更加易于控制且产品的单分散性较好。在此基础上，很多小组对Au纳米棒的水热/溶剂热合成法体系进行了优化。例如2012年，X.C.Ye在Au NRs合成时加入少量芳香族化合物[60]，能够显著减少合成过程中球形纳米粒子含量［见图3.2（d）］。通过这种方法制备的Au纳米棒具有非常好的单分散性，其长轴等离子体共振能量峰位置可以从627nm调至1246nm，最大长径比达到7左右。2013年以后，Au纳米棒的合成方法体系逐渐趋于完善，各种尺寸、长径比及具备特异光学或其他结构的高纯度Au纳米棒均可相应获得。

对于其他金属纳米棒或纳米线，如同为贵金属的Ag、Pd等，由于与Au具有

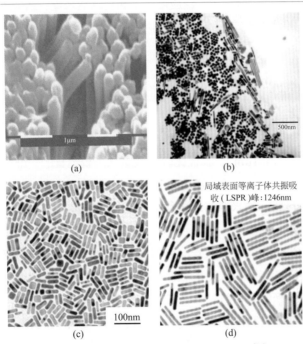

图3.2 （a）铝微孔中电化学还原合成的Au纳米棒[54]；（b）液相两步法合成的Au纳米棒[55~58]；（c）溶剂热法合成的Au纳米棒[59]；（d）以芳香族化合物为添加剂合成的Au纳米棒[60]

相似的物性结构及结晶行为，也可由类似的方法制备合成。在这方面，夏幼南课题组做了一系列一维贵金属纳米材料合成的开创性的工作[61]，到目前，Ag等其他贵金属纳米棒水热/溶剂热法的合成报道已屡见不鲜[62]，同时其纳米线的水热/溶剂热法合成体系也日趋完善。例如2005年，钱逸泰课题组[63]和李亚栋课题组[64]分别以葡萄糖为还原剂，控制Ag+的还原速率，通过PVP或其他结构导向剂，采用水热法成功合成了Ag纳米线（见图3.3）。该方法操作简单、易于控制，产品单分散性较好，而且对环境友好，易于实现工业化生产。这种简单高效的合成方法为Ag纳米线在柔性导体等领域的应用奠定了材料学基础。

如第2章所述，拥有五重孪晶结构的晶种可以演化成为一维结构。但是由于Pt的五重孪晶结构相较于Au、Ag等其他贵金属的五重孪晶结构具有更高的能量而极不稳定，所以Pt一维纳米结构的制备一直以来都是极具挑战性的课题。即便如此，Pt纳米棒依然可以通过水热/溶剂热法制得。2013年，K.Lee等人[65]采用Pt(acac)₂作为Pt源，油胺（OAm）分子作为配体，在1,2-十六烷二醇中合成了Pt纳米棒。制备得到的五重孪晶Pt纳米棒长度可达（19±5）nm，长径比在4～5之间，见图3.4，且具有优异的电催化活性。

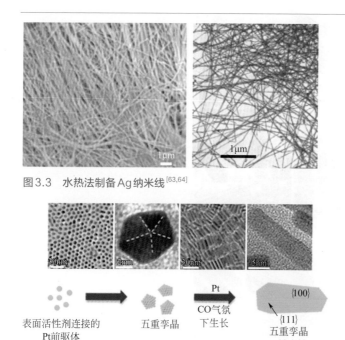

图3.3　水热法制备Ag纳米线[63,64]

图3.4　Pt纳米棒的溶剂热法合成[65]

另外，如Cu[66]、Co[67]等过渡金属一维纳米材料，由于具有与Au相同的面心立方（fcc）晶型结构，也可以由水热/溶剂热法制得。2013年，段镶锋课题组[68]通过溶剂热法成功制备出Cu纳米线，同时，他们发现当在合成体系中引入Cl⁻（NH_4^+或CTAC）以后，Cl⁻和O_2会共同作用氧化刻蚀成核过程中产生的五重孪晶晶种，导致最后仅能产生Cu的立方体纳米晶；当在合成体系中引入Fe^{2+}或Fe^{3+}，由于其会在反应过程中消耗体系内的O_2保护反应产生的五重孪晶晶种不被氧化刻蚀，最后得到的产品则全部为Cu纳米线（见图3.5）。这项合成工作及对反应机理的研究为纳米结构的选择性调控提供了重要的借鉴和指导意义。

水热/溶剂热法不仅可以用于制备各种金属纳米棒或纳米线，也可以相应用于合成各种金属化合物（氧化物、硫化物等）纳米一维结构。

作为一种具有广泛应用的半导体晶体材料，ZnO纳米棒由于其可调控的电学及光电特性引起了研究者的广泛兴趣。由于其六方晶结构中各向异性的本质，ZnO可以很轻易地被调控形成一维纳米结构。例如2013年，P.K.Baviskar等人[69]报道了ZnO纳米棒的低温水热合成，他们以硝酸锌为前驱体，在反应体系中引入环六亚甲基四胺，同时控制体系的pH值，在90℃条件下合成出了ZnO纳米棒

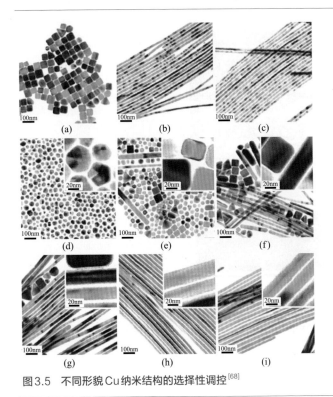

图3.5 不同形貌Cu纳米结构的选择性调控[68]

（见图3.6）。研究发现，反应体系中合适的Zn^{2+}/OH^-浓度比是ZnO纳米棒形成的重要条件，因为其决定了还原体系中ZnO纳米晶的成核速率，从而影响了整个反应过程中的结晶行为。

除了利用ZnO晶体结构中的各向异性来调控生长其一维纳米棒结构外，还可以在合成体系中引入模板来诱导其一维结构的生长。例如，2006年，Y.Chen等人[70]报道了以非离子表面活性剂聚乙二醇（PEG）作为模板在溶剂热条件下合成ZnO纳米棒。在合成过程中，金属Zn^{2+}与PEG表面的活性氧具有很强的吸引作用，由此形成的Zn(Ⅱ)-PEG在随后的还原过程中起到了"软模板"的作用并最终引导了ZnO纳米棒的形成（图3.7）。同时，纳米棒的形貌、长度及长径比可以由PEG的聚合度来选择性调控，这种方法还可以被相应拓展到其他一维结构的制备合成[71,72]。

与PEG软模板法合成ZnO纳米棒的设计思想类似，熊宇杰等人[73]以线形配位团簇化合物（准一维结构）为前驱体，通过其自身的有限线形结构提供导向，并由此引导Cu_2O一维纳米线的合成。他们将氯化铜、丁二酮肟（dmgH）溶解在水、

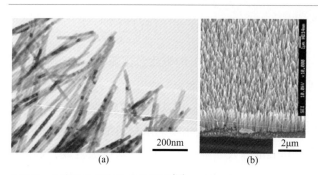

图3.6　水热法合成的ZnO纳米棒[69]

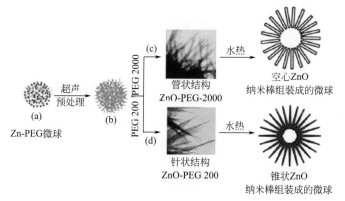

图3.7　溶剂热条件下ZnO纳米棒的模板法合成[70]

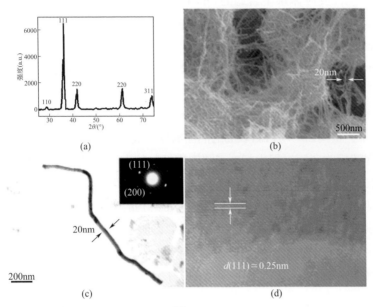

图3.8 水热法合成的 Cu_2O 纳米线[73]

乙醇、正辛醇的混合溶剂中，形成的 $Cu_3(dmg)_2Cl_4$ 前驱体胶束具有一维线形结构，随后通过水热还原，即可得到 Cu_2O 纳米线（图3.8）。

氧化钒作为另一类重要的氧化物半导体材料，自从其伴随着电阻率、磁化率、光透射率突变的相变特性被发现以来，对于钒氧化物纳米材料的控制合成很快成为了研究热点。2003年，A.Manthiram 等人[74]报道了 VO_2 的水热法合成，他们在 KBH_4 溶液中还原 KVO_3 得到直径为 $100 \sim 150nm$ 的 VO_2 纳米材料，但由于当时方法学的限制，他们并未成功完成对纳米棒状结构的调控。2004年，李亚栋课题组以偏钒酸铵（NH_4VO_3）为前驱体，在180℃条件下通过水热法合成了 VO_2 纳米棒及纳米线（图3.9）等各种一维纳米结构[75]。研究发现，反应溶液pH值、反应温度、反应时间等条件参数对水热反应产物形貌的控制起着至关重要的作用。

二氧化锰也是一种有重要工业用途的氧化物，可广泛应用于电极材料、催化、分子筛等领域。2002年，王训等人[76]通过水热法制备了 $\alpha\text{-}MnO_2$ 及 $\beta\text{-}MnO_2$ 的单晶纳米线（图3.10）。他们将一定比例的 $MnSO_4 \cdot H_2O$ 及 $(NH_4)_2S_2O_8$ 溶液混合均匀后转移至水热釜中在 $120 \sim 180℃$ 条件下反应12h，制备得到相应产品。这种仅通过调节反应离子浓度的简单方法制备的 MnO_2 单晶纳米线形貌均一，纯度较高，非常适合大规模工业生产。

图 3.9 水热法合成的 VO_2 纳米棒及纳米线[75]

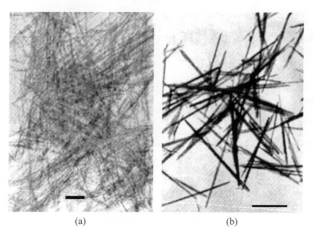

图 3.10 水热法合成的 MnO_2 单晶纳米线[76]（图中标尺均为 20nm）

　　水热/溶剂热法不仅可以用于制备上述氧化物纳米结构，还适用于硫化物一维纳米材料的合成。2000 年，钱逸泰课题组以溶剂热法制备了 CdS 纳米棒[77]，当时对于溶剂热法合成金属硫化物纳米棒的机理研究十分匮乏，极大地限制了水热/溶剂热方法的发展。钱逸泰课题组通过观察不同反应时间条件下得到的中间产物（如图 3.11 所示），推测 CdS 纳米棒的生长机理，他们认为反应首先是硝酸镉与硫脲反应生成 CdS 层状结构，薄层上伴有许多皱褶，随后这些皱褶会由于熟化逐渐靠拢、聚集，然后破裂形成针状碎片，最后这些碎片成长为结晶性良好的纳米棒。进一步的研究表明：吸附在 CdS 表面的乙二胺分子与 CdS 的分离对于控制形貌的转变起到了至关重要的作用。当时对于这种机理的解释具有不少的争论，但随后其研究思路为控制纳米棒形貌的探索和发展奠定了重要基础。

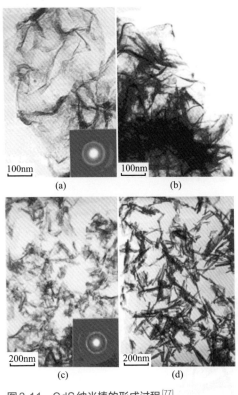

图3.11　CdS纳米棒的形成过程[77]

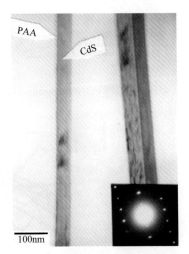

图3.12　溶剂热法合成的CdS纳米线的TEM图[78]

另一个非常具有代表性的例子就是CdS纳米线的水热/溶剂热法合成[77~83]（见图3.12）。作为一种特殊的调和反应剂，乙二胺（en）可与众多的金属离子作用形成螯合物，其在CdS纳米线合成过程中的作用机理如式（3.1）：

$$[Cd(en)_3]^{2+}+S^{2-}\longrightarrow CdS(en)_m\longrightarrow CdS(en)_{m-n}+n(en) \qquad （3.1）$$

首先，Cd^{2+}与en分子结合形成$[Cd(en)_3]^{2+}$；然后，$[Cd(en)_3]^{2+}$和硫脲在低温下分解产生的S^{2-}反应生成表面吸附有en分子的CdS中间体。同时，结合了Cd^{2+}的en分子的结构由邻位交叉转变为反式结构。然而，当en分子成为反式结构时，在CdS表面的en分子与Cd^{2+}之间的反应变弱，因此在高温下这种结构被破坏。CdS表面的en分子的解离造成了形态结构的转变。作为一种强极性的碱性溶剂，en能够提供反应动力以增加溶液里离子的溶解分散性、传输和结晶性，从而让固相产物比较温和地在溶剂中慢慢生长。

有机物（表面活性剂）在CdS纳米线的生长过程中也起着至关重要的作用[77]。PAA层包裹在纳米线外，限制了纳米线的侧面生长，使得其沿轴向生长形成纳米线。其中，有机物（PAA）的限制作用如图 3.13 所示。

此外，钱逸泰课题组还提出了CdS纳米线生长的化学溶剂运输机制：在液相中的小颗粒晶体倾向于解散运输到大颗粒上去。侧面的生长受到了聚合物层的限制使得晶体沿着轴向生长最为有利。当使用氨基硫脲作为反应原料时，溶剂热法合成的CdS纳米线长度可达 $12 \sim 60 \mu m$[81]。在分子结构层面上，CdS纳米线的形成机理可以描述如下：首先，氨基硫脲分子受到乙二胺的强亲核氮原子作用，C=S双键的作用被减弱，加热到较高的温度使得双键打开，然后 S^{2-} 缓慢产生，最后 S^{2-} 和螯合在乙二胺分子上的 Cd^{2+} 作用。因为氨基硫脲解离较慢和 Cd^{2+} 比较自由的浓度控制，反应速率较低，最后生成具有较好结晶性的CdS纳米线。如果采用金属镉用作为原料，Cd需要先解离为 Cd^{2+}，然后进行上述反应。在文献[81]中提到用硫脲或硫作为硫源都没有用氨基硫脲作硫源生成的纳米线好，他们认为可能是不同硫源的硫离子的解离速率不同，导致了反应速率的可控性不同，这在溶剂热法制备一维结构材料的调控中是相当重要的。

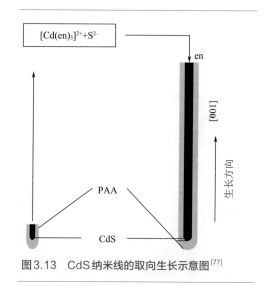

图3.13　CdS纳米线的取向生长示意图[77]

水热/溶剂热法不仅可以用于合成两元硫属化合物纳米结构，还可以拓展到三元甚至多元硫属一维纳米材料的制备。例如1999年，钱逸泰课题组[84]根据性能需求及构效关系，通过溶剂热法制备了 CdS_xSe_{1-x}（$0<x<1$）纳米线（图3.14），调控 x 的值可以获得更好的光学性能，如高非线性磁化率、快响应，这些性能在光学开关、光通信、光传输、光电效应器件等方面有广泛的潜在应用。

2000年，谢毅课题组[85]也报道了 $CuInSe_2$ 三元纳米棒的溶剂热合成，将Cu、In、Se的粉末按特定比例溶解在乙二胺中，在280℃条件下溶剂热反应48h即可得到 $CuInSe_2$ 纳米棒（图3.15），而且，这种简单的一锅合成法还可以被延伸到其他三元纳米棒的合成（如 $CuInS_2$ 等），具有一定的普适性。

对于其他元素组成的一维纳米结构的控制合成，水热/溶剂热法也相应具有广泛应用，例如稀土材料一维纳米材料的合成。由于氢氧化物在液相条件下通过简单的离子沉淀的方法即可获得，稀土元素氢氧化物的一维纳米结构可由水热/溶剂热法轻易获得。2002年，李亚栋课题组基于稀土氢氧化物自身的结构特性，利用水热条件下稀土氢氧化物的沉淀-溶解平衡，通过液相体系中化学势的调节，成功地合成出一系列稀土氢氧化物纳米线[86]（见图3.16）。

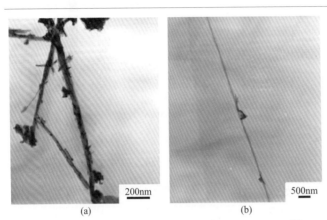

图3.14　溶剂热法合成的CdS$_x$Se$_{1-x}$（0<x<1）三元纳米线[84]

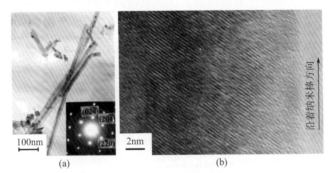

图3.15　溶剂热法合成的CuInSe$_2$纳米棒[85]

图3.16　稀土氢氧化物纳米线的TEM图[86]

（a）La(OH)$_3$；（b）Pr(OH)$_3$；（c）Eu(OH)$_3$

稀土钒酸盐一维纳米材料的合成也受到了研究者的广泛关注。目前，对于稀土钒酸盐纳米棒的水热/溶剂热合成，主要有两种思路：一种是不采用有机模板剂，直接利用NaOH在合成反应中的矿化和调节pH值的双重作用，生长机理主要以Ostwald熟化机制为主；另外一种是以EDTA为模板剂，生长机理则主要以EDTA的螯合作用和诱导作用来解释。2004年，W.L.Fan等人[87]以$NaVO_3$和$La(NO_3)_3$为前驱体，用NaOH调节pH值到4～5，首先以水热的方式得到四方相的$LaVO_4$棒。随后在2006年，他们以同样的方法将pH值调至2.5～6.5之间，得到单斜相或四方相的不同形貌的$LaVO_4$棒，并采用Ostwald熟化机制解释了其晶体生长机理，同时他们也认为NaOH的引入导致的溶液中表面自由能的不同是形成一维形貌的主要原因[88]。另外，严纯华课题组研究了弱配合物型表面活性剂如醋酸钠、柠檬酸钠等对水热合成稀土钒酸盐的影响，证明了EDTA是一种非常好的稀土元素络合剂，加入EDTA可制得性能更加优越的四方相t-$LaVO_4$纳米棒[89]。J.L.Chun等人也研究了以EDTA为模板剂的热水合成法，他们以Na_3VO_4和$La(NO_3)_3$为前驱体，用NaOH调节pH值至2～13之间，由于EDTA的螯合作用使配位数由9变为8，从而生成四方相的$LaVO_4$棒[89]。2010年，J.F.Liu等人通过水热法，利用EDTA的螯合作用合成了$CeVO_4$纳米棒（如图3.17所示）[90]。更重要的是，这种简单的一步合成法可以在$CeVO_4$纳米棒向一维方向生长的同时引导其结构的自组装形成阵列结构，这种全新的一维纳米结构组装模式为未来超级纳米结构的构筑提供了可能的方向。

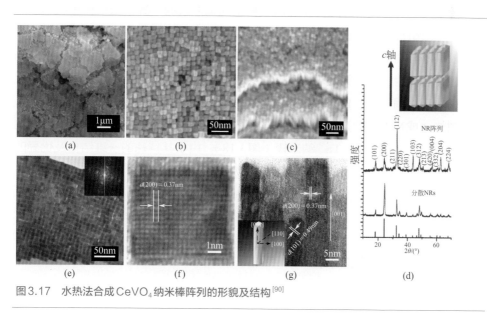

图3.17　水热法合成$CeVO_4$纳米棒阵列的形貌及结构[90]

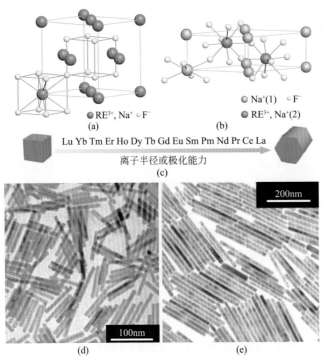

图3.18 （a）~（c）不同镧系元素掺杂对NaYF₄晶体结构的影响[91]；溶剂热法合成（d）Eu³⁺掺杂NaYF₄纳米棒及（e）Tb³⁺掺杂NaYF₄纳米棒的TEM图[92]

　　此外，由于具有优异的光学性质，稀土元素掺杂的一维纳米结构也引起了研究界的广泛重视。其中，NaYF₄由于具备较小的晶格振动能、较低的非辐射衰减率和较高的辐射发射率，是目前效率最高的上转换基质材料。2010年，X.G.Liu等人通过第一性原理计算发现，利用镧系元素离子半径或极化率不同，在掺杂生长过程中可以调控NaYF₄的晶体结构和尺寸[91]。L.Y.Wang等人也通过实验发现，在溶剂热合成NaYF₄的过程中引入71.4%的Eu³⁺或Tb³⁺可以获得单分散性较好的NaYF4：Eu³⁺和NaYF4：Tb³⁺纳米棒（图3.18），由于其特殊的一维结构及优异的发光性能而在生物标记等领域具有潜在的应用前景[92]。

3.3.2
水热/溶剂热法合成纳米管

　　纳米管是指空心的一维纳米材料。纳米管的典型代表就是碳纳米管，它可以看作由单层或者多层石墨按照一定的规则卷绕而成的无缝管状结构。

对于碳纳米管的水热/溶剂热法合成，可以采用水热晶化法[93,94]，即直接将碳在水热条件下（700 ～ 800℃、60 ～ 100MPa）晶化而成，纳米管的产率约为10%，同时这也可以解释在煤中存在碳纳米管的现象。钱逸泰课题组在采用溶剂热法合成碳纳米管方面也做了许多工作。例如2000年，他们以六氯代苯为碳源，用更强的金属钾为还原剂，在350℃、钴/镍催化剂存在的条件下，制备了碳纳米管（见图3.19）[95]。其反应路线为：

$$C_6Cl_6 + 6K \longrightarrow 6KCl + 碳纳米管 \tag{3.2}$$

2002年，他们又用四氯乙烯为碳源，用金属钠为还原剂，在200℃、铁/金催

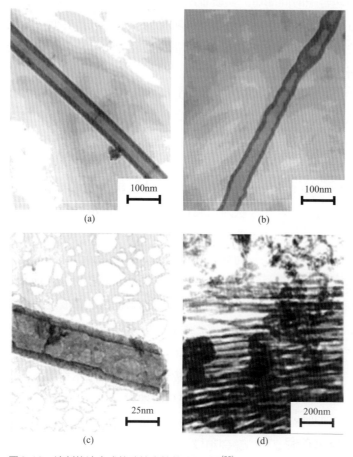

图3.19　溶剂热法合成的碳纳米管的TEM图[95]

化剂存在的条件下，制得碳纳米管[96]。其反应路线为：

$$C_2Cl_4 + 4Na \longrightarrow 4NaCl + 碳纳米管 \quad (3.3)$$

随后，他们采用苯为碳源，不需要还原剂，在铁/镍合金催化剂的作用下，于480℃制得了碳纳米管[97]。虽然采用苯为原料制备碳纳米管已有先例[98,99]（采用的是催化热解法，所采用的温度为600～950℃），但他们设计的反应温度只需480℃，说明溶剂热法能极大地降低反应温度，具有独特的优势。

当然，不仅限于碳纳米管，水热/溶剂热法还可用于许多氧化物纳米管的控制合成，例如TiO_2、VO_x及ZnO纳米管等。早在1998年，T.Kasuga等人就首次报道了TiO_2纳米管的水热法合成（图3.20）[100]，该方法无需任何辅助模板，只需将非晶TiO_2粉末与高浓度的NaOH溶液（10mol/L）混合置于带有聚四氟乙烯内衬的反应釜中高温处理若干时间即可。实验证明在碱性水热条件下任何形态的TiO_2（锐钛矿、金红石、板钛矿或非晶态）都能被转化为纳米管或者其他一维纳米材料。相对于模板法，这种水热合成法因可以制备出直径更小且比表面积更大的TiO_2纳米管而备受研究者关注。

在上述合成过程中，T.Kasuga等人[100]认为TiO_2纳米管是在洗涤过程中形成的。但是，G.H.Du等人[101]发现在130℃下采用同样的水热过程，不经水洗和酸洗也可得到纳米管，他们认为纳米管的组成并非TiO_2而是$H_2Ti_3O_7$；X.M.Sun等人[102]随后采用类似的方法来合成纳米管，他们认为水洗有助于纳米管的形成，但是得到的纳米管不是TiO_2而是钛盐$Na_xH_{2-x}Ti_3O_7$。而W.Z.Wang等人[103]采用化学方法处理TiO_2纳米粉体与NaOH水溶液得到TiO_2纳米管，并且证明纳米管是在碱液处理过程中形成，随后的酸处理对纳米管结构的形成及其形状没有影响。

关于水热法制备TiO_2纳米管的形成机理目前主要有两种观点，一种是超薄片卷曲而成，另一种是晶种导向模式。李亚栋课题组[102]认为氧化钛纳米粒子在强碱的作用下会首先形成片状钛酸盐，然后卷曲

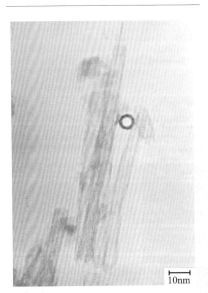

10nm

图3.20　水热法合成TiO_2纳米管的TEM照片[100]

形成纳米管，这种自发的卷曲可能是由于静电、表面积和弹性形变等多因素的共同作用，以降低表面能量，当进一步延长水热时间时，纳米管可能通过溶解、长大机理而增长。这种机理可以归结为3D→2D→1D模型，如图3.21所示。

2005年，K.Akos等人[105]提出了一种晶种导向模式形成TiO_2纳米管的机制，他们认为纳米管不是由片状钛酸盐卷曲形成，而是少量的原料从锐钛矿相微晶上去除下来，这些原料重结晶形成片状钛酸盐，然后卷曲成单螺旋、多螺旋或葱状截面的纳米环，大多数的原料以这些纳米环为晶种，通过晶体定向生长机制生长为纳米管。其机理如图3.22所示。

除了TiO_2纳米管以外，氧化钒纳米管也是一种重要的氧化物纳米管材料。P.M.Ajayan等人[106]在1995年首次采用碳纳米管为模板剂合成了钒氧化物管状纳米材料。他们主要是利用碳纳米管的表面应力，使得钒氧化物附着于其表面生长，并在c轴方向上有择优取向，最后通过在空气中适当的温度下热处理将碳纳米管模板氧化，附着于碳纳米管表面的片层状钒氧化物则被留下，形成纳米管。M.E.Spahr等人[107]则以三异丙醇氧化钒为钒源，利用脂肪胺（$C_nH_{2n+1}NH_2$，$4 \leqslant n \leqslant 22$）或脂肪双胺（$H_2N[CH_2]_nNH_2$，$14 \leqslant n \leqslant 22$）以及芳香胺（3-苯丙胺）作为结构导向模板，采用溶胶-凝胶法结合水热处理，成功合成了钒氧化物纳米管。M.Niederberger等人[108]以水热法为基础，通过两种途径获得了钒氧化物纳米管：一种方案是将$VOCl_3$和伯胺混合，用醋酸盐缓冲液调pH值到中性，将陈化后得到的钒前驱体置于盛有2-丙醇水溶液的聚四氟乙烯高压釜中水热反应得到产

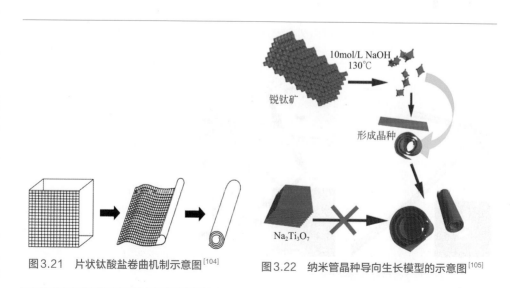

图3.21　片状钛酸盐卷曲机制示意图[104]　　　图3.22　纳米管晶种导向生长模型的示意图[105]

物；另一种方案则是将HVO₃与伯胺混入乙醇中搅拌，然后再加水搅拌陈化得到钒氧化物前驱体，最后通过水热反应合成钒氧化物纳米管。X.Chen等人[109]通过自组装的方法得到了钒氧化物纳米管。他们采用NH₄VO₃作为钒源，与结构导向模板剂混合后调pH值至适当值，然后对悬浊液进行水热处理，最终得到了有开口末端的、外径约为70nm的钒氧化物纳米管。他们认为钒氧化物纳米管的形成包括三个步骤：首先，表面活性剂分子与VO₃⁻缩聚形成层状结构；然后，水热环境促使缩聚反应持续进行，使层状聚合体内部结构排列更加有序；最后，这种片层的边缘开始松散并自发卷曲，最终形成纳米管。另外，他们还指出了水热反应的时间对纳米管的形成有很重要的影响。

对于硫化物纳米管结构的水热/溶剂热法合成也有许多报道。例如2002年，赵东元课题组[110]报道了硫化铜纳米管的溶剂热法合成过程，其研究表明，在低温溶剂热条件下，CuS纳米晶会首先成核，并随后在三乙烯二胺（TEDA）等表面活性剂的交联作用下聚集形成CuS纳米管或其他一维纳米结构（见图3.23）。

2006年，俞书宏课题组[111]也通过类似方法制得了具有更为特殊结构的六方片CuS纳米管，他们将硫代乙酰胺（TAA）、氯化铜和乙酸混合，通过一锅法即可得到产品。有趣的是，生成的CuS纳米管形貌特殊（见图3.24），其结构似乎由六方纳米片拼接形成。进一步研究表明，TAA首先与Cu²⁺螯合形成[Cu-(TAA)₂]Cl₂前驱体，乙酸调节的pH值有效地控制了在反应起始阶段[Cu-(TAA)₂]Cl₂的解离速率和TAA水解释放硫离子的速率，从而导致CuS六方片生长并"取向搭接"，最终形成管状结构。

除以上介绍的各种纳米管以外，还有许多其他类型的无机纳米管材料可以由

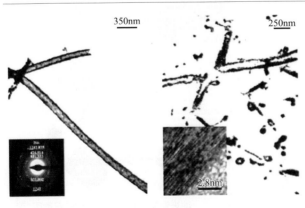

图3.23　溶剂热法合成CuS纳米管[110]

水热/溶剂热法制得。例如2001年，李亚栋课题组设计了一种低温水热合成路线，在国际上首次制备出铋纳米管[112]。他们以硝酸铋为前驱体，水合肼为还原剂，水为溶剂，用氨水或盐酸调节pH值，在100℃条件下反应12h即可得到结晶性较好的Bi纳米管（图3.25）。同时，这种高效的低温水热法还可能被拓展到As、Sb、SnS、SnSe和GaSe等其他纳米管的控制合成。除此之外，还有一些无机单壁纳米管被合成，其合成规律在后文超细纳米晶一章中有所介绍。

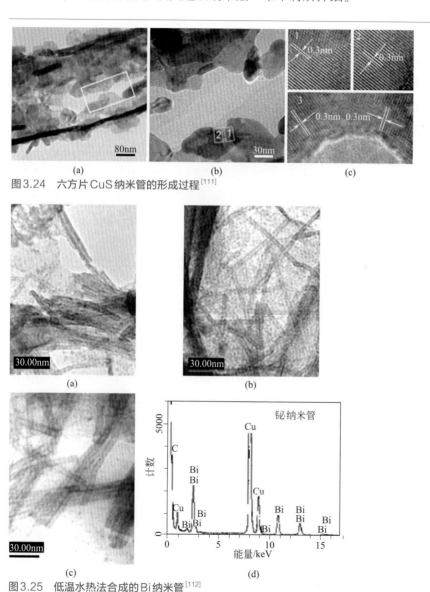

图3.24　六方片CuS纳米管的形成过程[111]

图3.25　低温水热法合成的Bi纳米管[112]

3.4
水热/溶剂热法合成纳米阵列

随着过去几十年纳米技术的迅速发展，纳米材料的研究受到越来越多的化学家和物理学家的关注，成为新的纳米科技发展研究热点。如何将纳米材料实现有序组装，形成有序的、宏观的纳米结构体系，一直是纳米材料在实际应用过程中必须面对的问题，而纳米阵列材料合成和应用的研究，作为近十几年新兴的纳米材料研究方向，为上述问题的解决提供了可行的思路。

3.4.1
纳米阵列简介

纳米阵列是指一定纳米尺度的结构单元，如纳米颗粒、纳米线、纳米管、纳米棒、纳米片等，通过物理或者化学的方法在基底上组装成的周期性的有序结构。按其结构可以分为一级纳米阵列、二级纳米阵列和多级纳米阵列。目前已报道的纳米阵列种类繁多，主要有过渡金属的氧化物[113~115]（Co_3O_4纳米线阵列、NiO纳米带阵列、Fe_2O_3纳米棒阵列、MnO_2纳米片阵列等）、氢氧化物[116~119][$Co(OH)_2$纳米片阵列、$Ni(OH)_2$纳米带阵列、$Cu(OH)_2$纳米棒阵列等]、硫化物[120~122]（CoS纳米片阵列、Ni_3S_2纳米棒阵列、MoS_2纳米片阵列、$Ni_3S_2@MoS_2$纳米线阵列等），贵金属材料[123~125]（Au纳米线阵列、Pt纳米棒阵列、RuO_2纳米棒阵列等），半导体材料[126~128]（ZnO纳米棒阵列、TiO_2纳米棒阵列等），导电聚合物[129~131]（聚苯胺阵列、聚吡咯阵列、聚噻吩阵列等）以及多种组分复合的纳米阵列（$Co_{3-x}Fe_xO_4$纳米阵列[132]、Co_3O_4纳米线@MnO_2超薄纳米片阵列[133]）。

合成纳米阵列的方法主要有电化学合成法[134,135]、水热/溶剂热法[136,137]、化学气相沉积法[138]等。水热与溶剂热合成是无机合成化学的一个重要分支，水热法合成纳米阵列的特点在于利用反应釜内的高温产生高压，使得纳米阵列物质的晶化成核过程缓慢有序，有利于形成结晶性良好的纳米阵列材料。水热/溶剂热法合成纳米阵列的优势在于：应用广泛，适用于多种金属的生长；反应简单，不需要额外的模板或十分苛刻的条件，使得大批量的生产成为可能；反应参数可控，可以通过调节温度、时间和溶液浓度等多个可变量来影响最终产物的形貌、孔径和组成；能耗较低，环境污染小，产率和纯度高，能够得到均匀的物相；可以通过多步水热法生长出多级结构的纳米阵列，使其成为具有更好的多孔性以及更大载量的活性物质。

水热合成纳米阵列兼具了单个纳米单元的量子效应、表面效应、尺寸效应以及通过组装纳米结构而形成的偶合效应与协同效应，因而能够表现出许多传统纳米材料不具备的优势。第一，活性材料在基底上进行原位生长，连接牢固，稳定性好，因此能够实现活性纳米材料的固定化，避免了其在使用过程中造成流失、团聚等问题，增强了纳米材料在实际应用中的循环性和稳定性；第二，纳米阵列的基底、组成、尺寸和形貌都可以在水热合成过程中通过控制合成反应过程来进行有效的调控，使其满足了不同的实际应用情况；第三，活性纳米单元能够均匀有序地组装在基底表面，因而使得整个器件化材料具有比较大的比表面积，这在电化学电极和多相催化上有很高的价值；第四，对纳米阵列进行多层级结构的构筑，将一级阵列作为中间连接模板生长超细二级纳米结构，保证了一级结构、二级结构与基底之间良好的连接，生长的二级材料往往具有超细结构，由于一级阵列比表面积和分散性大，非常适合二级或多级结构在其表面负载和生长，能够增强其结构的稳定性，有效地提高活性材料的利用率，进一步地提高整个纳米阵列活性材料的负载量；第五，通过多级结构的构筑，使用简单的多步法把两种或多种不同形貌、不同结构和性质的材料复合在一起，可以发挥多组分的协同作用，实现纳米阵列材料的多功能化。这些优势能够使纳米阵列在多相催化、电化学催化、锂电池、超级电容器等多个领域都有令人瞩目的应用前景。

合成纳米阵列结构首先需要选择合适的基底，根据纳米阵列结构的用途选择不同的基底。例如，用于电化学方面的纳米阵列材料需要选择牢固且导电性好的基底，导电基底不仅是生长阵列的模板，而且还是一个导电的集流体[139]。泡沫结构的基底如泡沫铜、泡沫镍等具有较多有序的介孔、较大的比表面积以及高的导电率，金属镍明显的缺点在于它在酸性环境下不稳定，很容易被酸溶液腐蚀[140]，整体的骨架结构也会因此被破坏，成为常用的在碱性和中性环境下电化学导电基底的选项。钛片、钼片等由于可在碱性环境和酸性环境下稳定工作，常在柔性储能设备中充当集流体[141]。工业化的锂离子电池生产中，通常情况下的正极集流体为铝片，负极集流体为铜片[142]。透明电极在当今社会的微小器件中也有着广泛的应用，在透明电极中最常见的基底和集流体为锡掺杂的氧化铟（ITO）和氟掺杂的氧化锡（FTO）。ITO和FTO都具有较高的透光率（可见光区内约90%）[143]。硅、氧化硅等由于其本身的特有晶面也常被选作纳米阵列的基底。近年来，一些碳材料被研制成为新一代的导电基底，这些被用作集流体的材料包括碳布[144]、碳纤维[145]、泡沫石墨[146]等。

纳米阵列材料的设计合成及其在电化学领域中的应用得到了众多研究者的关注；通过将纳米尺度上的单元组装、生长在导电基底上，可实现电极材料的众多结构优势，如活性物质的固定化、更大的比表面积和孔隙率、表面易组装调控等特性；诸如此类的优势使纳米阵列在超级电容器、锂离子电池、电化学检测、电化学催化等领域中具有广泛的应用。纳米阵列的优点包括：良好的导电性，能够提供快速的电子转移能力；高比表面积，提供更多的活性位点和更高的材料利用率；高孔隙率，提供快速的电荷扩散和转移；具有结构稳定性，进而实现优异的循环性能；对气体参与反应的电极，往往需要一个超疏气的表面，实现气泡的快速逸出。

3.4.2
一级纳米阵列

一级纳米阵列是指单一结构的纳米单元在基底上组装形成的有序结构，按照纳米单元的结构可分为一维纳米阵列、二维纳米阵列、三维纳米阵列。一维纳米阵列主要包括纳米棒、纳米线、纳米管，二维纳米阵列主要包括纳米片、纳米带、纳米壁等，而三维纳米阵列主要指一些非规则形貌结构如纳米花等。

水热法合成一维纳米阵列的原理是以原料的水解或溶解为基础，必要时增加一些辅助反应。一维纳米阵列材料的制备需要晶体在基底上进行有取向的生长，其过程包括成核和生长两个阶段。当物质的生长单元（如原子、离子或者分子等）浓度足够高时，它们将在基底上均匀成核聚集成团簇，即是成核过程；随着物质生长单元的不断提供，晶种继续生长。晶体生长过程中，生长单元从流体相到固体表面沉积的过程是可逆的。在此情况下，物质的组成单元通过"溶解-沉积"平衡，最终容易规则排列，从而形成有序的晶体结构。

一维纳米阵列材料主要包括纳米棒、纳米线、纳米带等结构。以ZnO纳米材料为例，ZnO不同的一维纳米阵列结构具有独特的光学、电子和力学性能。氧化锌的纳米棒阵列有较优异的化学组成，且结晶性好；而ZnO纳米线、纳米带、纳米芽状材料及表面带有毛须的纳米棒阵列结构能够制造大量的氧空位，氧空位等空位缺陷的存在常常能够影响ZnO的半导体性能，进而改变其光电性能。2001年，L.Vayssieres首先利用水热法，以六水合硝酸锌及六亚甲基四胺为原料在多种基片上生长出了氧化锌纳米棒阵列，其纳米棒最小直径可达10nm，这开创了水热/溶剂热法合成ZnO纳米棒的先河。但如图3.26所示，用这种方法制备出的棒状结构大部分均在微米尺寸[147]。

为了减小棒的直径使其真正达到纳米尺寸，许多研究者基于水热法发展了各种各样的改良方法。其中，改变结晶条件、降低生长反应液的浓度是最直接的手段之一。2003年，L.Vayssieres等人报道了通过降低溶液的浓度，同时保持锌离子和六亚甲基四胺的摩尔比例为1∶1，使得制备出的ZnO纳米棒（见图3.27）的直径从1～2μm减小至100～200nm，但随着溶液浓度的降低，纳米棒的取向度变差[148]。针对这一问题，随后H.Q.Le等人利用水热法在GaN基底上制备出直径在80～100nm，长度可达2μm的ZnO单晶纳米棒，且具有较好的取向度[149]。

在上述制备过程中，六水合硝酸锌提供反应所需锌离子，六亚甲基四胺分解提供铵根离子以及氢氧根离子，根据这种反应原理，后来又发展出了以其他各种

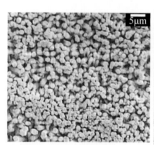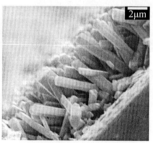

图3.26　水热法制备的ZnO微米棒（一）[147]

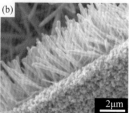

图3.27　水热法制备的ZnO纳米棒（二）[148]

碱溶液为矿化剂制备氧化锌纳米棒的方法。例如2007年，向强等人报道了在乙醇溶液中以醋酸锌、PEG 400和NaOH为原料，制备出了长径比达50的氧化锌纳米棒，而且通过对比，他们得出了醇溶液中生成的氧化锌纳米棒具有更大的长径比的结论[150]。

Bello[151]将反应溶液改成乙二胺与乙醇的混合溶剂，通过控制溶剂热反应时添加的乙二胺与乙醇的浓度比例及反应温度对ZnO的纳米阵列结构进行了调整，分别得到了纳米线、纳米带、纳米棒、纳米芽状阵列以及表面有毛须的纳米棒阵列（见图3.28～图3.32）。

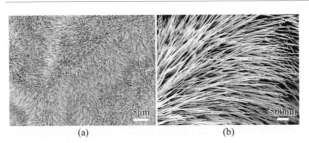

图3.28　锌箔基底上生长ZnO纳米线阵列

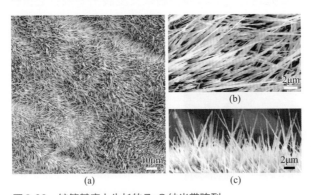

图3.29　锌箔基底上生长的ZnO纳米带阵列

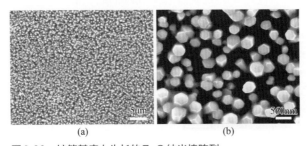

图3.30　锌箔基底上生长的ZnO纳米棒阵列

图3.31　锌箔基底上生长的ZnO纳米芽状阵列

图3.32　锌箔基底上生长的表面有毛须的ZnO纳米棒阵列

以下为该反应生长ZnO纳米结构的生长机理：

$$2Zn+O_2+2H_2O \longrightarrow 2Zn^{2+}+4OH^- \tag{3.4}$$

$$Zn^{2+}+2en \longrightarrow [Zn(en)_2]^{2+} \tag{3.5}$$

$$[Zn(en)_2]^{2+}+4OH^- \longrightarrow [ZnO_2]^{2-}+2en+2H_2O \tag{3.6}$$

$$[ZnO_2]^{2-}+H_2O \longrightarrow ZnO+2OH^- \tag{3.7}$$

双齿配体乙二胺$[(en)_2]$不仅作为溶剂，和水、乙醇混合后，还能够提高一维ZnO纳米结构在c轴方向的生长速率。因此，乙醇是控制$[ZnO_2]^{2-}$在水/醇混合相中释放速率、保证其不断地生长一维ZnO纳米结构的关键。此外，添加的乙二胺分子呈中性，因此电正性的（0001）面和电负性的$[ZnO_2]^{2-}$生长位点之间的静电力远强于（0001）面和电中性乙二胺之间的分子吸附力，因此$[ZnO_2]^{2-}$生长位点吸附在（0001）面而乙二胺分子吸附在侧面（1010）。随着纳米棒直径的增大，抑制了乙二胺和二价锌之间的强螯合作用，从而导致ZnO在c轴方向的生长速率增大。同时，溶液的pH值也随着乙二胺的量改变而改变，从而影响ZnO的沉淀。因此在调整反应溶剂的添加比例及反应温度时，会出现不同形貌的ZnO纳米阵列。

还有一些其他氧化物、氢氧化物等一维纳米阵列通过水热法被合成出来。Shuit-Tong Lee等人[152]报道了一种温和的水热合成单晶TiO$_2$纳米棒的方法，该方法以不同材料（包括硅、硅/二氧化硅、硅柱以及FTO玻璃等）为基底均可得到直径为60nm左右、长度为400nm的TiO$_2$纳米棒（见图3.33）。

　　X.J.Liu等人在FTO基底上利用FeCl$_3$在尿素水解产生的碱性条件下得到α-Fe$_2$O$_3$纳米柱阵列，四方柱平均长度是3μm，平均边长约为100nm，如图3.34[153]所示。类似地，他们在钛基底上水热后继续煅烧得到Co$_3$O$_4$纳米线阵列，为立方相的Co$_3$O$_4$尖晶石氧化物。其结晶性良好，并且晶粒尺寸很大，如图3.35[154]所示。

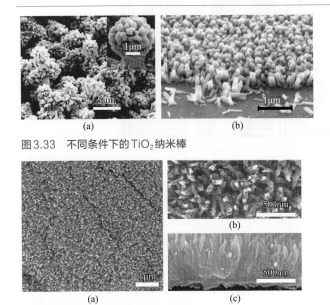

图3.33　不同条件下的TiO$_2$纳米棒

图3.34　水热方法合成的α-Fe$_2$O$_3$纳米柱阵列的扫描图

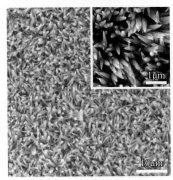

图3.35　水热方法合成纯相Co$_3$O$_4$纳米线阵列

与一维纳米材料相对应，二维纳米材料指厚度为纳米量级的薄膜或具有纳米尺度的层状化合物。二维纳米材料也能组装成阵列结构。Zheng等[155]人以铜箔为基底，以氯化镍、尿素及氟化铵为反应物，在铜箔基底上水热合成了羟基氧化镍纳米片阵列，煅烧脱去水后，即可得到铜基底的氧化镍纳米薄片阵列。Liu等[141]人以钛片为基底，以高锰酸钾和盐酸溶液为反应溶液，通过一系列水热及煅烧得到钛支持的MnO_2纳米片阵列，结构如图3.36所示。

孙晓明等[156]人以泡沫镍为基底，在水热条件下合成了镍铁水滑石六方纳米片阵列（见图3.37），其中以硝酸镍和硝酸铁为镍源和铁源，尿素提供碱源。通过将六方形的镍铁水滑石片有序地排列在泡沫镍基底上，使得比表面积有了极大提高，并且由于镍铁水滑石片与基底的连接非常紧密，使得导电性极好，从而极大地提高了电催化活性。类似地，他们采用水热的方法在泡沫镍基底上得到CoAl水滑石六方纳米片阵列，片厚度为50～80nm，六方边长为0.5～1μm，其扫描电镜图如图3.38[157]所示。

图3.36　钛基底上生长的MnO_2纳米片阵列

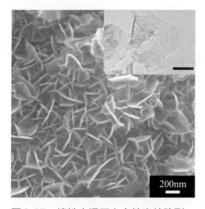

图3.37　镍铁水滑石六方纳米片阵列

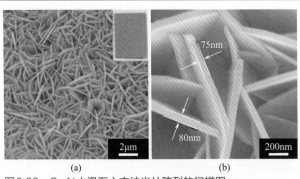

(a)   (b)

图3.38　CoAl水滑石六方纳米片阵列的扫描图

　　水热合成纳米阵列时，除基底会对产物的形貌产生影响，添加的反应物的种类及浓度的改变，或者反应时间和反应温度的改变都会影响形成的纳米结构，甚至会使得材料在一维纳米阵列与二维纳米阵列之间进行转换。以刘军枫等人的研究为例，他们探究了碱源及反应时间的变化直接导致产物在纳米线、纳米片等之间的转化。如要合成长度是微米级，直径为10～15nm的NiO纳米棒阵列，须首先在泡沫镍基底以镍盐为镍源，以尿素为碱源合成NiO纳米棒[158][见图3.39(a)]。如用六亚甲基四胺（HMTA）替换尿素后，在相同的反应条件下，水热反应后得到长度为1μm、厚度为6nm的Ni(OH)$_2$纳米壁[116][见图3.39（b）]。两种形貌的不同说明碱在形成纳米阵列的过程中有很重要的作用。类似地，可以用相同的方法获得不同形貌的Co$_3$O$_4$纳米阵列[159]。将泡沫镍基底放在含有钴盐、尿素和氟化铵的溶液中，经历水热反应后并煅烧即可得到平均边长为6μm，厚度为100nm的Co$_3$O$_4$纳米片[见图3.39（c）]；如果在相同的条件下，将反应时间延长，就会获得长度为5～7μm，直径为50nm的Co$_3$O$_4$纳米线[见图3.39（d）]。

　　与氧化物、氢氧化物相同，硫化物也能形成纳米片阵列。孙晓明等人用水热的方法在钛基底上生长MoS$_2$六方纳米片阵列，与平面的MoS$_2$结构相比，其比表面积有了很大的增加，且在亲气疏水方面较平面结构有更优异的性能，结构如图3.40[160]所示。

　　三维纳米阵列主要是由一维的纳米棒、纳米线等在基底上的不同排列而形成的结构，以ZnO纳米花阵列为例，Gyu-Chul Yi等[161]人将FTO玻璃基底放入pH值为10.5、混有硝酸锌和氨水的溶液中，在90℃的反应温度下水热得到一维ZnO纳米阵列[见图3.41（a）]。而为控制纳米结构的生长位置，对基底进行光刻等处理，一维纳米结构会选择性地生长在由聚甲基丙烯酸甲酯处理过的区域，从而形成三维纳米花阵列[见图3.41（b）]。

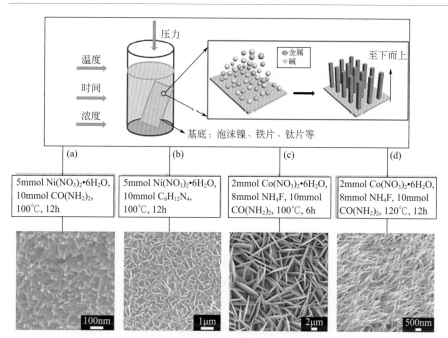

图3.39 水热合成一维、二维纳米阵列的原理示意图

（a）NiO纳米棒；（b）Ni(OH)$_2$纳米壁；（c）Co$_3$O$_4$纳米片；（d）Co$_3$O$_4$纳米线

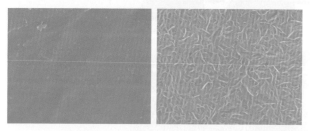

图3.40 平面结构MoS$_2$和纳米片阵列结构MoS$_2$的扫描电镜图

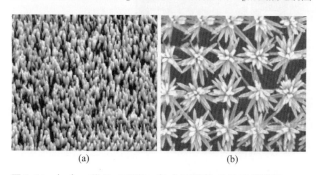

图3.41 （a）一维ZnO结构；（b）三维ZnO纳米花阵列

3.4.3
多层级纳米阵列

多层级纳米阵列，顾名思义，是在单一结构的纳米阵列表面通过生长二级甚至更多级纳米单元构筑得到的，通过以具有较大比表面积的一级阵列结构作为模板生长二级结构，可大幅提高活性材料的负载量，因此受到了研究者的广泛关注。多层级纳米阵列通常分为单一组分的多层级纳米阵列和多组分复合的多层级纳米阵列。其合成方法也可分为一步法合成与多步法合成。

一步水热法合成多层级纳米阵列通常是指利用多组分沉淀速度的不同，在形成纳米阵列时形成的多层级的结构。目前，利用一步水热法已经可以获得多种多层级的复合金属氧化物、硫化物纳米阵列，如多层级的 $Co_3-_xFe_xO_4$ 纳米阵列[132]、$Zn_xCo_3-_xO_4$ 纳米阵列[161]、$CoNi_2S_4$ 纳米阵列[162]等。例如，J.Q. Sun 等人发展了一步自模板法生长 $Co_3-_xFe_xO_4$ 二级纳米阵列（见图3.42）[132]。将铁基底置于含有钴盐、氟化铵和尿素的溶液中进行水热反应，反应初期，首先在铁基底上生长出边长为 $50\mu m$、厚度为 $1\mu m$ 的六方形钴铁水滑石纳米片阵列［见图3.42

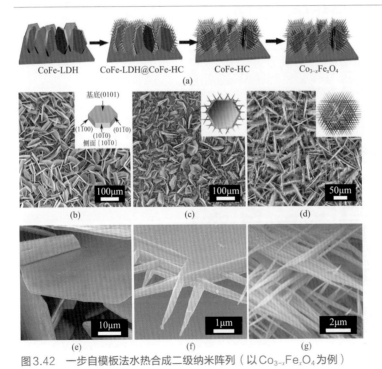

图3.42　一步自模板法水热合成二级纳米阵列（以 $Co_3-_xFe_xO_4$ 为例）

（a）一锅法在铁基底上生长 $Co_3-_xFe_xO_4$ 纳米阵列的原理示意图。（b）～（g）产物的扫描图：（b）、（e）3h；（c）、（f）4h；（d）、（g）12h；（b）、（c）、（d）的插图为晶体的结构示意图

（b）、（e）]，继续反应，会在钴铁水滑石的纳米片的边缘取向生长出长度大约为4μm、宽度为500nm的铁掺杂的碱式碳酸钴纳米线。随着反应时间的延长，纳米线会逐渐变长，反应12h后达到200nm宽、10μm长。经过煅烧后可最终得到$Co_{3-x}Fe_xO_4$纳米阵列。

类似地，在Co_3O_4纳米片上生长纳米棒阵列[159]以及在$Zn_xCo_{3-x}O_4$纳米柱上生长纳米线阵列[161]均可采用一步自模板法通过调整反应条件得到（见图3.43）。

Tu等人[162]以硝酸钴、硝酸镍、尿素、氟化铵为反应物，通过水热反应，在泡沫镍基底上得到纳米线@纳米片的多层级纳米阵列结构，并通过对反应时间的调控，对其生长过程进行了一系列的研究，如图3.44所示。

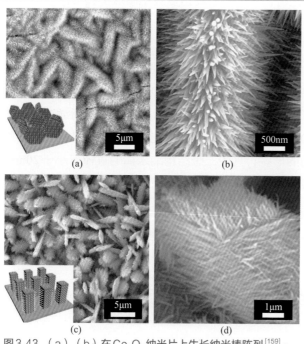

图3.43　（a）、（b）在Co_3O_4纳米片上生长纳米棒阵列[159]；（c）、（d）在$Zn_xCo_{3-x}O_4$纳米柱上生长纳米线阵列[161]

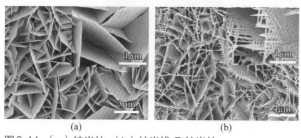

图3.44　（a）纳米片；（b）纳米线@纳米片

尽管一步自模板法是一种温和的合成方法，但是形成的结构主要取决于反应条件，并且较难控制，因此很多地方需要用到多步分级法。多步分级法生长多级纳米阵列是指在原有的基础结构上生长出二级结构。这种方法能够将多种合成方法融合在一起从而得到一种或几种复合物，并且可以通过调整第二阶段的反应条件，如反应时间、反应温度和反应物浓度等影响材料的形貌和结构，因此，大部分的多级结构都是采用多步水热法合成的。

　　Wang 等人[163]利用多步法（水热 - 沉积 - 刻蚀 - 水热）制备了多层级 TiO_2 纳米管 @SnO_2 纳米盘阵列（见图 3.45），Fan 等人[133]也利用两步法合成了多层级的 Co_3O_4 纳米线 @MnO_2 超薄纳米片阵列。诸如此类的多层级纳米阵列材料，由于具有独特的结构优势和可发挥多组分协同作用，在诸多应用领域都展现出了优异的性能。

　　孙晓明、刘军枫等人采取多步分级生长法制备了多种多级阵列结构[136,159,161]。例如，采用两步水热合成了新型多级 Co_3O_4 纳米片 @Ni-Co-O 纳米棒阵列。他们首先利用水热反应在泡沫镍基底上生长 $Co(OH)_2$ 纳米片阵列；然后在合成的 $Co(OH)_2$ 纳米片阵列中加入镍盐和强碱，进行第二步水热反应；最后通过退火热处理得到多级 Co_3O_4@Ni-Co-O 纳米片阵列。这种方法能够灵活地调节活性材料的负载量而且能够控制最终产物的形貌，其中二级结构纳米棒的直径可小于 20nm。此外，这种合成途径使得二级结构生长在初级结构表面，并且初级结构内充满孔

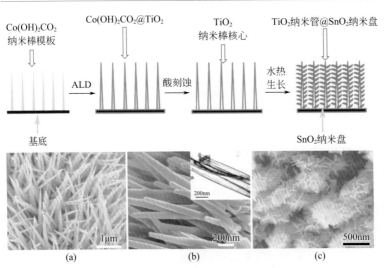

图 3.45　多层级 TiO_2 纳米管 @SnO_2 纳米盘阵列的合成示意图及对应的形貌表征图片[163]

道，这是制造中空超薄纳米片阵列的新方法。

孙晓明等人采用水热-刻蚀-煅烧的方法合成Ni-Co-S@Ni-Co-O二级结构，首先通过水热的方法合成羟基氧化钴纳米线阵列，然后置于Na_2S溶液中浸泡，S^{2-}置换掉羟基氧化钴内的OH^-和CO_3^{2-}得到$Ni_xCo_{2-x}S$，最后通过煅烧得到Ni-Co-S@Ni-Co-O二级纳米阵列结构，各过程扫描电镜结果如图3.46[164]所示。

段雪等人[165]采用多步水热的方法在FTO基底上合成一种表面负载金颗粒的ZnO NR@NP核壳阵列。首先，用水热的方法在FTO玻璃基底上合成ZnO纳米棒，在ZnO纳米棒上负载为二次生长所需的ZnO晶种后，置于含有醋酸锌、柠檬酸钠、六亚甲基四胺的溶液中，水热即可得到ZnO NR@NP核壳阵列。根据应用的需要，如需要在ZnO NR@NP核壳阵列负载金颗粒，则将合成的纳米阵列置于氯金酸中，即可获得Au-ZnO NR@NP，结构及表征如图3.47所示。

郑耿峰等人[166]采用两步水热法在钛基底上生长出Co_3O_4纳米线@树枝状Fe_2O_3的二级纳米阵列结构。首先在钛基底上通过水热的方式得到Co_3O_4纳米线阵列，通过第二步水热的方法在Co_3O_4纳米线的外围生长出树枝状结构的α-Fe_2O_3，不仅增大了比表面积，而且使得阵列结构综合了Co_3O_4与α-Fe_2O_3的性能，对其电化学性能有了很大的提高（见图3.48）。

图3.46　Ni-Co-S@Ni-Co-O二级纳米阵列三步反应后的扫描图

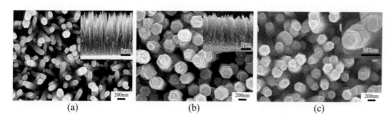

图3.47　（a）ZnO NR阵列；（b）ZnO NR@NP核壳阵列；（c）Au-ZnO NR@NP核壳阵列

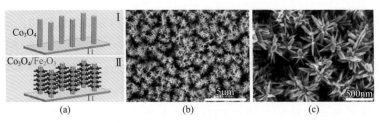

图3.48 （a）生长示意图；（b）、（c）纳米阵列结构

3.5
本章小结

  水热/溶剂热方法操作简单，适用范围广，能够合成均一纳米晶或纳米阵列结构，同时重复性好，因此被广大科研工作者所青睐，大量运用在纳米材料的合成中，极大地促进了纳米科学的发展。但正是因为适用范围广，而且可以用来合成的结构多，造成了其原理和规律难以用简单的方式进行全面归纳。在本章中，简单分析了水热/溶剂热方法中的一些影响因素，以启发读者对这种方法的认识和思考。在实际水热/溶剂热实验方法的设计中，目前还是需要大量的尝试才能最终优化反应条件，探索反应机理。在目前水热/溶剂热的众多纳米结构应用中，选取了一维纳米材料作为具体讲解对象，介绍了这种方法在控制合成一维纳米材料中的应用。因为合成一维纳米材料需要在两个维度上限制材料的生长，而在另一维度上则需要释放其生长，因此能够表现出水热/溶剂热方法对材料生长的控制。对于纳米管材料则还需要对材料整体的生长模式进行控制，因此也进行具体的介绍。值得注意的是，当材料的尺寸被限制在亚纳米尺度上时，其生长模式和性质都会有新的变化，因此将超细纳米线和单壁纳米管在后面的章节中单独拿出来介绍。

  水热/溶剂热法除了能够合成形貌尺寸高度均一的纳米晶之外，还能直接用在纳米阵列的合成中。从单个纳米晶到阵列的跨越正是材料从微观到宏观的变化，也是从基础研究到应用成果的变化。利用水热的方法，人们可以合成一级或者多级的纳米阵列结构，合理设计的阵列结构相比于单个的纳米晶表现出更优异的性能，因此具有重要意义。

正如第2章的展望中所述，关于纳米晶的生长还需要很多原位、实时的研究，才能帮助人们从机理上深刻理解纳米材料合成的过程，从而指导材料的合成。水热/溶剂热作为一种特定的实验手段，也需要这些原位、实时的技术来揭示其独特的地方。值得注意的是，现在大部分文献报道的工作都是在小体积的水热/溶剂热反应釜中实现的，体积往往小于50mL，而这种方法往往难以直接放大，有可能在大的反应器中其压力、传质条件都发生变化，因此需要重新摸索才能获得最优的反应条件，而纳米材料的大量生产是未来工业应用的必要条件。所以除了水热/溶剂热方法的机理探索，还需要研究其放大过程中的一些具体问题。

参考文献

[1] Demazeau G. Solvothermal and hydrothermal processes: the main physico-chemical factors involved and new trends. Research on Chemical Intermediates, 2011, 37(2-5): 107-123.

[2] 徐如人, 庞文琴, 霍启升. 无机合成与制备化学. 第2版. 北京: 高等教育出版社, 2009: 89-109.

[3] Wu J, Lue X, Zhang L, et al. Dielectric constant controlled solvothermal synthesis of a TiO$_2$ photocatalyst with tunable crystallinity: a strategy for solvent selection. European Journal of Inorganic Chemistry, 2009, (19): 2789-2795.

[4] Demazeau G. Solvothermal processes: definition, key factors governing the involved chemical reactions and new trends. Zeitschrift Fur Naturforschung Section B-a Journal of Chemical Sciences, 2010, 65(8): 999-1006.

[5] Lee JS, Choi S C. Solvent effect on synthesis of indiurn tin oxide nano-powders by a solvothermal process. Journal of the European Ceramic Society, 2005, 25(14): 3307-3314.

[6] Yin S, Akita S, Shinozaki M, et al. Synthesis and morphological control of rare earth oxide nanoparticles by solvothermal reaction. Journal of Materials Science, 2008, 43(7): 2234-2239.

[7] Zhang D, Pan C, Shi L, et al. A highly reactive catalyst for CO oxidation: CeO$_2$ nanotubes synthesized using carbon nanotubes as removable templates. Microporous and Mesoporous Materials, 2009, 117(1-2): 193-200.

[8] Wu J, Jiang Y, Li Q, et al. Using thiosemicarbazide as starting material to synthesize CdS crystalline nanowhiskers via solvothermal route. Journal of Crystal Growth, 2002, 235(1-4): 421-424.

[9] Yi R, Qiu G, Liu X. Rational synthetic strategy: From ZnO nanorods to ZnS nanotubes. Journal of Solid State Chemistry, 2009, 182(10): 2791-2795.

[10] Wang ZJ, Tao F, Yao L Z, et al. Selected synthesis of cubic and hexagonal NaYF$_4$ crystals via a complex-assisted hydrothermal route. Journal of Crystal Growth, 2006, 290(1): 296-300.

[11] 施尔畏, 夏长泰, 工步国, 仲维卓. 水热法的应用与发展. 无机材料学报, 1996, (02): 193-206.

[12] Tang B, Zhuo LH, Ge JC, et al. Hydrothermal synthesis of ultralong and single-crystalline Cd(OH)$_2$ nanowires using alkali salts as

mineralizers. Inorganic Chemistry, 2005, 44(8): 2568-2569.

[13] Yan L, Yu R, Chen J, et al. Template-free hydrothermal synthesis of CeO_2 nano-octahedrons and nanorods: investigation of the morpholog evolution. Crystal Growth & Design, 2008, 8(5): 1474-1477.

[14] Kim CS, Moon BK, Park JH, et al. Solvotherinal synthesis of nanocrystalline TiO_2 in toluene with surfactant. Journal of Crystal Growth, 2003, 257(3-4): 309-315.

[15] Tong H, Zhu YJ, Yang LX, et al. Lead chalcogenide nanotubes synthesized by biomolecule-assisted self-assembly of nanocrystals at room temperature. Angewandte Chemie-International Edition, 2006, 45(46): 7739-7742.

[16] Aldous DW, Stephens NF, Lightfoot P. The role of temperature in the solvothermal synthesis of hybrid vanadium oxyfluorides. Dalton Transactions, 2007, (37): 4207-4213.

[17] Aldous DW, Lightfoot P. Crystallisation of some mixed Na/V and K/V fluorides by solvothermal methods. Solid State Sciences, 2009, 11(2): 315-319.

[18] Li FWG, Zhang Z K. Synthesis of high quality CdS nanorods by solvothermal process and their photoluminescence. Journal of Nanoparticle Research, 2005, 7(6): 685-689.

[19] Yazdani A, Rezaie HR, Ghassai H. Investigation of hydrothermal synthesis of wollastonite using silica and nano silica at different pressures. Journal of Ceramic Processing Research, 2010, 11(3): 348-353.

[20] Zhang G, He P, Ma X, et al. Understanding the "tailoring synthesis" of CdS nanorods by O_2. Inorganic Chemistry, 2012, 51(3): 1302-1308.

[21] 王艳, 刘畅, 柏扬, 等水热反应釜中高温高压离子水溶液热力学性质. 化工学报, 2006, (08): 1856-1864.

[22] Yang J, Lin C, Wang Z, et al. $In(OH)_3$ and In_2O_3 nanorod bundles and spheres: microemulsion-mediated hydrothermal synthesis and luminescence

properties. Inorganic Chemistry, 2006, 45(22): 8973-8979.

[23] Zhu XH, Hang Q M. Microscopical and physical characterization of microwave and microwave-hydrothermal synthesis products. Micron, 2013, 44: 21-44.

[24] Shalmani FM, Halladj R, Askari S. Effect of contributing factors on microwave-assisted hydrothermal synthesis of nanosized SAPO-34 molecular sieves. Powder Technology, 2012, 221: 395-402.

[25] Yang G, Ji H, Liu H, et al. Fast Preparation of $LiFePO_4$ nanoparticles for lithium batteries by microwave-assisted hydrothermal method. Journal of Nanoscience and Nanotechnology, 2010, 10(2): 980-986.

[26] Wu M, Liu G, Li M, et al. Magnetic field-assisted solvothermal assembly of one-dimensional nanostructures of Ni-Co alloy nanoparticles. Journal of Alloys and Compounds, 2010, 491(1-2): 689-693.

[27] Zogbi M M JR, Saito E, Zanin H, et al. Hydrothermal-electrochemical synthesis of nano-hydroxyapatite crystals on superhydrophilic vertically aligned carbon nanotubes. Materials Letters, 2014, 132: 70-74.

[28] Yeh YM, Chen H. Fabrication and characterization of ZnO nanorods on polished titanium substrate using electrochemical-hydrothermal methods. Thin Solid Films, 2013, 544: 521-525.

[29] Hu J, Li LS, Yang W, et al. Linearly polarized emission from colloidal semiconductor quantum rods. Science, 2001, 292(5524): 2060-2063.

[30] Hu J, Odom T W, Lieber C M. Chemistry and physics in one dimension: synthesis and properties of nanowires and nanotubes. Accounts of chemical research, 1999, 32(5): 435-445.

[31] Xia Y, Yang P, Sun Y, et al. One-dimensional nanostructures: synthesis, characterization, and applications. Advanced materials, 2003, 15(5): 353-389.

[32] Xia Y, Yang P. Guest editorial: chemistry and

physics of nanowires. Advanced materials, 2003, 15(5): 351-352.

[33] Iijima S. Helical microtubules of graphitic carbon. Nature, 1991, 354(6348): 56-58.

[34] Pan ZW, Dai ZR, Wang Z L. Nanobelts of semiconducting oxides. Science, 2001, 291(5510): 1947-1949.

[35] Fasol G. Nanowires: small is beautiful. Science, 1998, 280(5363): 545.

[36] Huynh WU, Dittmer JJ, Alivisatos A P. Hybrid nanorod-polymer solar cells. Science, 2002, 295(5564): 2425-2427.

[37] Huynh WU, Peng X, Alivisatos A P. CdSe nanocrystal rods/poly (3-hexylthiophene) composite photovoltaic devices. Proc Electrochem Soc, 1999: 99-11.

[38] Hu J, Ouyang M, Yang P, et al. Controlled growth and electrical properties of heterojunctions of carbon nanotubes and silicon nanowires. Nature, 1999, 399(6731): 48-51.

[39] Wu Y, Fan R, Yang P. Block-by-block growth of single-crystalline Si/SiGe superlattice nanowires. Nano Letters, 2002, 2(2): 83-86.

[40] Choi HJ, Johnson JC, He R, et al. Self-organized GaN quantum wire UV lasers. The Journal of Physical Chemistry B, 2003, 107(34): 8721-8725.

[41] Johnson JC, Yan H, Yang P, et al. Optical cavity effects in ZnO nanowire lasers and waveguides. The Journal of Physical Chemistry B, 2003, 107(34): 8816-8828.

[42] Maiti A, Rodriguez JA, Law M, et al. SnO_2 nanoribbons as NO_2 sensors: insights from first principles calculations. Nano Letters, 2003, 3(8): 1025-1028.

[43] Cui Y, Zhong Z, Wang D, et al. High performance silicon nanowire field effect transistors. Nano Letters, 2003, 3(2): 149-152.

[44] Duan X, Huang Y, Agarwal R, et al. Single-nanowire electrically driven lasers. Nature, 2003, 421(6920): 241-245.

[45] Duan X, Huang Y, Lieber C M. Nonvolatile memory and programmable logic from molecule-gated nanowires. Nano Letters, 2002, 2(5): 487-490.

[46] Huang Y, Duan X, Cui Y, et al. Gallium nitride nanowire nanodevices. Nano Letters, 2002, 2(2): 101-104.

[47] Gudiksen MS, Lauhon LJ, Wang J, et al. Growth of nanowire superlattice structures for nanoscale photonics and electronics. Nature, 2002, 415(6872): 617-620.

[48] Huang Y, Duan X, Cui Y, et al. Logic gates and computation from assembled nanowire building blocks. Science, 2001, 294(5545): 1313-1317.

[49] Yu L, Ma Y, Hu Z. Low-temperature CVD synthesis route to GaN nanowires on silicon substrate. Journal of Crystal Growth, 2008, 310(24): 5237-5240.

[50] Chen C, Zhuang J, Wang D, et al. Synthesis and characterization of new-type MgO nanobelts via co-precipitation synthetic way. Chinese Journal of Inorganic Chemistry, 2005, 21(6): 859-861.

[51] Shi S, Cao M, He X, et al. Surfactant-assisted hydrothermal growth of single-crystalline ultrahigh-aspect-ratio vanadium oxide nanobelts. Crystal Growth & Design, 2007, 7(9): 1893-1897.

[52] 李彦, 万景华. 液晶模板法合成 CdS 纳米线. 物理化学学报, 1999, 15(1): 1-4.

[53] 张立德, 牟季美. 纳米结构与纳米材料 [M]. 北京: 科学出版社, 2000.

[54] Hulteen JA. general template-based method for the preparation of nanomaterials. Journal of Materials Chemistry, 1997, 7(7): 1075-1087.

[55] Busbee BD, Obare SO, Murphy CJ. An improved synthesis of high-aspect-ratio gold nanorods. Advanced Materials, 2003, 15(5): 414-416.

[56] Jana NR, Gearheart L, Murphy CJ. Seed mediated growth approach for shape-controlled synthesis of spheroidal and rod-like gold nanoparticles using a surfactant template. Advanced Materials, 2001, 13(18): 1389.

[57] Jana NR, Gearheart L, Murphy CJ. Wet chemical synthesis of high aspect ratio cylindrical gold nanorods. The Journal of Physical Chemistry B,

2001, 105(19): 4065-4067.

[58] Wijaya A, Hamad Schifferli K. Ligand customization and DNA functionalization of gold nanorods via round-trip phase transfer ligand exchange. Langmuir, 2008, 24(18): 9966-9969.

[59] Cao J, Ma X, Zheng M, et al. Solvothermal preparation of single-crystalline gold nanorods in novel nonaqueous microemulsions. Chemistry Letters, 2005, 34(5): 730-731.

[60] Ye X, Jin L, Caglayan H, et al. Improved size-tunable synthesis of monodisperse gold nanorods through the use of aromatic additives. ACS Nano, 2012, 6(3): 2804-2817.

[61] Xia Y, Xiong Y, Lim B, et al. Shape-controlled synthesis of metal nanocrystals: simple chemistry meets complex physics?. Angewandte Chemie International Edition, 2009, 48(1): 60-103.

[62] 魏智强, 徐可亮, 武晓娟等. 银纳米棒的醇热法合成与性能表征. 人工晶体学报, 2015, 4: 039.

[63] Wang Z, Liu J, Chen X, et al. A simple hydrothermal route to large-scale synthesis of uniform silver nanowires. Chemistry-a European Journal, 2005, 11(1): 160-163.

[64] Sun X, Li Y. Cylindrical silver nanowires: preparation, structure, and optical properties. Advanced Materials, 2005, 17(21): 2626-2630.

[65] Yoon J, Khi N T, Kim H, et al. High yield synthesis of catalytically active five-fold twinned Pt nanorods from a surfactant-ligated precursor. Chemical Communications, 2013, 49(6): 573-575.

[66] 陈庆春. 水热还原制备铜纳米棒和纳米线. 现代化工, 2005, 25(1): 43-44.

[67] Puntes VF, Krishnan KM, Alivisatos A P. Colloidal nanocrystal shape and size control: the case of cobalt. Science, 2001, 291(5511): 2115-2117.

[68] Huang X, Chen Y, Chiu CY, et al. A versatile strategy to the selective synthesis of Cu nanocrystals and the in situ conversion to CuRu nanotubes. Nanoscale, 2013, 5(14): 6284-6290.

[69] Einarsrud MA, Grande T. 1D oxide nanostructures from chemical solutions. Chemical Society Reviews, 2014, 43(7): 2187-2199.

[70] Zhou X, Zhang D, Zhu Y, et al. Mechanistic investigations of PEG-directed assembly of one-dimensional ZnO nanostructures. The Journal of Physical Chemistry B, 2006, 110(51): 25734-25739.

[71] Cao M, Hu C, Wang E. The first fluoride one-dimensional nanostructures: microemulsion-mediated hydrothermal synthesis of BaF_2 whiskers. Journal of the American Chemical Society, 2003, 125(37): 11196-11197.

[72] Guo Z, Du F, Li G, et al. Synthesis of single-crystalline $CeCO_3OH$ with shuttle morphology and their thermal conversion to CeO_2. Crystal Growth and Design, 2008, 8(8): 2674-2677.

[73] Xiong Y, Li Z, Zhang R, et al. From complex chains to 1D metal oxides: a novel strategy to Cu_2O nanowires. The Journal of Physical Chemistry B, 2003, 107(16): 3697-3702.

[74] Kannan A, Manthiram A. Synthesis and electrochemical evaluation of high capacity nanostructured VO_2 cathodes. Solid State Ionics, 2003, 159(3): 265-271.

[75] Liu J, Li Q, Wang T, et al. Metastable vanadium dioxide nanobelts: hydrothermal synthesis, electrical transport, and magnetic properties. Angewandte Chemie, 2004, 116(38): 5158-5162.

[76] Wang X, Li Y. Selected-control hydrothermal synthesis of α-and β-MnO_2 single crystal nanowires. Journal of the American Chemical Society, 2002, 124(12): 2880-2881.

[77] Yang J, Zeng JH, Yu SH, et al. Formation process of CdS nanorods via solvothermal route. Chemistry of materials, 2000, 12(11): 3259-3263.

[78] Zhan J, Yang X, Li S, et al. A chemical solution transport mechanism for one-dimensional growth of CdS nanowires. Journal of Crystal Growth, 2000, 220(3): 231-234.

[79] Su H, Xie Y, Wan S, et al. A novel one-step solvothermal route to nanocrystalline $CuSbS_2$ and Ag_3SbS_3. Solid State Ionics, 1999, 123(1):

319-324.

[80] Li B, Xie Y, Huang J, et al. Synthesis, characterization, and properties of nanocrystalline Cu_2SnS_3. Journal of Solid State Chemistry, 2000, 153(1): 170-173.

[81] Wu J, Jiang Y, Li Q, et al. Using thiosemicarbazide as starting material to synthesize CdS crystalline nanowhiskers via solvothermal route. Journal of Crystal Growth, 2002, 235(1): 421-424.

[82] Zhang H, Ma X, Ji Y, et al. Single crystalline CdS nanorods fabricated by a novel hydrothermal method. Chemical Physics Letters, 2003, 377(5): 654-657.

[83] Li Y, Liao H, Ding Y, et al. Solvothermal elemental direct reaction to CdE (E= S, Se, Te) semiconductor nanorod. Inorganic Chemistry, 1999, 38(7): 1382-1387.

[84] Yu SH, Yang J, Han ZH, et al. Novel solvothermal fabrication of CdS_xSe_{1-x} Nanowires. Journal of Solid State Chemistry, 1999, 147(2): 637-640.

[85] Jiang Y, Wu Y, Mo X, et al. Elemental solvothermal reaction to produce ternary semiconductor $CuInE_2$(E=S, Se)nanorods. Inorganic Chemistry, 2000, 39(14): 2964-2965.

[86] Wang X, Li Y. Synthesis and characterization of lanthanide hydroxide single-crystal nanowires. Angewandte Chemie International Edition, 2002, 41(24): 4790-4793.

[87] Fan W, Zhao W, You L, et al. A simple method to synthesize single-crystalline lanthanide orthovanadate nanorods. Journal of Solid State Chemistry, 2004, 177(12): 4399-4403.

[88] Fan W, Song X, Bu Y, et al. Selected-control hydrothermal synthesis and formation mechanism of monazite-and zircon-type $LaVO_4$ nanocrystals. The Journal of Physical Chemistry B, 2006, 110(46): 23247-23254.

[89] Jia CJ, Sun LD, You LP, et al. Selective synthesis of monazite-and zircon-type $LaVO_4$ nanocrystals. The Journal of Physical Chemistry B, 2005, 109(8): 3284-3290.

[90] Liu J, Wang L, Sun X, et al. Cerium vanadate nanorod arrays from ionic chelator mediated self-assembly. Angewandte Chemie, 2010, 122(20): 3570-3573.

[91] Wang F, Han Y, Lim CS, et al. Simultaneous phase and size control of upconversion nanocrystals through lanthanide doping. Nature, 2010, 463(7284): 1061-1065.

[92] Wang L, Li Y. Controlled synthesis and luminescence of lanthanide doped $NaYF_4$ nanocrystals. Chemistry of Materials, 2007, 19(4): 727-734.

[93] Gogotsi Y, Libera JA, Yoshimura M. Hydrothermal synthesis of multiwall carbon nanotubes. Journal of Materials Research, 2000, 15(12): 2591-2594.

[94] Gogotsi Y, Libera JA, Gven Yazicioglu A, et al. In situ multiphase fluid experiments in hydrothermal carbon nanotubes. Applied Physics Letters, 2001, 79(7): 1021-1023.

[95] Liu J, Shao M, Chen X, et al. Large-scale synthesis of carbon nanotubes by an ethanol thermal reduction process. Journal of the American Chemical Society, 2003, 125(27): 8088-8089.

[96] Wang X, Lu J, Xie Y, et al. A novel route to multiwalled carbon nanotubes and carbon nanorods at low temperature. The Journal of Physical Chemistry B, 2002, 106(5): 933-937.

[97] Shao M, Li Q, Wu J, et al. Benzene-thermal route to carbon nanotubes at a moderate temperature. Carbon, 2002, 40(15): 2961-2963.

[98] Li Y, Qian Y, Liao H, et al. A reduction-pyrolysis-catalysis synthesis of diamond. Science, 1998, 281(5374): 246-247.

[99] Morris RE, Weigel S J. The synthesis of molecular sieves from non-aqueous solvents. Chem Soc Rev, 1997, 26(4): 309-317.

[100] Kasuga T, Hiramatsu M, Hoson A, et al. Formation of titanium oxide nanotube. Langmuir, 1998, 14(12): 3160-3163.

[101] Du G, Chen Q, Che R, et al. Preparation and structure analysis of titanium oxide nanotubes.

Applied Physics Letters, 2001, 79(22): 3702-3704.

[102] Sun X, Li Y. Synthesis and characterization of ion exchangeable titanate nanotubes. Chemistry-a European Journal, 2003, 9(10): 2229-2238.

[103] Wang W, Varghese OK, Paulose M, et al. A study on the growth and structure of titania nanotubes. Journal of Materials Research, 2004, 19(02): 417-422.

[104] Wang Y, Hu G, Duan X, et al. Microstructure and formation mechanism of titanium dioxide nanotubes. Chemical Physics Letters, 2002, 365(5): 427-431.

[105] Kukovecz Á, Hodos M, Horvath E, et al. Oriented crystal growth model explains the formation of titania nanotubes. The Journal of Physical Chemistry B, 2005, 109(38): 17781-17783.

[106] Ajayan P, Stephan O, Redlich P, et al. Carbon nanotubes as removable templates for metal oxide nanocomposites and nanostructures. Nature, 1995, 375(6532): 564-567.

[107] Spahr ME, Stoschitzki Bitterli P, Nesper R, et al. Vanadium oxide nanotubes. A new nanostructured redox-active material for the electrochemical insertion of lithium. Journal of The Electrochemical Society, 1999, 146(8): 2780-2783.

[108] Niederberger M, Muhr HJ, Krumeich F, et al. Low-cost synthesis of vanadium oxide nanotubes via two novel non-alkoxide routes. Chemistry of Materials, 2000, 12(7): 1995-2000.

[109] Chen X, Sun X, Li Y. Self-assembling vanadium oxide nanotubes by organic molecular templates. Inorganic Chemistry, 2002, 41(17): 4524-4530.

[110] Lu Q, Gao F, Zhao D. One-step synthesis and assembly of copper sulfide nanoparticles to nanowires, nanotubes, and nanovesicles by a simple organic amine-assisted hydrothermal process. Nano Letters, 2002, 2(7): 725-728.

[111] Gong JY, Yu S-H, Qian H-S, et al. Acetic acid-assisted solution process for growth of complex copper sulfide microtubes constructed by hexagonal nanoflakes. Chemistry of Materials, 2006, 18(8): 2012-2015.

[112] Li Y, Wang J, Deng Z, et al. Bismuth nanotubes: a rational low-temperature synthetic route. Journal of the American Chemical Society, 2001, 123(40): 9904-9905.

[113] Zhang Q, Wang J, Xu D, et al. Facile large-scale synthesis of vertically aligned CuO nanowires on nickel foam: growth mechanism and remarkable electrochemical performance. Journal of Materials Chemistry A, 2014, 2(11): 3865-3874.

[114] Li J, Zhao W, Huang F, et al. Single-crystalline Ni(OH)$_2$ and NiO nanoplatelet arrays as supercapacitor electrodes. Nanoscale, 2011, 3(12): 5103-5109.

[115] Yuan C, Yang L, Hou L, et al. Growth of ultrathin mesoporous Co$_3$O$_4$ nanosheet arrays on Ni foam for high-performance electrochemical capacitors. Energy & Environmental Science, 2012, 5(7): 7883-7887.

[116] Lu Z, Chang Z, Zhu W, et al. Beta-phased Ni(OH)$_2$ nanowall film with reversible capacitance higher than theoretical Faradic capacitance. Chemical Communications, 2011, 47(34): 9651-9653.

[117] Wu LC, Chen YJ, Mao ML, et al. Facile synthesis of spike-piece-structured Ni(OH)$_2$ interlayer nanoplates on nickel foam as advanced pseudocapacitive materials for energy storage. ACS Applied Materials & Interfaces, 2014, 6(7): 5168-5174.

[118] Zhou S, Feng X, Shi H, et al. Direct growth of vertically aligned arrays of Cu(OH)$_2$ nanotubes for the electrochemical sensing of glucose. Sensors and Actuators B-Chemical, 2013, 177: 445-452.

[119] Cao F, Pan GX, Tang PS, et al. Hydrothermal-synthesized Co(OH)$_2$ nanocone arrays for supercapacitor application. Journal of Power

Sources, 2012, 216: 395-399.

[120] Hu W, Chen R, Xie W, et al. $CoNi_2S_4$ Nanosheet arrays supported on nickel foams with ultrahigh capacitance for aqueous asymmetric supercapacitor applications. ACS Applied Materials & Interfaces, 2014, 6(21): 19318-19326.

[121] Wang J, Chao D, Liu J, et al. $Ni_3S_2@MoS_2$ core/shell nanorod arrays on Ni foam for high-performance electrochemical energy storage. Nano Energy, 2014, 7: 151-160.

[122] Kung CW, Chen HW, Lin CY, et al. CoS acicular nanorod arrays for the counter electrode of an efficient dye-sensitized solar cell. ACS Nano, 2012, 6(8): 7016-7025.

[123] Li Y, Zhang H, Xu T, et al. Under-water superaerophobic pine-shaped Pt nanoarray electrode for ultrahigh-performance hydrogen evolution. Advanced Functional Materials, 2015, 25(11): 1737-1744.

[124] Zheng P, Cushing SK, Suri S, et al. Tailoring plasmonic properties of gold nanohole arrays for surface-enhanced raman scattering. Physical Chemistry Chemical Physics, 2015, 17(33): 21211-21219.

[125] Zou J, Martin A D, Zdyrko B, et al. Pd-induced ordering of 2D Pt nanoarrays on phosphonated calix 4 arenes stabilised graphenes. Chemical Communications, 2011, 47(18): 5193-5195.

[126] Xia X, Zeng Z, Li X, et al. Fabrication of metal oxide nanobranches on atomic-layer-deposited TiO_2 nanotube arrays and their application in energy storage. Nanoscale, 2013, 5(13): 6040-6047.

[127] Wang D, Yu B, Wang C, et al. A novel protocol toward perfect alignment of anodized TiO_2 nanotubes. Advanced Materials, 2009, 21(19): 1964-1967.

[128] Yu HD, Zhang ZP, Han MY, et al. A general low-temperature route for large-scale fabrication of highly oriented ZnO nanorod/nanotube arrays. Journal of the American Chemical Society, 2005, 127(8): 2378-2379.

[129] Xue M, Ma X, Xie Z, et al. Fabrication of gold-directed conducting polymer nanoarrays for high-performance gas sensor. Chemistry-an Asian Journal, 2010, 5(10): 2266-2270.

[130] Shukla S, Kim KT, Baev A, et al. Fabrication and characterization of gold-polymer nanocomposite plasmonic nanoarrays in a porous alumina template. ACS Nano, 2010, 4(4): 2249-2255.

[131] Fox CB, Kim J, Schlesinger EB, et al. Fabrication of micropatterned polymeric nanowire arrays for high-resolution reagent localization and topographical cellular control. Nano Letters, 2015, 15(3): 1540-1546.

[132] Sun J, Li Y, Liu X, et al. Hierarchical cobalt iron oxide nanoarrays as structured catalysts. Chemical Communications, 2012, 48(28): 3379-3381.

[133] Xia X, Tu J, Zhang Y, et al. High-quality metal oxide core/shell nanowire arrays on conductive substrates for electrochemical energy storage. ACS Nano, 2012, 6(6): 5531-5538.

[134] Xia X, Tu J, Zhang Y, et al. Porous hydroxide nanosheets on preformed nanowires by electrodeposition: branched nanoarrays for electrochemical energy storage. Chemistry of Materials, 2012, 24(19): 3793-3799.

[135] Hu L, Chen W, Xie X, et al. Symmetrical MnO_2-carbon nanotube-textile nanostructures for wearable pseudocapacitors with high mass loading. ACS Nano, 2011, 5(11): 8904-8913.

[136] Lu Z, Yang Q, Zhu W, et al. Hierarchical $Co_3O_4@Ni$-Co-O supercapacitor electrodes with ultrahigh specific capacitance per area. Nano Research, 2012, 5(5): 369-378.

[137] Yang Q, Lu Z, Li T, et al. Hierarchical construction of core-shell metal oxide nanoarrays with ultrahigh areal capacitance. Nano Energy, 2014, 7: 170-178.

[138] Fan Z, Yan J, Zhi L, et al. A three-dimensional carbon nanotube/graphene sandwich and its application as electrode in supercapacitors. Advanced Materials, 2010, 22(33): 3723-3728.

[139] Joshi RK, Schneider JJ. Assembly of one dimensional inorganic nanostructures into functional 2D and 3D architectures: synthesis, arrangement and functionality. Chemical Society Reviews, 2012, 41(15): 5285-5312.

[140] Zhu W, Lu Z, Zhang G, et al. Hierarchical $Ni_{0.25}Co_{0.75}(OH)_2$ nanoarrays for a high-performance supercapacitor electrode prepared by an in situ conversion process. Journal of Materials Chemistry A, 2013, 1(29): 8327-8331.

[141] Huang Y, Li Y, Hu Z, et al. A carbon modified MnO_2 nanosheet array as a stable high-capacitance supercapacitor electrode. Journal of Materials Chemistry A, 2013, 1(34): 9809-9813.

[142] Zhou R, Meng C, Zhu F, et al. High-performance supercapacitors using a nanoporous current collector made from super-aligned carbon nanotubes. Nanotechnology, 2010, 21(34).

[143] Ryu I, Yang M, Kwon H, et al. Coaxial RuO_2-ITO nanopillars for transparent supercapacitor application. Langmuir, 2014, 30(6): 1704-1709.

[144] Lu X, Yu M, Zhai T, et al. High energy density asymmetric quasi-solid-state supercapacitor based on porous vanadium nitride nanowire anode. Nano Letters, 2013, 13(6): 2628-2633.

[145] Yang P, Ding Y, Lin Z, et al. Low-cost high-performance solid-state asymmetric supercapacitors based on MnO_2 nanowires and Fe_2O_3 nanotubes. Nano Letters, 2014, 14(2): 731-736.

[146] Xia X, Chao D, Fan Z, et al. A new type of porous graphite foams and their integrated composites with oxide/polymer core/shell nanowires for supercapacitors: structural design, fabrication, and full supercapacitor demonstrations. Nano Letters, 2014, 14(3): 1651-1658.

[147] Vayssieres L, Keis K, Hagfeldt A, et al. Three-dimensional array of highly oriented crystalline ZnO microtubes. Chemistry of Materials, 2001, 13(12): 4395.

[148] Vayssieres L. Growth of arrayed nanorods and nanowires of ZnO from aqueous solutions. Advanced Materials, 2003, 15(5): 464-466.

[149] Le HQ, Chua SJ, Koh Y W, et al. Systematic studies of the epitaxial growth of single-crystal ZnO nanorods on GaN using hydrothermal synthesis. Journal of Crystal Growth, 2006, 293(1): 36-42.

[150] Li BB, Shen HL, Zhang R, et al. Structural and magnetic properties of codoped ZnO based diluted magnetic semiconductors. Chinese Physics Letters, 2007, 24(12): 3473-3476.

[151] Liu Y, Kang ZH, Chen ZH, et al. Synthesis, characterization, and photocatalytic application of different ZnO nanostructures in array configurations. Crystal Growth & Design, 2009, 9(7): 3222-3227.

[152] Wang HE, Chen Z, Leung YH, et al. Hydrothermal synthesis of ordered single-crystalline rutile TiO_2 nanorod arrays on different substrates. Applied Physics Letters, 2010, 96(26).

[153] Liu X, Liu J, Chang Z, et al. α-Fe_2O_3 nanorod arrays for bioanalytical applications: nitrite and hydrogen peroxide detection. RSC Advances, 2013, 3(22): 8489-8494.

[154] Liu X, Chang Z, Luo L, et al. Hierarchical $Zn_xCo_{3-x}O_4$ nanoarrays with high activity for electrocatalytic oxygen evolution. Chemistry of Materials, 2014, 26(5): 1889-1895.

[155] Wu H, Xu M, Wu H, et al. Aligned NiO nanoflake arrays grown on copper as high capacity lithium-ion battery anodes. Journal of Materials Chemistry, 2012, 22(37): 19821-19825.

[156] Lu Z, Xu W, Zhu W, et al. Three-dimensional NiFe layered double hydroxide film for high-efficiency oxygen evolution reaction. Chemical Communications, 2014, 50(49): 6479-6482.

[157] Lu Z, Zhu W, Lei X, et al. High pseudocapacitive cobalt carbonate hydroxide films derived from CoAl layered double hydroxides. Nanoscale, 2012, 4(12): 3640-

3643.

[158] Lu Z, Chang Z, Liu J, et al. Stable ultrahigh specific capacitance of NiO nanorod arrays. Nano Research, 2011, 4(7): 658-665.

[159] Yang Q, Lu Z, Chang Z, et al. Hierarchical Co_3O_4 nanosheet@nanowire arrays with enhanced pseudocapacitive performance. RSC Advances, 2012, 2(4): 1663-1668.

[160] Lu Z, Zhu W, Yu X, et al. Ultrahigh hydrogen evolution performance of under-water "superaerophobic" MoS_2 nanostructured electrodes. Advanced Materials, 2014, 26(17): 2683-2687.

[161] Liu X, Chang Z, Luo L, et al. Hierarchical $Zn_xCo_{3-x}O_4$ nanoarrays with high activity for electrocatalytic oxygen evolution. Chemistry of Materials, 2014, 26(5): 1889-1895.

[162] Liu XY, Zhang YQ, Xia XH, et al. Self-assembled porous $NiCo_2O_4$ hetero-structure array for electrochemical capacitor. Journal of Power Sources, 2013, 239: 157-163.

[163] Zhu C, Xia X, Liu J, et al. TiO_2 nanotube @ SnO_2 nanoflake core-branch arrays for lithium-ion battery anode. Nano Energy, 2014, 4: 105-112.

[164] Xu W, Lu Z, Lei X, et al. A hierarchical Ni-Co-O@Ni-Co-S nanoarray as an advanced oxygen evolution reaction electrode. Physical Chemistry Chemical Physics, 2014, 16(38): 20402-20405.

[165] Zhang C, Shao M, Ning F, et al. Au nanoparticles sensitized ZnO nanorod@ nanoplatelet core-shell arrays for enhanced photoelectrochemical water splitting. Nano Energy, 2015, 12: 231-239.

[166] Wu H, Xu M, Wang Y, et al. Branched $Co_3O_4/$ Fe_2O_3 nanowires as high capacity lithium-ion battery anodes. Nano Research, 2013, 6(3): 167-173.

NANOMATERIALS

纳米材料液相合成

Chapter 4

第4章
模板法合成纳米材料

刘建伟，梁海伟，俞书宏
中国科学技术大学化学系

4.1　引言

4.2　模板法合成零维纳米材料

4.3　模板法合成一维纳米材料

4.4　模板法合成二维纳米材料

4.5　本章小结

4.1
引言

　　模板是使物体成固定形状的模具，1986年美国Charles R.Martin首次将模板法
用于纳米材料的合成，制备了均一的纳米导电高分子纤维[1]。此后，模板法被广
泛应用于合成纳米结构材料，例如以表面活性剂或嵌段共聚物为模板，通过溶胶-
凝胶法可制备有序孔状结构的介孔氧化物纳米材料[2]。通常，模板法是将具有
微/纳米结构、价廉易得、形状容易控制的物质作为模板，通过物理或化学的方
法将相关材料沉积到模板的孔中或表面，与自身反应或结晶，生成相似尺寸的
纳米颗粒、纳米棒或纳米管、纳米片状材料和三维纳米结构。根据尺寸和形貌
要求，预先设计模板，基于模板的空间限域作用和模板剂的调控作用得到所需
纳米材料。

　　模板法的主要步骤一般包括模板的制备、基于模板的导向合成及模板的去除
这三步。模板法具有实验原理易懂、设备简单、适用面广等优点，为科学家在纳
米材料的制备学研究中提供了一种切实可行的方法，实现了材料制备的精准控制。
具体来讲，包括三方面：形貌控制，即全部的纳米结构具有一致的形貌；尺寸控
制（粒径分布），即制备的纳米结构具有一致的大小，粒径分布窄；组分和结晶性
控制，即制备的纳米结构有一致的化学组分及结晶取向。

　　根据自身特性的不同和限域能力的不同，模板法又可分为软模板法和硬模板
法。软模板法是以在一定的环境下能形成特定形貌的物质为模板，主要包括两亲
分子在反应过程中形成的各种有序聚集体，如液晶、胶团、微乳液、囊泡、LB膜、
自组装膜等，通过化学和电化学方法制备具有特定形貌的微/纳米结构[3]。而硬模
板是指以共价键维系的刚性模板，硬模板法是以这种刚性模板为基础，通过化学
或物理方法制备具有特定形貌的微/纳米材料的方法。常用的硬模板包括多孔氧
化铝膜、多孔硅、径迹蚀刻的聚合物膜、碳纳米管等。通过利用物理和化学方法
向特定形貌的模板中填充各种无机、有机或半导体材料，可以获得所需特定形貌
和功能的微/纳米结构，如纳米线、纳米管或复合材料等。目前应用最广泛的模
板是具有不同空间结构的阳极氧化铝膜、高聚物硬模板、多孔硅、分子筛、胶态

晶体、碳纳米管等[4,5]。例如20世纪80年代，J.H.Knox等以硅胶为模板合成了中空结构的碳材料[6]。

在诸多种类的模板中，多孔阳极氧化铝膜（AAO）可以算得上是使用频率最高、适用范围最广的一种模板。AAO由外部较厚的多孔层结构及邻近铝基体表面一层薄而致密的障碍层结构组成。多孔层的膜胞是六角密堆积孔状排列，每个膜胞中心存在均匀的纳米尺度空洞，与基体表面垂直，且彼此之间互相平行。利用氧化铝为模板合成纳米材料的电化学过程如图4.1所示，其主要步骤一般包括以下四步：第一步是在氧化铝膜单侧蒸金作为工作电极（金膜为导电层）；第二步要求在电解质溶液中通过控制电压或者电流密度沉积材料；第三步，去除导电金膜层；第四步，在碱性溶液（1mol/L NaOH）中溶解氧化铝模板。例如殷亚东教授利用阳极氧化铝模板成功制备了SiO_2纳米管[7]。

多孔阳极氧化铝膜（AAO）模板法可以通过控制电解电流的方法控制纳米材料的形貌。如图4.2所示，当平行于电流方向的生长速率远远大于垂直于电流方向的速率时，合成出纳米管（$v_1 \gg v_2$）；当平行于电流方向的生长速率小于或等于垂直于电流方向的速率时，合成出纳米线（$v_1 \leqslant v_2$）；通常认为，当反应时间足够短时为纳米颗粒。其中，生长速率可以通过外加电位和电解质浓度来控制。通常情况下，较高的合成电位和较低的电解质浓度有利于合成纳米管；而较低的合成电位和较高的电解质浓度有利于合成纳米线。

模板法按照模板作用的方式分为外模板法和内模板法。外模板法是指设想存

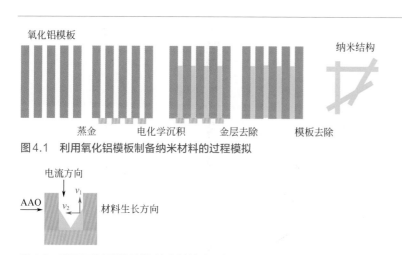

图4.1　利用氧化铝模板制备纳米材料的过程模拟

图4.2　利用氧化铝模板制备纳米材料时，合成形貌受生长速率控制的示意图

在一个纳米管或纳米笼，让成核和生长在该模板内部中进行，在反应充分进行后移去模板，作为模板的纳米管或纳米笼的大小和形状就决定了作为产物的纳米材料的尺寸和形状。而内模板法则利用纳米尺寸的模板材料作"核"，目标纳米材料在该"核"上成核及生长，在反应充分进行后除掉该"核"（内模板）即得到纳米材料。前者可以控制材料的外部结构，而后者则可以控制材料的内部结构，各有其适用范围。

模板法按其作用过程的物理化学本质，又可以分为物理模板法和化学模板法。物理模板法是指制备纳米材料的过程中，模板材料不参加化学反应，只起到模板空间限域作用和模板剂调控作用；而化学模板法是指将某种前驱体引入模板，然后经过合适的反应进行合成，模板参与反应。例如利用超细碲纳米线为反应模板制备碳纤维的反应中，碲纳米线模板剂为物理模板[8]；而利用超细碲纳米线为反应模板制备碲化银纳米线的时候，碲纳米线模板剂则为化学模板[9]，因为这时候碲纳米线需要作为反应物参与反应。

无论模板由什么组成，利用模板的目的都是希望用一种简单可控的方法将模板的结构复刻到新的材料中，因此按照材料的维度来组织本章的内容可以为读者较为系统、全面地展现模板合成化学在纳米材料制备中的作用。同时，模板法合成纳米材料的研究正在迅速地发展和进步，本章难以完全总结该领域的各个方面，侧重强调模板合成对纳米材料尺寸分布、化学成分的有效调控。章节中通常使用不同的术语描述特殊的纳米结构，如当纳米颗粒为单晶体时通常被称作纳米晶，而当纳米颗粒的尺寸小于其特征尺寸并观察到量子效应时，被称作量子点。

<h1 style="text-align:center">4.2</h1>
<h1 style="text-align:center">模板法合成零维纳米材料</h1>

零维纳米材料是指在三维方向上均处于纳米尺度的材料，由于材料尺寸的减小，"表面效应"和"体积效应"[10]等因素使零维纳米材料在热、磁、光、电等方面表现出不同于宏观材料的全新特性。例如当银的尺寸是宏观尺寸时，由于本征金属的电子能级近似连续，所以电子可以在金属导体内自由运动；而当银纳米

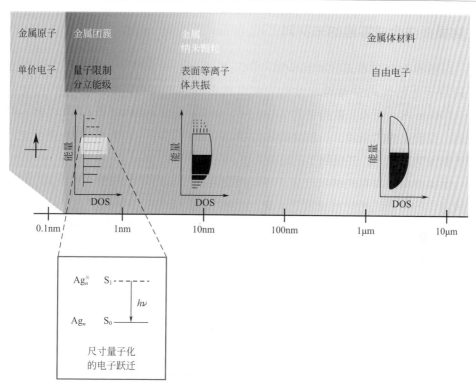

图4.3　金属材料尺寸变化引起结构性能的变化[11]（DOS: Density of States，态密度）

晶的尺寸接近或小于金属的电子平均自由程时电子的运动将会受限，会出现诸如表面等离子体共振等效应（如图4.3所示）。

　　纳米粒子表现出的不同于宏观物体的全新特性，吸引了国内外众多科研工作者的广泛关注，对于纳米粒子的研究具有划时代的意义。而如何制备尺寸均一的零维纳米材料是研究其特性的基础。目前，纳米粒子的制备方法有很多，按照物相组成可以分为气相法（如气相蒸发法、化学气相沉积法和溅射法等）、固相法（包括热分解法、固相反应法和球磨法等）、液相法（如沉淀法、水解法、溶剂热法和溶胶-凝胶法等）。而在具体的合成模式上，模板法则是一种被广泛使用的合成零维纳米材料的方法，其优点包括模板易获得、合成过程简单，同时纳米材料尺寸精确可调。除了前文所分的硬模板法和软模板法，还可以根据模板的生物特性分为生物模板法和非生物模板法。生物模板一般都是软模板，其原料易得，并且结构复杂度高，能够帮助实现许多精妙的结构。

4.2.1
生物模板法合成零维纳米材料

自然界中存在着无数种结构复杂的无机或有机纳米结构，这些纳米结构都是来自于生物体内并具有尺寸均一和结构多样性的特点。纳米材料的尺度在1～100nm内，而大多数重要的生物分子，如蛋白质、核酸等的尺寸都在这一尺度内。受自然界的启发，一些生物质如DNA、蛋白质和细菌等作为模板逐渐被应用于制备纳米粒子，并受到了广泛的关注。

生物质本身具有的纳米尺度、自组装能力以及可裁剪和修饰性为其作为模板合成特定的纳米结构材料提供了可能，此外生物质含有的多种有机官能团具有较高的化学反应活性，为多种金属纳米粒子的合成奠定了化学基础。1998年，Ben-Yoseph等[12]利用DNA的静电吸附和模板作用得到了由银纳米颗粒组装而成的银纳米线。John C.Chaput教授等[13]用缩氨酸修饰的单链M13病毒DNA纳米管作为模板，通过原位还原$AuCl_4^-$制备得到了尺寸均一的自组装金纳米粒子（见图4.4）。蛋白质含有丰富的羟基、氨基等功能基团，具有很强的、良好的骨架结构和识别作用，是一种优异的生物模板。Rosi等[14]将两亲的蛋白质组装成超分子的双螺旋结构同时以其为模板还原制备了金纳米颗粒，这是首次通过这种方式得到特殊的等离子体结构（见图4.5）。利用牛血清蛋白为模板，D.Raghavan[15]通过化学还原硝酸银得到了面心立方晶型的银纳米粒子。H.T. Chang等[16]也利用牛血清蛋白为模板制备合成了金纳米簇，并应用于对汞离子的检测。

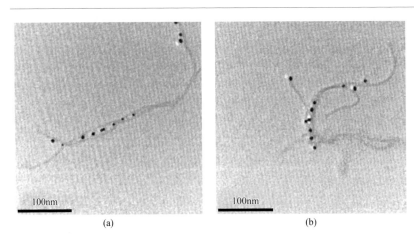

图4.4　缩氨酸修饰的DNA纳米管模板合成得到的金纳米粒子的透射电子显微照片

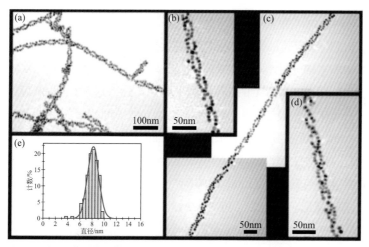

图4.5　金纳米颗粒双螺旋结构

　　作为纳米粒子合成模板，生物质材料主要起到模板诱导和稳定纳米粒子的作用。该方法的优势在于纳米材料的尺度精确可调，同时可以直接对纳米粒子进行组装得到一维或三维组装体，缺点是生物模板不易去除或去除后材料的结构易受到破坏。

4.2.2
非生物模板法合成零维纳米材料

　　非生物模板主要包括表面活性剂类小分子以及无机纳米材料等，其中表面活性剂又可以形成胶束、微乳液和囊泡等作为模板用于制备各类纳米材料。和生物模板相比，该类模板的种类更加丰富，制备过程更加简单。

　　表面活性剂是指具有固定的亲水亲油基团，在溶液的表面能定向排列，并能使表面张力显著下降的物质。表面活性剂在合成的溶剂条件下能够形成诸如微球、纳米管等具有胶束结构的软模板；同时在反应过程中表面活性剂还可以吸附在晶体的不同晶面上从而改变晶面的自由能，控制不同晶面的生长速率，达到控制形貌、尺寸和性质的作用。然而这类模板由于其不稳定性只在反应的某个过程中形成，往往难以在反应结束后通过一些表征手段研究其性质，只能通过产物的形貌以及一些相关的控制实验来推测其存在和性质。

根据化学结构的不同，表面活性剂又可以分为阳离子表面活性剂、阴离子表面活性剂和非离子表面活性剂。非离子表面活性剂是最常用的表面活性剂，主要为长链伯胺、聚氧乙烯、聚氧丙烯、聚氧乙烯嵌段醚共聚物和聚乙烯吡咯烷酮等。Jennifer Lu等[17]利用聚苯乙烯-*b*-聚-4-乙烯基吡啶和聚苯乙烯-*b*-聚-2-乙烯基吡啶嵌段共聚物溶液胶束为模板合成了Cu纳米颗粒（见图4.6），这种Cu纳米颗粒可用作碳纳米管生长的催化剂。聚乙烯吡咯烷酮（PVP）是一种非常典型的非离子表面活性剂，可用作模板制备贵金属纳米晶。Younan Xia等[18]采用多元醇法通过调节PVP与硝酸银的相对比例得到了不同形貌的Ag纳米颗粒和纳米线结构。在该反应过程中PVP通过对银某些晶面的取向吸附（{100}>{111}）来抑制Ag的晶面生长，达到控制纳米Ag形貌的目的（见图4.7）。

与PVP作用类似，早在1996年Mostafa A.EI-Sayed等[19]利用表面活性剂聚丙烯酸钠的软模板作用制备了铂立方体和四面体。除了直接吸附抑制晶面的作用，表面活性剂还可以形成胶束或微乳液作为模板来获得相应的纳米粒子，Dongsheng

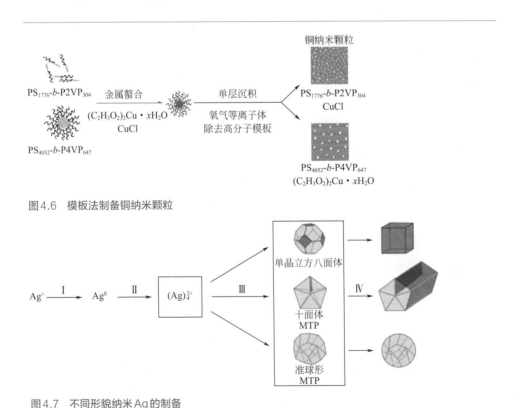

图4.6　模板法制备铜纳米颗粒

图4.7　不同形貌纳米Ag的制备

Xu等[20]利用十二烷基苯磺酸钠和月桂基羟基丙基磺基甜菜碱的混合模板合成了核壳结构的SiO_2，其原理如图4.8所示。首先将两种表面活性剂形成的胶束与纳米粒子混合，然后加入氨基硅烷通过静电作用吸附在胶束表面，最后加入正硅酸四乙酯通过溶胶-凝胶过程形成SiO_2壳层，该结构可作为微反应器应用于催化领域。

  不同于表面活性剂，无机纳米材料作为模板的原理主要是通过刻蚀或包覆作用来得到相应的纳米材料。该方法的优点在于制备过程简单、成分可调（形成合金结构），缺点是受到模板的限制，产物形貌不可精细调控，往往具有缺陷，表面粗糙。Younan Xia等[21,22]利用已有的Ag纳米立方体为模板通过电流取代反应制备得到了Au、Pt和Pd纳米多面体（见图4.9和图4.10）。Sang Woo Han[23]等利用Pd纳米晶为模板制备了中空结构Pd-Pt合金纳米晶，如图4.11所示。这种多孔的零维纳米晶在纳米催化方面具有广泛的应用前景。

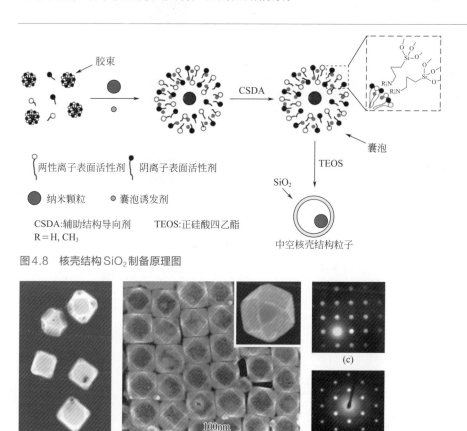

图4.8　核壳结构SiO_2制备原理图

图4.9　以Ag为模板制备的Au纳米晶多面体

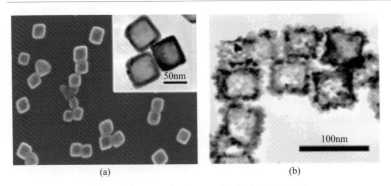

(a)   (b)

图4.10　以Ag为模板制备的Pd（a）和Pt（b）纳米晶多面体

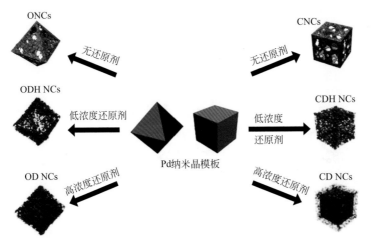

图4.11　以Pd纳米晶为模板制备Pd-Pt合金纳米晶

ONCs—八面体纳米笼；CNCs—立方体纳米笼；ODH NCs—枝状八面体空心纳米晶；CDH NCs—枝状立方体空心纳米晶；OD NCs—枝状八面体纳米晶；CD NCs—枝状立方体纳米晶

4.3
模板法合成一维纳米材料

　　模板法是合成一维纳米材料应用最为广泛的方法之一。目前模板法合成一维纳米材料所用模板大致分为三种，即有机模板[24,25]、多孔膜模板[26-29]和一维纳米结构模板（见图4.12）。模板法已成为合成一维纳米结构最直接、有效的方法，主

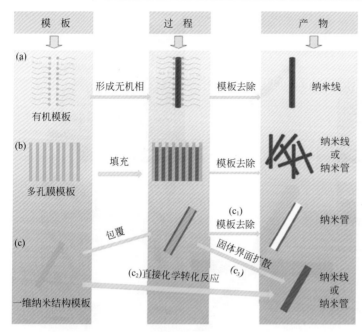

图4.12　模板法合成一维无机纳米材料的示意图

（a）有机模板（以圆柱形胶束为例）；（b）多孔膜模板（以AAO膜为例）；（c）一维纳米结构模板，（c_1）物理模板示意图，模板仅起到物理支撑作用，先被不同材料包覆形成核壳结构，再刻蚀模板，最终得到包覆材料的纳米管；（c_2）化学模板示意图，模板发生化学转化形成一维纳米结构；（c_3）物理-化学模板示意图，模板同时起到物理支撑和化学转化的作用

要包括三个步骤，即模板材料的准备；合成所需一维纳米结构；用适当方法移除模板，如化学腐蚀和煅烧等。

4.3.1
有机模板

　　有机模板在合成一维纳米材料中有广泛的应用，吸引了许多研究者的兴趣[30]，最常用的有机模板为一些表面活性剂。在特定溶剂中，当浓度达到临界值时，表面活性剂能自组装生成棒状胶束（或反胶束），这些棒状胶束和反胶束可作为合成一维无机纳米材料的模板［见图4.12（a）］，其中，最具代表性的例子可能是通过十六烷基三甲基溴化铵（CTAB）自组装所得胶束为模板合成的金纳米棒［见图4.13（a）］[31]。最近，Mann课题组采用柱状胶束和块状胶束为模板，合成了分段高分子与金属氧化物（TiO_2-聚合物）复合纳米线［见图4.13（b）］[32]。此外，Kijima

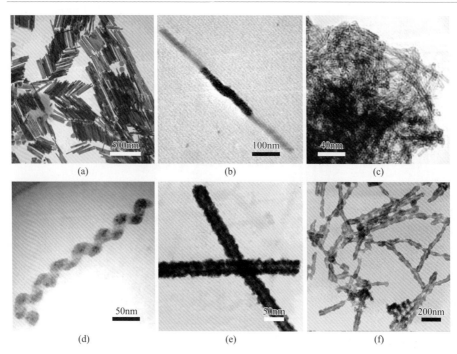

图4.13　通过不同有机模板合成出的一维纳米结构

（a）金纳米棒；（b）TiO₂-聚合物复合纳米线；（c）Pt纳米管；（d）CdS螺旋纳米线；（e）、（f）CdS-TMV和金属氧化物-TMV杂化纳米管

课题组也报道了一种由液晶模板法合成贵金属纳米管的方法，他们在两种不同链长表面活性剂存在的情况下还原金属盐，得到了非常均匀的铂、钯和银纳米管，这些纳米管内径为 3 ～ 4nm，外径为 6 ～ 7nm［Pt纳米管见图4.13（c）］[33]。Stupp课题组以螺旋式的超分子丝带结构为模板，得到硫化镉螺旋纳米线［见图4.13（d）］[34]。

　　除了上述的有机分子模板，生物材料如DNA、肽和病毒也可以用作合成一维纳米结构的模板。1998年，Braun等人率先通过在两个金电极间以DNA分子为模板沉积金属得到直径约200nm，长约12μm的银纳米线[12]。2003年，Deng和Mao通过一种简单的方法得到了有序金属纳米线，他们通过分子束拉伸和调整i-DNA分子让其平行或交叉，再将金属沉积在DNA分子上，通过化学沉积产生一维或二维交叉平行的金属纳米线阵列[35]。Gazit等人采用自组装肽纳米结构作为生物模板来合成金属纳米线，他们先通过短肽的自组装得到分散的刚性纳米管，然后，还原纳米管中的银离子，最后用肽酶将模板肽水解即得到银纳米管[36]。此外，他们用肽模板还得到了同轴金属纳米结构[37]。另一个很好的模板是烟草花叶病毒

（TMV），它由一个直径为18nm的圆筒和一个长4nm的空心体组成，具有独特的化学结构和很大的表面积。例如，Mann等人通过在烟草花叶病毒表面包覆硫化镉、硫化铅、铁氧化物、二氧化硅等，得到了一系列有机-无机复合纳米结构［见图4.13（e）和（f）］[38]。另外，他们还通过烟草花叶病毒的内部孔道，得到了直径只有几个纳米的Ni、Co、CoPt、FePt$_3$等纳米线[39,40]。

4.3.2
多孔膜模板

有很多多孔膜模板，如多孔阳极氧化铝膜（AAO）、聚碳酸酯膜（PCM）以及介孔硅等常被用作模板材料合成一维纳米结构。一般来说，这些多孔模具有直径从几个纳米到几个微米的均匀孔径。合成过程中，首先将用于合成的材料（或前驱体）填入到多孔膜模板孔道中，反应后移除模板即可得到所需的一维纳米结构［见图4.12（b）］。

和其他方法相比，AAO（或PCM）模板诱导法具有明显优势。首先，该方法适用的材料涵盖范围广，包括碳[41]、金属[42]、氧化物[43]、半导体[44]、聚合物等[42]。其次，这种模板诱导法很容易与其他合成技术相结合，比如电化学沉积[45]、化学沉积[46]、溶胶-凝胶沉积[43]、化学气相沉积法（CVD）[40]、原子层沉积（ALD）等[47]。此外，可通过不同操作选择性合成纳米线和纳米管，为了让目标材料沉积在多孔膜的孔壁上，往往需要先对孔壁进行化学修饰[26]。相对于其他方法，AAO（或者PCM）模板还为合成复杂一维纳米结构提供了一个很好的环境，这些模板允许改变一维组成的轴向和径向纳米结构，这样，可以得到多层核壳复合一维纳米结构[47]。最后，排列有序的纳米线和纳米管阵列可以在基板上直接生长，这不仅简化了块材传导方面的测量，而且实现了某些特殊应用，比如氢气传感[48]、物质分离[49]、选择性离子输运等[50]。然而AAO（或PCM）模板法的主要缺点是无法大规模生产，因为这些模板通常为很小的膜状结构，且只能在孔洞中二维生长，不能工业化大规模生产。此外，所得一维纳米结构的长度和直径取决于所用多孔膜的厚度和孔径。因此，所得的一维纳米结构直径往往大于20nm，长径比往往小于1000，此外，通过多孔膜模板法合成出的一维纳米结构往往是多晶结构，也有少量单晶结构的报道[51]。

除了上述多孔膜模板外，介孔二氧化硅也具有直径在2～10nm的一维孔洞，可用作合成一维纳米结构的模板[52]。截至目前，像贵金属[53]、半导体[54]、金属氧化物[55]、氮化物[56]等的纳米结构已经通过该模板法合成出。但是介孔二氧化硅模板法的主要问题是获得的一维纳米材料结晶性较差，长径比较低。

4.3.3
用已有的一维纳米结构作模板

与其他方式相比，以纳米线、纳米棒、纳米管等为模板合成一维纳米结构的方法具有明显优势，这种方法可增加所得一维纳米结构成分和形态的多样性和复杂性。实际应用中，所用一维模板可分为物理模板和化学模板两大类。在早期的研究中，这种一维模板常被用作外延基底或物理支架，被不同材料包覆后形成一维核壳结构，再通过蚀刻法选择性除去内核模板 [图4.12（c_1）]。后来，这种一维模板不仅起到物理支架作用，而且能和其他物质发生反应，以形成所需一维纳米结构 [图4.12（c_2）]。实际上，许多一维模板同时具备物理和化学模板作用，如图4.12（c_3）所示，在一维模板上包覆不同材料并发生反应，通过控制反应过程，最终得到不同的一维纳米结构产物。

4.3.3.1
物理模板

（1）外延生长

物理模板法中，单晶的纳米线或纳米带可用作其他材料外延生长的模板，所形成的一维纳米核壳结构具有明显的结构和组分界面。例如，Lieber课题组通过物理外延生长合成了核壳、一核多壳纳米结构[57]。合成过程中，他们首先通过金纳米粒子催化的气-液-固生长过程合成了结晶Si（i-Si）模板，然后，通过改变反应气氛的成分，将p-Si和Ge通过化学气相沉积法均匀沉积在i-Si模板表面 [见图4.14（a）]。用相同方法，他们合成了Ge/Si核壳结构纳米线，还通过改变反应物组分合成了Si-Ge-Si多壳层的纳米结构。同时，Yang课题组在SnO_2基板上通过激光蚀刻外延生长技术合成了TiO_2和$Co_{0.05}Ti_{0.95}O_2$薄膜[58]，得到一种界面光滑、有良好延展性的各向异性双层胶带状一维纳米结构 [见图4.14（b）]。

在另一项研究中，通过对氧化硅、硫化锌、氧化硅、硒化锌混合粉末热蒸发制备了横向Si-ZnS、Si-ZnSe双轴纳米线和夹心状ZnS-Si-ZnS三轴纳米线[58]。在该过程中，研究者首先通过氧化硅的热蒸发制备得到硅纳米线，然后将其作为模板材料，热蒸发于硫化锌、硒化锌粉末外延生长制备了ZnS、ZnSe纳米线。TEM照片［见图4.14（c）］显示了横向Si-ZnS双轴纳米线衬度变化对比，图4.14（d）中的横截面TEM照片进一步显示了Si-ZnS双轴纳米线与上述几种核壳结构纳米线完全不同的横向几何特征，高分辨透射电镜（HRTEM）照片和电子散射照片显示了其均一的结构以及Si和ZnS之间良好的外延关系［见图4.14（e）］，与Si/ZnS、Si/ZnSe复合结构类似，该课题组还通过类似的热蒸发过程合成了横向一维ZnO/Ge纳米结构[59]。

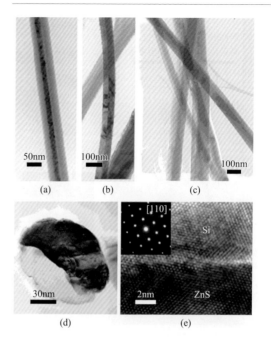

图4.14 （a）由晶态Si（i-Si）核和非晶态Si（p-Si）壳组成的Si-Si复合核壳纳米结构的TEM照片；（b）TiO$_2$@SnO$_2$纳米带的TEM照片；（c）~（e）Si-ZnS双轴纳米线的低倍TEM照片、截面TEM照片和HRTEM照片，（e）中插图为Si[110]轴、ZnS[110]轴电子衍射花样

除了上述核壳结构和横向一维复合纳米结构外，通过外延生长还可得到单晶纳米管。Yang课题组首次以纤锌矿氧化锌纳米线阵列作为物理外延生长模板合成了GaN单晶纳米管[17,60]，图4.15（a）所示为GaN单晶纳米管的制备过程示意图。该小组首次通过气相沉积法在蓝宝石（110）晶面上长出ZnO单晶纳米线，然后在ZnO纳米线表面用三甲基镓和氨作前驱体均匀沉积一层GaN。由于GaN和ZnO具有相同的晶体结构和相近的晶格常数（ZnO：a=3.249Å，c=5.207Å；GaN：a=3.189Å，c=5.185Å；1Å=10^{-10}m），因此，GaN可在ZnO纳米线[61]面上均匀外延生长将其包覆。随后，通过化学腐蚀或者高温下热还原将ZnO纳米线模板移除，即得到GaN单晶纳米管［见图4.15（b）］。受上述工作启发，Hu等人用ZnS作模板，通过CVD过程合成了Si单晶纳米管［见图4.15（c）］[62]。此外，上述外延模板法还被用于金属氧化物单晶纳米管的制备。

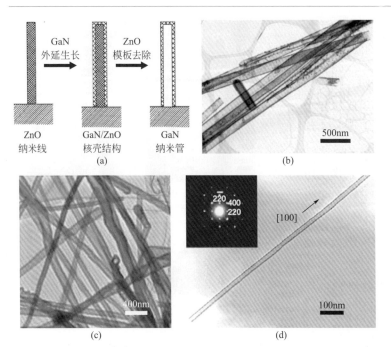

图4.15 （a）通过外延生长法合成的GaN单晶纳米管；（b）GaN单晶纳米管的TEM照片；
（c）Si单晶纳米管TEM照片；（d）Fe$_3$O$_4$单晶纳米管的TEM照片，插图为相应的ED照片

例如，Zhou等人通过三个步骤合成了Fe$_3$O$_4$单晶纳米管[63]，首先在Si/SiO$_2$基板生长MgO纳米线阵列，而后通过脉冲激光沉积技术将Fe$_3$O$_4$沉积包覆到MgO纳米线模板上，得到MgO/Fe$_3$O$_4$核壳一维纳米结构［见图4.15（d）］。

这些研究表明，外延包覆确实是制备高质量复合单晶纳米线、纳米管的好方法。然而，这需要目标材料和模板之间存在特殊的外延关系，因此，用该方法合成单晶纳米结构的报道还不是很多。事实上，大多数物理模板仅仅是起到支架的作用，其他材料在液相或气相中沉积包覆其上，形成一维核壳纳米结构，选择性移除模板即得到所需一维纳米结构。

（2）非外延生长

一维碳纳米管是一种合成其他一维纳米材料的物理模板的很好的模板[64]。Rao课题组率先在碳纳米管上通过溶胶-凝胶沉积，并用灼烧法除去碳纳米管，得到立方氧化锆纳米管[65]，通过同样的方法，还合成出了SiO$_2$、Al$_2$O$_3$、V$_2$O$_5$、MoO$_3$、TiO$_2$等氧化物纳米管[66,67]。Yang课题组通过在碳纳米管模板上逐层组装然后煅烧，合成了直径为20～60nm的氧化铟（In$_2$O$_3$）纳米管［见图4.16（a）］[68]；

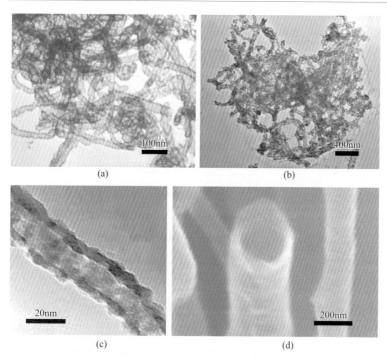

图4.16　以CNTs为模板，通过不同方法合成出的金属氧化物纳米管的TEM和SEM照片

（a）In$_2$O$_3$纳米管；（b）Co$_3$O$_4$纳米管；（c）α-Fe$_2$O$_3$纳米管；（d）TiO$_2$纳米管阵列

随后，通过这种方法还合成了如NiO、SnO$_2$、Fe$_2$O$_3$、CuO等氧化物纳米管。而且，上述小组还通过碳纳米管作模板，Co$_4$(CO)$_{12}$作前驱体，合成出了Co$_3$O$_4$纳米管［见图4.16（b）］[69]。此外，Liu和他的同事用碳纳米管作模板，通过CO$_2$超临界化学沉积法，合成出了α-Fe$_2$O$_3$［见图4.16（c）］和Cr$_2$O$_3$纳米管[70,71]。Dai等人发现，垂直排列的碳纳米管（VACNTs）还可用作制备有序纳米管的可移除模板[72]，实验中，他们以VACNTs为模板，通过电泳在其上包覆TiO$_2$来合成同轴TiO$_2$纳米线薄膜，之后，通过空气中高温氧化除去碳纳米管模板得到TiO$_2$纳米管阵列［见图4.16（d）］。上述所有过程都需要在适当的溶剂中完成。以碳纳米管为模板合成一维纳米结构还可以在气相中完成，比如，Zhu等人用碳纳米管为模板，通过原子层沉积在300℃下合成了Al$_2$O$_3$纳米管[73]。

碳纳米纤维也被用作合成氧化物纳米管的物理模板，Ogihara等人以碳纳米纤维为可移除模板，通过溶胶-凝胶技术，合成出了一系列的氧化物纳米管[74,75]。此外，将碳纤维浸入金属硝酸盐中并在空气中加热除去碳纤维，可制备得到一系列过渡金属氧化物纳米管，包括Fe_2O_3、Co_3O_4、NiO、$LaMnO_3$、$NiFe_2O_4$等[76]。

　　碳纳米管或碳纤维用作物理模板前，通常需要预先在酸溶液中处理，使其表面形成羟基、羧基等能和金属离子产生静电作用的基团[77]。最近，俞书宏课题组通过使用高活性碳纤维作模板，找到了合成一系列氧化物纳米管的一般方法[77]，该方法通过水热碳化过程产生碳纤维使其具有大量高活性的羟基和羧基等功能团［见图4.17（a）］[78,79]，因此，上述碳纤维作模板不需要预先酸处理。合成过程中，将上述碳纤维分散至金属盐溶液中，碳纤维表面的那些活性基团会通过配位或静电作用与金属离子结合；然后加入3%的氨溶液，模板表面会形成一层均匀的氢氧化物；最后，在空气中550℃煅烧后即可得到一系列的金属氧化物纳米管，包括单一金属氧化物（TiO_2、SnO_2、Fe_2O_3、ZrO_2）、复合物（SnO_2@Fe_2O_3）以及二元金属氧化物（$BaTiO_3$）纳米管［见图4.17（b）～（f）］。

　　除了碳纳米管和碳纤维，其他一些已经合成出的一维纳米结构也可用作类似的物理模板，和不同物质反应得到不同一维纳米结构。2001年，Murphy等人通过表面活性剂模板制备了金纳米棒，并在金纳米棒上直接包覆SiO_2得到了Au/SiO_2纳米电缆[80]，通过氰化物处理，选择性除去金模板，得到了二氧化硅纳米管。Xia课题组直接在银纳米线上通过凝胶溶胶沉积SiO_2得到了类似的Ag/SiO_2电缆[81]。

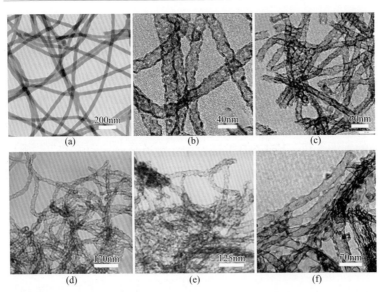

图4.17 （a）碳纤维模板的TEM照片。（b）～（f）以高活性碳纤维为模板合成出的一系列金属氧化物纳米管：（b）TiO_2；（c）SnO_2；（d）Fe_2O_3；（e）SnO_2@Fe_2O_3；（f）$BaTiO_3$

最近，将物理模板法与化学气相沉积相结合来合成一维复合以及空心纳米结构已成为新的研究热点。例如，Li和Wang等在一定条件下将CdSe粉末热蒸发合成了Si/CdSe核壳纳米结构[82]，在该过程中，首先在硅的基板上通过氧化辅助机制得到硅纳米线，并将其用作生长CdSe的模板，得到了Si/CdSe核壳纳米结构［见图4.18（a）］。Pan等人也做了类似的实验，将CdSe和CdS混合粉末热蒸发，得到了Si/CdSe纳米结构[83]，这种核壳结构的组成和带隙可以连续调整，使其在可见光区可控发光。此外，以ZnO为可移除模板，通过ALD和等离子体化学气相沉积技术还分别合成了Al_2O_3和SiC纳米管［见图4.18（b）、（c）][84,85]。将SiO_2纳米线在Ta的气氛中于950℃下退火，然后化学腐蚀除去SiO_2核，制得了Ta_2O_5纳米管［见图4.18（d）][86]。

另一个有趣的例子是氮化硼中空纳米带的合成[87]。在该过程中，使用ZnS纳米带作模板，在1220℃高温下氮化硼均匀地生长包覆在ZnS纳米带上，得到了ZnS/BN核壳结构，随后升温至1350℃移除ZnS模板，便得到了BN中空纳米带［见图4.19（a）、（b）］。通过该方法还合成出了BCN中空纳米带结构。最近，研究者通过一种类似的模板诱导化学气相沉积法，合成出了只有几层的、形貌可控

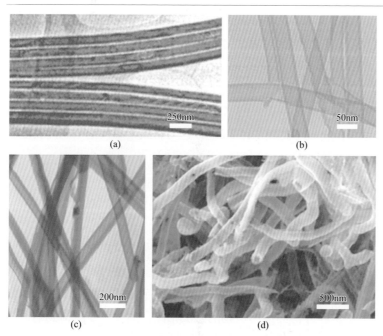

图4.18 （a）Si/CdSe核壳纳米结构的TEM照；（b）Al_2O_3纳米管的TEM照片；（c）SiC纳米管的TEM照片；（d）Ta_2O_5纳米管的SEM照片

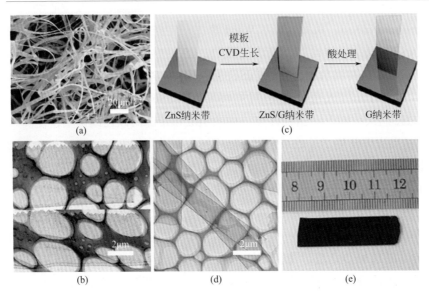

图4.19 （a）、（b）BN中空纳米带的SEM和TEM照片；（c）通过模板诱导法合成的石墨烯纳米带；（d）石墨烯纳米带的TEM照片；（e）生长在Si基板上的石墨烯纳米带

的石墨烯纳米带[88]。图4.19（c）为硅基板上化学气相沉积大规模合成石墨烯纳米带的示意图。该过程以CH_4为碳源，通过化学气相沉积，在ZnS纳米带表面形成均匀的层状石墨烯，用HCl处理除去ZnS核后，中空石墨烯纳米带结构因π-π键作用而形成带状结构［见图4.19（d）］。制备所得的石墨烯带状纳米结构长度均匀、形貌良好，且可以通过控制ZnS模板来控制其长度和形貌，并且这种均匀的石墨烯带状结构可在Si基板上合成［见图4.19（e）］，这为将来大规模生产可控长度和形貌的石墨烯纳米带提供了可能。

4.3.3.2
化学模板

化学模板法中，目标材料往往在模板表面生长并和模板保持一致的形状，同时，模板材料被不断地消耗，最终只剩下目标材料结构。上述过程让该方法具有几个明显的优势：首先，过程中模板不需要移除，简化了合成步骤；其次，和其他经过移除模板等多个步骤才得到最终产物的方法相比，通过一步就得到的产物纯度更高；再次，该方法中大多数反应在常温下在溶液中即可完成；最后，该方法为大规模生产提供了可能。

（1）单质转化为化合物

碳纳米管不仅可用作合成金属氧化物纳米管的物理模板，还能用作合成一维金属碳化物或氮化物纳米结构的化学模板。上述概念由Lieber课题组首先提出，他们通过挥发性氧化物和卤化物与碳纳米管反应获得一系列的高结晶度的金属碳化物纳米棒，包括TiC、NbC、Fe_3C、SiC、BC_x等[89]。Fan等人用碳纳米管作为可自移除模板，与Ga_2O蒸气和氨气混合物反应，制得了GaN纳米棒[90]。Li等人在较低温度下通过非常简单的方法合成出了碳化物纳米纤维，试验中，碳纳米管和纯净的过渡金属在熔融LiCl-KCl-KF介质中进行反应[91]。

合成一维纳米结构的另一种常用方法是将单质纳米线氧化成氧化物纳米管。Yang课题组通过对硅纳米线进行热氧化处理，再用化学浸泡法除去硅核，得到SiO_2纳米管阵列[92]。其他一些课题组也通过氧化相应的单质纳米线得到金属氧化物纳米管，如ZnO[61,93,94]、CuO[95]、Co_3O_4[61]等。此外，通过硫化或硒化Cd、Ag和Zn纳米线，可以得到相应的一维CdS[61,96]、Ag_2Se[97]和ZnS[61]空心纳米结构。俞书宏课题组也通过以硫脲为硫源、硫化Cu纳米线［见图4.20（a）］得到了空心CuS纳米管［见图4.20（b）、（c）］[98]。

Se和Te晶体由于沿c轴方向的各向异性，可自发形成线状或管状一维纳米结构，这些一维纳米结构被广泛用作制备一维硒化物和碲化物的化学模板。Xia课题组发现，三方Se晶体常温下和$AgNO_3$溶液反应可得到单晶Ag_2Se纳米线[99]，通过类似的方法，他们还合成出了CdSe、$RuSe_2$和$Pd_{17}Se_{15}$等纳米管[100,101]。通过以Te纳米线或纳米棒为模板，还合成了CoTe[102]、PbTe[103]和Bi_2Te_3[104]等一维纳米结构。最近，俞书宏课题组用超细Te纳米线作模板，通过水热法在较低温度下合成了均匀的碲化物纳米线[105]。该过程首先通过聚合物辅助合成了高反应活性的超

(a)   (b)   (c)

图4.20 （a）可用作化学模板来合成CuS纳米管的Cu纳米线的TEM照片；（b）、（c）空心CuS纳米管的TEM和SEM照片

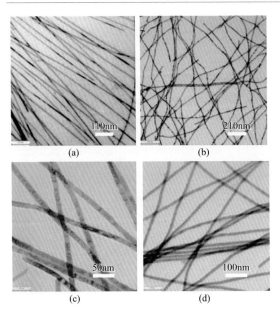

图4.21 （a）Te纳米线模板的TEM照片；（b）CdTe纳米线的TEM照片；（c）PbTe纳米线的TEM照片；（d）Ag₂Te纳米线的TEM照片

细Te纳米线模板［见图4.21（a）］[106]，这种Te纳米线可均匀分散在水、乙醇或者乙二醇（EG）中[78]。随后，Te纳米线和$CdCl_2$在$N_2H_4 \cdot H_2O$和$NH_3 \cdot H_2O$混合水溶液中反应生成了CdTe纳米线，所得纳米线的长径比约为1000，平均直径为12nm［见图4.21（b）］。通过这种方法，还可以合成直径均匀且具有高长径比的PbTe和Ag₂Te纳米线［见图4.21（c）、（d）］。

（2）由一种化合物转化为另一种化合物

这种方式里最好的一个例子就是将Ga_2O纳米管通过两个可控步骤转化为GaN纳米管[107]。研究者首先将Ga_2O_3和C在1250℃下进行反应，通过气-固生长机理，得到非晶态的Ga_2O纳米管［见图4.22（a）］；然后再将温度升高到1400℃，使Ga_2O与NH_3反应生成GaN纳米管［见图4.22（b）］，总的反应方程式如下：

$$Ga_2O（纳米管）+2NH_3 \longrightarrow 2GaN（纳米管）+H_2O+2H_2 \qquad (4.1)$$

该课题组还以Al_4O_4C纳米线为模板合成了单晶α-Al_2O_3纳米管［见图4.22（c）］[108]。研究者还可以通过常温下的牺牲模板法，得到Ag_2SiO_3/SiO_2复合纳米管[109]。具体过程是先通过水热法合成直径在50～60nm的$Ag_6Mo_{10}O_{33}$纳米线[110]，在上述纳米线悬浊液中加入正硅酸乙酯，便可得到Ag_2SiO_3/SiO_2复合纳米管结构［见图4.22（d）］。

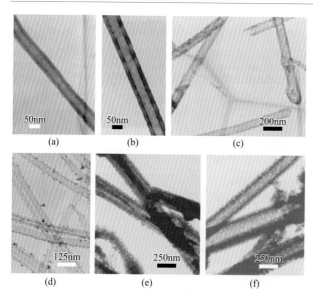

图4.22 （a）、（b）Ga₂O纳米管模板和所得的GaN纳米管的TEM照片；（c）单晶α-Al₂O₃纳米管的TEM照片；（d）Ag₂SiO₃/SiO₂复合纳米管的TEM照片；（e）、（f）ZnO/ZnS核/壳纳米结构和中空ZnS纳米管的TEM照片

将ZnO纳米带在液相中硫化得到ZnS纳米管是这种化合物转化模式的另一个例子[111]。该合成分几步进行，首先通过固-气过程得到ZnO纳米带，然后将其超声分散到乙醇中得到悬浊液，再往悬浊液中通入饱和H₂S水溶液，反应得到了ZnO/ZnS核壳纳米结构和中空ZnS纳米管［见图4.22（e）、（f）］，该化学反应方程式为：

$$ZnO+H_2O+H_2S \longrightarrow ZnS+2H_2O \qquad (4.2)$$

由于一些金属氢氧化物纳米线合成过程较为简单，因此被广泛用作模板合成一维金属氧化物、硫化物纳米结构。例如，Li等人通过水热法合成Cd(OH)₂纳米线，并让其与硫代乙酰胺（TTA）反应，制备了CdS纳米管[112]。此外，Shim等人通过Se纳米线和Cd(OH)₂纳米线在常温下反应，得到了CdSe纳米管，所得CdSe纳米管的直径可通过控制Cd(OH)₂纳米线模板的尺寸而控制在20～60nm内[113]。通过类似的模板过程，研究者还合成出了CdO纳米线[114,115]。

（3）通过置换反应合成一维贵金属纳米结构

贵金属盐前驱体可与相对更活泼的金属模板发生取代反应，从而得到一维贵金属纳米结构，这也是一种常用的应用模板合成设计结构的方法。Yang课题组报道，以LiMo$_3$Se$_3$为化学模板和还原剂，首次通过简单的氧化还原反应合成了Au、Ag、Pt和Pd纳米线[116]。此外，Xia课题组以Ag纳米线为模板，通过置换反应，合成出了空心金属纳米管[117]。首先通过多元醇法合成了截面为五边形的Ag纳米线，再将煮沸的Ag纳米线悬浊液与HAuCl$_4$溶液混合，Ag纳米线表面很快被氧化

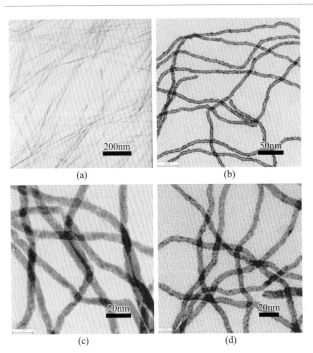

(a) 　　　　　　　(b)

(c) 　　　　　　　(d)

图4.23 （a）Te纳米线模板；（b）中空Pt纳米管；（c）实心Pd纳米线；（d）实心Pt纳米线［由PtCl$_2$(NH$_3$)$_2$作Pt源］的TEM照片

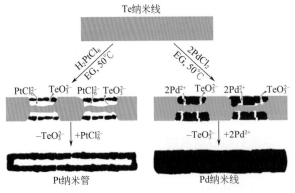

图4.24 模板诱导法合成Pt纳米管和Pd纳米线的示意图

成Ag^+，并在其表面生成Au纳米壳：

$$3Ag（纳米线）+AuCl_4^- \longrightarrow Au（纳米壳）+3Ag^++4Cl^- \qquad (4.3)$$

根据上述化学方程式的计量关系，生成一个金原子就会消耗三个银原子，由此，当Ag模板被完全消耗后，得到Au纳米管。以Ag纳米线为化学模板，还可以制备Pt和Pd的纳米管。随后，同一课题组以单晶Se一维纳米结构为模板，通过乙醇辅助过程，合成了Pt纳米管，该纳米管的壁厚可通过反应时间来控制[118]。

最近，研究者以高活性超细Te纳米线作为还原剂和化学模板，在乙二醇中进行置换反应，得到了直径只有几个纳米，长径比约为10000的超细Pt纳米管、Pt纳米线和Pd纳米线[119]。图4.23（a）为Te纳米线模板的TEM照片，将Te纳米线分散至乙二醇中，加入H_2PtCl_6，在60℃下反应可得到中空Pt纳米管［见图4.23（b）］。然而，以$PdCl_2$为前驱体进行反应，却得到了实心Pd纳米线，而不是空心的Pd纳米管［见图4.23（c）］。Te纳米线与Pt^{4+}或Pd^{2+}反应形成Pt纳米管和Pd纳米线的化学反应方程式为：

$$PtCl_6^{2-}+Te+3H_2O \longrightarrow Pt+TeO_3^{2-}+6Cl^-+6H^+ \qquad (4.4)$$
$$2PdCl_2+Te+3H_2O \longrightarrow 2Pd+TeO_3^{2-}+4Cl^-+6H^+ \qquad (4.5)$$

根据上述方程式，Te纳米线和金属（Pt或Pd）的摩尔比由金属盐离子的价态决定，该摩尔比决定了合成产物中Pt或Pd一维纳米结构的形貌，如果用Pt^{2+}［如$PtCl_2(NH_3)_2$］代替H_2PtCl_6，同样可以得到实心Pt纳米线［见图4.23（d）］。模板诱导法合成Pt纳米管和Pd纳米线的示意图见图4.24。

4.3.3.3
物理和化学模板

模板诱导合成过程中，部分一维模板材料同时起到物理模板和化学模板的作用。该过程一般分几个步骤，第一步通过气相或液相沉积技术及模板诱导包覆过程合成出一维核壳纳米结构，然后在一定条件下，通过核壳间的界面扩散反应，形成新的一维纳米结构。根据界面扩散反应类型的不同，可得到空心管状或实心线状纳米结构（见图4.25）。

（1）Kirkendall型扩散反应

Kirkendall效应是冶金中的一个经典现象，指两种扩散速率不同的金属在扩散过程中会形成缺陷，并形成较大的孔洞。自Alivisatos课题组率先通过Kirkendall效应制备了空心钴氧化物和硫化物纳米结构后[120]，Kirkendall效应被广泛用于合成金属空心纳米结构[121]。例如，Fan等人报道了通过Kirkendall型界面扩散反应

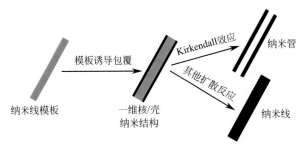

图4.25　两种不同类型的界面扩散反应

制备得到单晶$ZnAl_2O_4$纳米管[122]。首先在Au纳米颗粒催化下，通过气-液-固机制合成单晶ZnO纳米线，然后通过ALD技术将很薄的一层Al_2O_3包覆在ZnO纳米线上，得到ZnO/Al_2O_3核壳结构［见图4.26（a）］。将得到的核壳结构加热至700℃退火处理，让ZnO核与Al_2O_3壳发生固相界面反应。由于该核壳纳米结构的核通过$ZnAl_2O_4$层向外扩散的速率大于壳材料向内扩散的速率，形成了一个典型的Kirkendall界面扩散，致使最终形成了空心$ZnAl_2O_4$纳米管［见图4.26（b）］。最近，Wang等人对$Fe_2(MoO_4)_3$体系做了相似的研究[123]，他们通过液相沉积技术合成了$MoO_3/Fe(OH)_3$核壳纳米结构，然后经高温处理可发生Kirkendall型界面扩散反应，最终得到单斜$Fe_2(MoO_4)_3$纳米管［见图4.26（c）］。此外，还有很多其他基于Kirkendall效应的例子，如Cui课题组报道的$CuInCdSe_2S$纳米管结构[124]，其合成过程非常简单，在60℃下通过化学液相沉积技术将CdS均匀地包覆到$CuInSe_2$纳米线表面，利用扩散和Kirkendall效应，最终演化形成$CuInCdSe_2S$纳米管结构。

（2）其他扩散反应

除了上述的Kirkendall型扩散外，相互扩散、单向内扩散等其他类型的扩散现象也能在一维纳米体系中发生，需要说明的是通过上述过程并不能直接合成空心纳米管。例如，Lieber课题组报道，将Si/Ni核壳纳米结构在500℃下退火处理，得到的是实心的NiSi纳米线，而不是空心的纳米管，原因可能是Ni壳扩散速率比Si核快[125]。此外Fan等人报道了MgO核和Al_2O_3壳间的固态界面扩散反应[126]，因为Mg^{2+}和Al^{3+}的扩散速率相当，便得到了实心$MgO/MgAl_2O_4$核壳纳米结构［见图4.26（d）］，最后在$(NH_4)_2SO_4$溶液中将MgO核选择性溶解，得到了$MgAl_2O_4$尖晶石纳米管［见图4.26（e）］。这种固相界面扩散反应还被用于合成一些复合氧化物纳米线，如Zn_2TiO_4、$ZnGa_2O_4$等[127,128]。

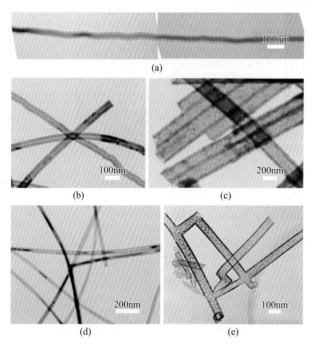

图4.26 （a）、（b）ZnO/Al₂O₃核壳纳米结构和空心ZnAl₂O₄纳米管的TEM照片；（c）单斜 Fe₂(MoO₄)₃纳米管的TEM照片；（d）、（e）MgO/MgAl₂O₄核壳纳米结构和MgAl₂O₄尖晶石纳米管的TEM照片

$$\underline{4.4}$$

模板法合成二维纳米材料

二维纳米片是指在厚度方向上处于纳米尺度的材料。单层石墨烯是一种典型的二维纳米材料，由二维蜂窝状晶格紧密堆积组成的扁平单层碳原子组成，其中碳原子以六元环形式周期性排列于石墨烯平面内。随着石墨烯研究的深入，类石墨烯的二维材料也引起了国内外科研工作者的广泛关注。多种合成方法被用来制备二维纳米材料，如化学剥离法、物理超声剥离法、化学气相沉积法、水热法、油相合成法、水解法等。除此之外，模板法也是一种限制层间生长、制备纳米材料的有效方法。

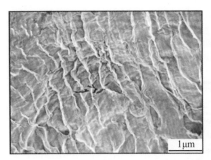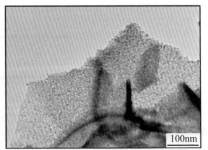

图4.27　利用植物膜模板法合成二维超薄纳米片

4.4.1
生物模板法合成二维纳米材料

目前，利用生物组织中的分级多层多孔结构，如鸡蛋膜、细菌表面的S-层、蝶翼和硅藻的外壳，来制备超薄二维纳米片的方法已经比较成熟。利用仿生技术，将具有分级多孔结构的生物材料与无机功能材料相结合，能获得性能优异的多孔仿生材料，且规避了传统方法的弊端。最近 Wang 等人[129]利用预先用盐酸浸泡处理过的山茶花花瓣为生物模板，在硝酸铈溶液中浸泡48h后取出清洗干燥，然后放入马弗炉中高温煅烧除去生物模板，制备得到了 CeO_2 纳米超薄片（见图4.27）。这种超薄片复制了花瓣表皮中适于集光的微纳米结构，因而具有更高的光催化性能。

4.4.2
非生物模板法合成二维纳米材料

当然也可以用一种事先获得的纳米片作为牺牲模板，使其作为反应物参与反应，再对其进行刻蚀处理，以得到保留模板形貌的二维纳米片产物。2015年 Mirkin[130]等人首先根据 Jones[131]之前报道的方法，利用 DNA 调控 Au 纳米晶体的生长，然后进行离心分离，得到了较为纯净的三角形 Au 纳米薄片。随后，在表面活性剂 CTAB 的存在下，用 $HAuCl_4$ 对三角形 Au 纳米薄片进行刻蚀，不断地将三角形薄片转变为圆形薄片。这种模板法的灵活运用可以得到单纯的水热合成无法制备的具有圆润边缘的二维 Au 纳米薄片（见图4.28）。

Xia[132]曾经报道了 Ag 溶胶种子在表面活性剂 PVP 的存在下控制生长成 Ag 纳米薄片的方法。其具体过程为在柠檬酸盐和 PVP 的存在下，用硼氢化钠快速还原

$AgNO_3$得到小尺寸的Ag纳米溶胶，然后该纳米溶胶在自然光照条件下加热回流，10h后即可得到三角形的Ag纳米薄片（见图4.29）。这个方法可以得到进一步的改进[133]：在柠檬酸盐和PVP的存在下，加入少量H_2O_2即可一步直接制备出Ag纳米薄片，无需后面长时间的加热回流。这里利用了H_2O_2会氧化腐蚀Ag纳米颗粒和纳米棒，但不会对二维Ag纳米片产生影响的特性，来达到控制Ag纳米片生长的目的。

新加坡南洋理工大学的Y. Yan[134]等将硫钼酸铵分散到N,N-二甲基甲酰胺（DMF）与水的混合溶液中，超声30min后转移到水热反应釜中，在210℃的温度下反应18h，利用溶剂热法制备出了超薄的二硫化钼纳米片。纳米片分散性良好，形貌如图4.30所示。

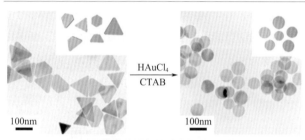

图4.28　三角形Au纳米片被刻蚀成为圆形Au纳米片

图4.29　Ag纳米片的控制生长

（a）有加热回流；（b）无加热回流

图4.30　溶剂热法制备超薄二硫化钼纳米片

4.5
本章小结

　　本章总结了模板法制备纳米材料的基本原理和一般分类。虽然模板合成不是新技术，但随着其持续的发展，它们能制备出大量的功能纳米材料。本章侧重阐述模板法在制备不同维度纳米材料过程中的独特之处，给出典型的实例。毫无疑问，除了利用模板法合成纳米材料以外，在利用微纳构筑单元制造宏观结构的过程中，模板组装技术将会发挥至关重要的作用，由于篇幅有限未能详述。同时，模板法作为一种制备纳米材料的重要方法，可以和其他合成制备技术进行有效的结合，比如模板法和水热/溶剂热法的复合，与微波合成法的结合等。

参考文献

[1] Penner RM, Martin CR. J Electrochem Soc, 1986, 133: 2206.

[2] Kresge CT, Leonowicz ME, Roth WJ, Vartuli JC, Beck JS. Nature, 1992, 359: 710.

[3] Zhang L, Wan M. Adv Funct Mater, 2003, 13: 815.

[4] Martin CR. Science, 1994, 266: 1961.

[5] Lee W, Ji R, Gosele U, Nielsch K. Nat Mater, 2006, 5: 741.

[6] Knox JH, Unger KK, Mueller H. J Liq Chromatogr, 1983, 6: 1.

[7] Hu YX, Ge JP, Yin YD. Chem Commun, 2009, 914.

[8] Qian HS, Yu SH, Luo LB, Gong JY, Fei LF, Liu XM. Chem Mater, 2006, 18: 2102.

[9] Liu JW, Xu J, Liang HW, Wang K, Yu SH. Angew Chem Int Ed, 2012, 51: 7420.

[10] Kubo R. J Phys Soc Japan, 1962, 17: 975.

[11] Diez I, Ras RH. Nanoscale, 2011, 3: 1963.

[12] Braun E, Eichen Y, Sivan U, Ben-Yoseph G. Nature, 1998, 391: 775.

[13] Stearns LA, Chhabra R, Sharma J, Liu Y, Petuskey WT, Yan H, Chaput JC. Angew Chem Int Ed, 2009, 48: 8494.

[14] Chen CL, Zhang P, Rosi NL. J Am Chem Soc, 2008, 130: 13555.

[15] Gebregeorgis A, Bhan C, Wilson O, Raghavan D. J Colloid Interf Sci, 2013, 389: 31.

[16] Chen PC, Chiang CK, Chang HT. J Nanoparticle Res, 2012, 15: 1336.

[17] Liu Y, Lor C, Fu Q, Pan D, Ding L, Liu J, Lu J. J Phys Chem C, 2010, 114: 5767.

[18] Wiley B, Sun Y, Mayers B, Xia Y. Chemistry, 2005, 11: 454.

[19] Ahmadi TS, Wang ZL, Green TC, Henglein A, El-Sayed MA. Science, 1996, 272: 1924.

[20] Wu XJ, Xu D. Adv Mater, 2010, 22: 1516.

[21] Sun Y, Xia Y. Science, 2002, 298: 2176.

[22] Chen J, Wiley B, McLellan J, Xiong Y, Li ZY, Xia Y. Nano Lett, 2005, 5: 2058.

[23] Hong JW, Kang SW, Choi BS, Kim D, Lee SB, Han SW. ACS Nano, 2012, 6: 2410.

[24] Zhou Y, Shimizu T. Chem Mater, 2008, 20: 625.

[25] Llusar M, Sanchez C. Chem Mater, 2008, 20: 782.

[26] Steinhart M, Wehrspohn RB, Gosele U, Wendorff JH. Angew Chem Int Ed, 2004, 43: 1334.

[27] Cao GZ, Liu DW. Adv Colloid Interf, 2008, 136: 45.

[28] Lai M, Riley DJ, J Colloid Interf Sci, 2008, 323: 203.

[29] Meng GW, Han FM, Zhao XL, Chen BS, Yang DC, Liu JX, Xu QL, Kong MG, Zhu XG, Jung YJ, Yang YJ, Chu ZQ, Ye M, Kar S, Vajtai R, Ajayan PM. Angew Chem Int Ed, 2009, 48: 7166.

[30] van Bommel KJC, Friggeri A, Shinkai S. Angew Chem Int Ed, 2003, 42: 980.

[31] Murphy CJ, Jana NR. Adv Mater, 2002, 14: 80.

[32] Wang H, Patil AJ, Liu K, Petrov S, Mann S, Winnik MA, Manners I. Adv Mater, 2009, 21: 1805.

[33] Kijima T, Yoshimura T, Uota M, Ikeda T, Fujikawa D, Mouri S, Uoyama S. Angew Chem Int Ed, 2004, 43: 228.

[34] Sone ED, Zubarev ER, Stupp SI. Angew Chem Int Ed, 2002, 41: 1705.

[35] Deng ZX, Mao CD. Nano Lett, 2003, 3: 1545.

[36] Reches M, Gazit E. Science, 2003, 300: 625.

[37] Carny O, Shalev DE, Gazit E. Nano Lett, 2006, 6: 1594.

[38] Shenton W, Douglas T, Young M, Stubbs G, Mann S. Adv Mater, 1999, 11: 253.

[39] Knez M, Bittner AM, Boes F, Wege C, Jeske H, Maiss E, Kern K. Nano Lett, 2003, 3: 1079.

[40] Tsukamoto R, Muraoka M, Seki M, Tabata H, Yamashita I. Chem Mater, 2007, 19: 2389.

[41] Parthasarathy RV, Phani KLN, Martin CLR. Adv Mater, 1995, 7: 896.

[42] Martin CR. Chem Mater, 1996, 8: 1739.

[43] Hulteen JC, Martin CR. J Mater Chem, 1997, 7: 1075.

[44] Routkevitch D, Bigioni T, Moskovits M, Xu JM. J Phys Chem-Us, 1996, 100: 14037.

[45] Whitney TM, Searson PC, Jiang JS, Chien CL. Science, 1993, 261: 1316.

[46] Brumlik CJ, Menon VP, Martin CR. J Mater Res, 1994, 9: 1174.

[47] Shin HJ, Jeong DK, Lee JG, Sung MM, Kim JY. Adv Mater, 2004, 16: 1197.

[48] Yu SF, Welp U, Hua LZ, Rydh A, Kwok WK, Wang HH. Chem Mater, 2005, 17: 3445.

[49] Jirage KB, Hulteen JC, Martin CR. Science, 1997, 278: 655.

[50] Nishizawa M, Menon VP, Martin CR. Science, 1995, 268: 700.

[51] Miao Z, Xu DS, Ouyang JH, Guo GL, Zhao XS, Tang YQ. Nano Lett, 2002, 2: 717.

[52] Yang HF, Zhao DY. J Mater Chem, 2005, 15: 1217.

[53] Ko CH, Ryoo R. Chem Commun, 1996, 2467.

[54] Gao F, Lu QY, Zhao DY. Adv Mater, 2003, 15: 739.

[55] Tian BZ, Liu XY, Yang HF, Xie SH, Yu CZ, Tu B, Zhao DY. Adv Mater, 2003, 15: 1370.

[56] Shi YF, Wan Y, Zhang RY, Zhao DY. Adv Funct Mater, 2008, 18: 2436.

[57] Lauhon LJ, Gudiksen MS, Wang CL, Lieber CM. Nature, 2002, 420: 57.

[58] He RR, Law M, Fan R, Kim F, Yang PD. Nano Lett, 2002, 2: 1109.

[59] Yin LW, Li MS, Bando Y, Golberg D, Yuan XL, Sekiguchi T. Adv Funct Mater, 2007, 17: 270.

[60] Goldberger J, He RR, Zhang YF, Lee SW, Yan HQ, Choi HJ, Yang PD. Nature, 2003, 422: 599.

[61] Chen ZG, Zou J, Liu G, Li F, Wang Y, Wang LZ, Yuan XL, Sekiguchi T, Cheng HM, Lu GQ. ACS Nano, 2008, 2: 2183.

[62] Hu JQ, Bando Y, Liu ZW, Zhan JH, Golberg D, Sekiguchi T. Angew Chem Int Ed, 2004, 43: 63.

[63] Liu ZQ, Zhang DH, Han S, Li C, Lei B, Lu WG, Fang JY, Zhou CW. J Am Chem Soc, 2005, 127: 6.

[64] Han S, Li C, Liu ZQ, Lei B, Zhang DH, Jin W,

Liu XL, Tang T, Zhou CW. Nano Lett, 2004, 4: 1241.

[65] Kuang Q, Xu T, Xie ZX, Lin SC, Huang RB, Zheng LS. J Mater Chem, 2009, 19: 1019.

[66] Ajayan PM, Stephan O, Redlich P, Colliex C. Nature, 1995, 375: 564.

[67] Rao CNR, Satishkumar BC, Govindaraj A. Chem Commun, 1997, 1581.

[68] Satishkumar BC, Govindaraj A, Nath M, Rao CNR. J Mater Chem, 2000, 10: 2115.

[69] Eder D, Kinloch IA, Windle AH. Chem Commun, 2006, 1448.

[70] Du N, Zhang H, Chen BD, Ma XY, Liu ZH, Wu JB, Yang DR. Adv Mater, 2007, 19: 1641.

[71] Du N, Zhang H, Chen B, Wu JB, Ma XY, Liu ZH, Zhang YQ, Yang D, Huang XH, Tu JP. Adv Mater, 2007, 19: 4505.

[72] Sun ZY, Yuan HQ, Liu ZM, Han BX, Zhang XR. Adv Mater, 2005, 17: 2993.

[73] An GM, Zhang Y, Liu ZM, Miao ZJ, Han BX, Miao SD, Li JP. Nanotechnology, 2008, 19.

[74] Yang YD, Qu LT, Dai LM, Kang TS, Durstock M. Adv Mater, 2007, 19: 1239.

[75] Lee JS, Min B, Cho K, Kim S, Park J, Lee YT, Kim NS, Lee MS, Park SO, Moon JT. J Cryst Growth, 2003, 254: 443.

[76] Ogihara H, Takenaka S, Yamanaka I, Tanabe E, Genseki A, Otsuka K. Chem Mater, 2006, 18: 996.

[77] Ogihara H, Masahiro S, Nodasaka Y, Ueda W. J Solid State Chem, 2009, 182: 1587.

[78] Zhang DS, Fu HX, Shi LY, Fang JH, Li Q. J Solid State Chem, 2007, 180: 654.

[79] Gong JY, Guo SR, Qian HS, Xu WH, Yu SH. J Mater Chem, 2009, 19: 1037.

[80] Qian HS, Yu SH, Gong JY, Luo LB, Fei LF. Langmuir, 2006, 22: 3830.

[81] Lan WJ, Yu SH, Qian HS, Wan Y. Langmuir, 2007, 23: 3409.

[82] Obare SO, Jana NR, Murphy CJ. Nano Lett, 2001, 1: 601.

[83] Yin YD, Lu Y, Sun YG, Xia YN. Nano Lett, 2002, 2: 427.

[84] Zygmunt J, Krumeich F, Nesper R. Adv Mater, 2003, 15: 1538.

[85] Guo XH, Yu SH. Cryst Growth Des, 2007, 7: 354.

[86] Ding Y, Yu SH, Liu C, Zang ZA. Chem Eur J, 2007, 13: 746.

[87] Chen YJ, Xue XY, Wang TH. Nanotechnology, 2005, 16: 1978.

[88] Lee JH, Leu IC, Hsu MC, Chung YW, Hon MH. J Phys Chem B, 2005, 109: 13056.

[89] Qiu JJ, Yu WD, Gao XD, Li XM. Nanotechnology, 2006, 17: 4695.

[90] Li Q, Wang CR. J Am Chem Soc, 2003, 125: 9892.

[91] Pan AL, Yao LD, Qin Y, Yang Y, Kim DS, Yu RC, Zou BS, Werner P, Zacharias M, Gosele U. Nano Lett, 2008, 8: 3413.

[92] Hwang J, Min BD, Lee JS, Keem K, Cho K, Sung MY, Lee MS, Kim S. Adv Mater, 2004, 16: 422.

[93] Zhou J, Liu J, Yang RS, Lao CS, Gao PX, Tummala R, Xu NS, Wang ZL. Small, 2006, 2: 1344.

[94] Chueh YL, Chou LJ, Wang ZL. Angew Chem Int Ed, 2006, 45: 7773.

[95] Wei DC, Liu YQ, Zhang HL, Huang LP, Wu B, Chen JY, Yu G. J Am Chem Soc, 2009, 131: 11147.

[96] Dai HJ, Wong EW, Lu YZ, Fan SS, Lieber CM. Nature, 1995, 375: 769.

[97] Han WQ, Fan SS, Li QQ, Hu YD. Science, 1997, 277: 1287.

[98] Li X, Westwood A, Brown A, Brydson R, Rand B. Carbon, 2009, 47: 201.

[99] Fan R, Wu YY, Li DY, Yue M, Majumdar A, Yang PD. J Am Chem Soc, 2003, 125: 5254.

[100] Li Y, Meng GW, Zhang LD, Phillipp F. Appl Phys Lett, 2000, 76: 2011.

[101] Qiu YF, Yang SH. Nanotechnology, 2008, 19.

[102] Raidongia K, Rao CNR. J Phys Chem C, 2008, 112: 13366.

[103] Chang Y, Lye ML, Zeng HC. Langmuir, 2005, 21: 3746.

[104] Chen SF, Yu SH, Jiang J, Li FQ, Liu YK. Chem Mater, 2006, 18: 115.

[105] Du N, Zhang H, Chen B, Ma X, Yang D. Chem Commun, 2008, 3028.

[106] Li QG, Penner RM. Nano Lett, 2005, 5: 1720.

[107] Ng CHB, Tan H, Fan WY. Langmuir, 2006, 22: 9712.

[108] Wu CY, Yu SH, Chen SF, Liu GN, Liu BH. J Mater Chem, 2006, 16: 3326.

[109] Gates B, Wu YY, Yin YD, Yang PD, Xia YN. J Am Chem Soc, 2001, 123: 11500.

[110] Jiang XC, Mayers B, Herricks T, Xia YN. Adv Mater, 2003, 15: 1740.

[111] Jiang XC, Mayers B, Wang YL, Cattle B, Xia YN. Chem Phys Lett, 2004, 385: 472.

[112] Zhang SY, Fang CX, Tian YP, Zhu KR, Jin BK, Shen YH, Yang JX. Cryst Growth Des, 2006, 6: 2809.

[113] Zhang SY, Fang CX, Wei W, Jin BK, Tian YP, Shen YH, Yang JX, Gao HW. J Phys Chem C, 2007, 111: 4168.

[114] Huang T, Qi LM. Nanotechnology, 2009, 20.

[115] Mu L, Wan JX, Ma DK, Zhang R, Yu WC, Qian YT. Chem Lett, 2005, 34: 52.

[116] Fan H, Zhang YG, Zhang MF, Wang XY, Qian YT. Cryst Growth Des, 2008, 8: 2838.

[117] Tai G, Zhou B, Guo WL. J Phys Chem C, 2008, 112: 11314.

[118] Zhang GQ, Yu QX, Yao Z, Li XG. Chem Commun, 2009, 2317.

[119] Liang HW, Liu S, Wu QS, Yu SH. Inorg Chem, 2009, 48: 4927.

[120] Yin YD, Rioux, RM, Erdonmez CK, Hughes S, Somorjai GA, Alivisatos A P. Science, 2004, 304: 711.

[121] Wang XJ, Feng J, Bai YC, Zhang Q, Yin YD. Chem Rev 2016, 116: 10983.

[122] Fan HJ, Knez M, Scholz R, Nielsch K, Pippel E, Hesse D, Zacharias M, Gosele U. Nat Mater, 2006, 5:627.

[123] Wang L, Peng B, Guo XF, Ding WP, Chen Y. Chemical Communications, 2009, 12:1565-1567.

[124] Peng HL, Xie C, Schoen DT, McIlwrath K, Zhang XF, Cui Y. Nano Letters, 2007, 7:3734.

[125] Wu Y, Xiang J, Yang C, Lu W, Lieber CM. Nature, 2004, 430:61.

[126] Fan HJ, Knez M, Scholz R, Nielsch K, Pippel E, Hesse D, Gosele U, Zacharias M. Nanotechnology, 2006,17:5157.

[127] Yang Y, Sun XW, Tay BK, Wang JX, Dong ZL, Fan HM. Adv Mater, 2007, 19: 1839.

[128] Chang KW, Wu JJ. J Phys Chem B, 2005, 109:13572.

[129] 王盟盟, 钱君超, 陈志刚, 张玉珠, 徐政. 功能材料, 2014, 6 : 06087.

[130] O'Brien MN, Jones MR, Kohlstedt KL, Schatz GC, Mirkin CA. Nano Lett, 2015, 15: 1012.

[131] Jones MR, Mirkin CA. Angew Chem Int Ed, 2013, 52: 2886.

[132] Sun YG, Mayers B, Xia YN. Nano Lett, 2003, 3: 675.

[133] Zhang Q, Li N, Goebl J, Lu Z, Yin Y. J Am Chem Soc, 2011, 133: 18931.

[134] Yan Y, Xia B, Ge X, Liu Z, Wang JY, Wang X. ACS Appl Mater & Interf, 2013, 5: 12794.

NANOMATERIALS

纳米材料液相合成

Chapter 5

第 5 章
超细纳米晶及其控制生长

倪兵，王训
清华大学化学系

5.1 引言

5.2 一维超细纳米线

5.3 二维超细纳米晶

5.4 本章小结

5.1
引言

近年来，随着纳米科技的进步与发展，超细体系纳米结构的研究已经成为纳米领域一个新的研究热点，突出表现在原子排布、电子结构、磁性、电化学性质以及输运特性方面的特殊性。从材料的维度上区分，纳米材料可以分为零维、一维以及二维材料。量子点是典型的零维纳米材料，而半导体量子点往往表现出尺寸依赖的能级系统和光学效应。金属团簇是最近兴起的零维超细纳米晶研究热点，以 Au、Ag 等贵金属为代表，人们合成了多种具有不同结构的金属团簇。这类团簇具有明确化学式，又与一般的分子、离子不同，尺度扩展到亚纳米领域，表现出独特的化学键和能级结构。仅从尺度上讲，多酸也是亚纳米级的具有明确化学式的零维超细结构。二维超细纳米材料表现为超薄片结构，在这个领域中，石墨烯是一个重要例子。随着石墨烯研究的兴起，带动了一大批相关超薄纳米结构的研究，例如以 MoS_2 为代表的过渡金属硫属化合物、超薄金属、单层过渡金属氢氧化物等。相比于零维和二维超细结构，一维超细结构的研究则滞后一些。其中一个原因是合成上的困难，零维超细结构的合成可以理解为合成一种新的"分子"，或者是在所有方向上都极大地限制纳米晶的生长；二维超细结构的合成往往依赖于其体相晶体结构中存在层状结构，例如硫属化合物和层状氢氧化物的晶体结构中本身就具有层状结构，可以利用破坏层与层之间的相对较弱的相互作用力实现超细结构；另外一些二维超细结构的合成则需要模板、基底等巧妙设计。由于晶体结构中很少出现分子链，因此依赖晶体结构本征各向异性来合成一维超细结构是不可能的。合成一维超细结构需要在两个维度上极大地限制材料的生长，而在另一个维度上几乎不限制材料的生长，因此极富挑战性。

严格地讲，"超细"并不是一个非常科学的概念，因为它并没有明确限定研究范围，与此类似，"团簇"也往往没有限定研究范围。然而"团簇"化学的发展似乎并没有受到限制，因为它的研究驱动力在于发现新的物质、物质结构、化学键等，具有很强和直观的研究目的（在这一章中，团簇指尺寸小于 5nm 的纳米晶）。

而"超细"这一词汇却并不具备这些目的，因而虽然被广泛使用，但是没有一个统一的标准或者目的，这将妨碍人们对于"超细"概念的理解和认识。然而实际上很多材料仅仅在尺寸小于10nm甚至更小时纳米特性才表现得更加明显，因此对于这一概念的限定是非常必要的。对于较大尺寸的纳米粒子，其表面原子所占比例相对较小，而对于一个2nm左右的粒子，其表面原子比例可达到80%（如图5.1所示）[1]，表面表现出很多悬挂键，因而具有很高的化学活性。例如，金属纳米粒子在空气中会自燃，这是由于当粒子直径减小到纳米级时，表面原子数和表面能迅速增加，因而粒子具有较高的反应活性。纳米尺寸的银和金表现出表面等离子体共振现象并显现出明显的尺寸和形貌依赖性[2]，而将其尺寸进一步缩小到亚纳米范围，其表面等离子体共振现象消失，仅仅表现出能级匹配的光学吸收；硒化镉等半导体纳米晶（量子点）的荧光可以根据不同的粒子尺寸实现精确连续调控[3]；3nm的金纳米颗粒对CO氧化表现出良好的催化活性而体相金却是化学惰性的[4]（见图5.2）。这些发现充分展现了材料进入纳米级特别是小尺寸纳米级后性质对尺寸的依赖性。

在本章里，我们将"超细"定义在亚纳米尺度的范畴，不仅指尺寸在这个范围内，还强调宏观性质上出现和较大尺寸纳米晶不同的行为。从目前的研究进展来看，零维超细纳米晶与相应大尺寸纳米晶的性质差异主要表现在化学键、能级（能带）系统上；一维超细纳米晶与相应大尺寸纳米晶的差异主要表现在柔性、催化性能上；二维超细纳米晶与相应大尺寸纳米晶的差异主要表现在电子结构、电化学性能上。

全壳层"魔数"团簇					
壳层数	1	2	3	4	5
团簇中的原子数	M_{13}	M_{55}	M_{147}	M_{309}	M_{561}
表面原子百分数	92%	76%	63%	52%	45%

图5.1 纳米晶随着尺寸减小表面原子比例变化

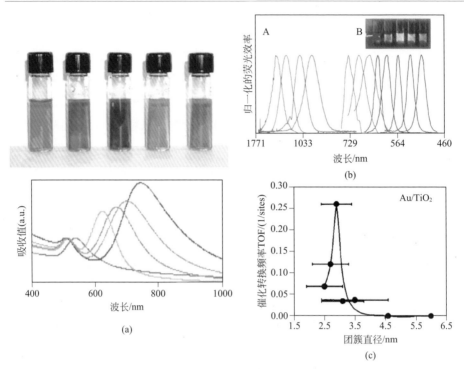

图5.2 （a）不同长径比金纳米棒的溶液及随尺寸连续变化的紫外-可见吸收峰；（b）尺寸依赖的量子点的荧光光谱；（c）纳米金颗粒对CO氧化具有催化活性

　　本书的主要目的是讲述纳米材料的液相合成方法，因此这里仅从化学的角度出发重点介绍超细纳米材料的合成方法，对于其性能仅作简要介绍，有兴趣的读者可以查找一些更加具体、专门的文献[5]。由于超细纳米晶的尺寸以及结构与传统纳米晶不完全相同，其合成策略与本书其他章节中所述相比有着特殊性，因此这里单独介绍其合成方法。在这一章里，将按照维度来组织内容，先讲述一维超细线的合成，简述一些基本的合成规律，并介绍一维超细线与高分子的相似性，同时在这里将简要介绍团簇通过组装形成的超细结构以及一维材料力学性能与尺度的关系，在这一部分内容中，将着重讲述具体的几个例子，以帮助读者建立超细结构和具体性质之间的关系，不同的超细结构合成方法仅列表指出，这与前面的章节不太相同；随后继续介绍二维超细片，简介其一般的合成方法以及其应用。而对于零维超细结构的合成，则需要更独特的方法，与传统有机合成的实验思路和手段更加类似，因此这里并不做仔细介绍。

5.2
一维超细纳米线

如前所述，一维超细结构的实现需要在两个维度上对生长进行极大的限制而同时需要在另一个维度上几乎不限制生长，说明生长过程中需要非常显著的方向性。如果从化学键的角度考虑，物质中把原子连接起来的化学键主要分为共价键、离子键和金属键，其中除了共价键以外，其他两种化学键均缺乏方向性和饱和性，因此很难用来设计超细纳米线的合成。而即使是共价键，也需要合理的组合，以碳作为典型例子，碳原子之间形成不同的共价键组合方式可以得到三维的金刚石、二维的石墨烯以及一维的高分子链。仅从尺度上考虑，一维的高分子链也可以算作一种超细纳米线。目前研究者已经发现了很多种直径在几个纳米甚至更小的无机超细纳米结构，表5.1列出了一些不依赖于模板生长的超细纳米线结构。这些例子说明一维超细纳米线的合成并不能完全从化学键的角度出发来考虑，实际过程可能更加复杂。传统的晶体形核-生长理论是指原子或离子一个一个沉积在晶

表5.1 非模板辅助的超细纳米线合成案例

文献主题	材料	特征
合成方法研究	ZnS超细线[6]	取向连生，室温铁磁性
	原子级TiO_2纳米线[7]	掺杂稳定
	Au纳米线[8]	取向连生
催化反应活性	$W_{18}O_{49}$纳米线[9]	表面洁净，光催化性能好
	TiO_2纳米棒[10]	表面洁净，分散性好，光催化性能好
结构调控	ZnSe纳米棒[11]	闪锌矿相
	Au纳米线[12]	六方最密堆积
	Au-Ag合金纳米线[13]	十面体和二十面体结构产生的手性
	Pd沉积Au-Ag纳米线[14]	应力诱导产生双螺旋结构
生长机理研究	Bi_2S_3纳米线[15]	高分子生长模式
	Cu团簇和一维纳米结构[16]	取向连生中的尺寸效应

核上形成化学键，最终长大成为大的晶体。如果用这种思维考虑原子或离子在两个维度上只有限沉积而在另一个维度上不受限沉积，这显得有点难以理解，尤其是在没有模板的案例中。因此，超细纳米线的生长可能并不是这种传统模式。由于超细纳米线合成案例有限，在这一小节中，将简要说明超细纳米线的生长，相信随着技术手段的进步，超细纳米线的生长模式未来将进一步被人们所认识。

5.2.1
一维非金属超细结构合成规律

以氢氧化钆为例，介绍其合成方法和生长机理[17]。取1.67g油酸和0.81g油胺预混合加热至75℃，另外取0.40g $GdCl_3 \cdot 6H_2O$溶于0.5mL去离子水和6mL乙醇的混合液中，加入油酸-油胺热液中搅拌10min，最后将反应釜密封加热至170℃，反应4h。洗涤产物后得到高纯度的超细纳米线，如图5.3所示。从电镜图［见图5.3（a）、（b）、（c）］中可以看到纳米线的直径在2nm以内，长度在数百纳米以上。值得注意的是一般高分辨透射电镜的电子束加速电压都大于100keV，而超细结构在高能电子束下往往并不稳定，因此一般高分辨透射电镜并不能用来观察其具体结构。图5.3（c）为纳米线的扫描透射电镜（STEM）照片，可以进一步证明其为高纯度的纳米线。图5.3（d）为能谱分析（EDX）结果，表明产物中除了氧元素外还存在钆和少量的氯元素。能谱是一种半定量分析方法，而且用作产物支撑的碳支持膜上往往存在氧元素，因此能谱分析结果并不能直接定量说明产物的化学组成。图5.4是在不同温度下进行反应得到产物的XRD谱图，通过与标准卡片库进行对比，可以发现纳米线的产物成分近似确定为GdOOH（JCPDS卡片号26-0674）。值得一提的是，超细纳米晶的表征并不如大尺度纳米晶那样容易，这是因为由于小尺寸效应，晶体的重复单元数量减少，因而XRD衍射峰强度不如大尺度纳米晶那样那么明显，XRD衍射峰出现显著展宽，有些峰甚至消失。而同时由于极大的比表面积，产物也很容易吸附一些杂质，比如表面活性剂或者反应体系中存在的氧原子等，这些干扰都造成产物鉴定的困难。同时由于某些超细纳米晶的不稳定性，导致产物在透射电镜观察下直接发生变化，也增加了产物鉴定的额外难度。因此，发展非破坏性的表征手法对于超细纳米晶的分析具有格外重要的作用。

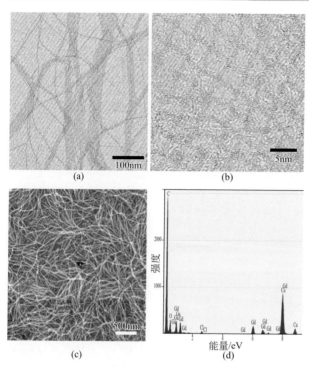

(a)   (b)

(c)   (d)

图5.3 （a）、（b）超细纳米线的高分辨透射电镜照片和（c）扫描透射电镜照片以及（d）能谱分析

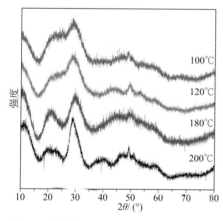

图5.4 分别在100℃、120℃、180℃、200℃下反应得到的产物的XRD图

进一步研究发现当GdCl₃溶液加入油胺-油酸中并充分搅拌的时候，体系里生成了大量2nm以下的小颗粒，并且改变体系的反应温度可以得到一系列不同长度的超细纳米线，如图5.5所示。可以发现在180℃及以下的温度，纳米线仅在长度

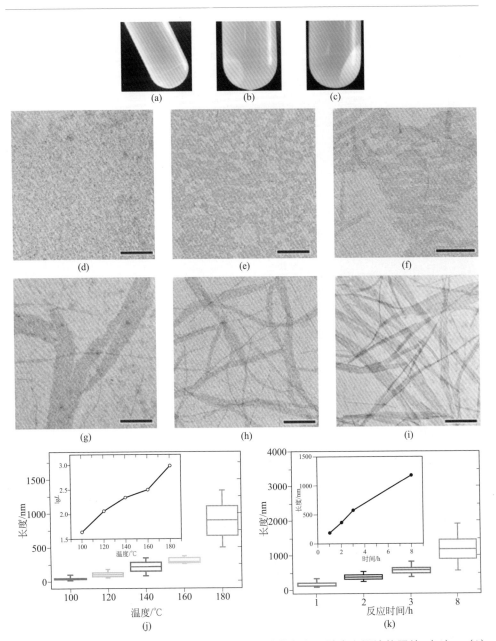

图5.5 （a）室温、（b）100℃、（c）120℃反应后产物加入乙醇离心沉淀的照片；（d）～（i）分别对应室温、100℃、120℃、140℃、170℃和210℃反应产物的电镜照片，图中标尺均为100nm，值得注意的是，100℃反应完后的上清液沉淀离心下来依然是（d）的产物；（j）是不同温度下纳米线长度值；（k）是160℃下纳米线长度随反应时间变化图

方向上增长，而宽度不发生明显变化，始终不超过2nm，但在更高的温度下，纳米线不再继续延长，仅仅发生粗化，尺寸达到3～4nm。而产物的宏观颜色并没有发生太大的变化。进一步分析发现，产物的长度随温度近似呈指数关系，固定反应温度可以发现产物的长度与反应时间近似呈线性关系。

从这一系列的实验中可以看出，GdOOH超细纳米线的生长与苯乙烯的聚合有一定的相似性，这里的相似性不仅表现在尺寸上，还表现在生长动力学中。与苯乙烯聚合类似，GdOOH超细纳米线的生长可以认为反应原料首先形成超细团簇（<2nm），随后这些超细团簇取向连生逐步生长成为纳米线（见图5.6）。这不禁让人进一步思考一维超细纳米晶与高分子的相似性，以及结晶和聚合的相似性。从尺寸上讲，超细纳米晶和高分子已经很接近了，而且更多的研究表明，二者在性质上也有一定的相似性，这点将在后文中做简要介绍。而结晶和聚合都是将单体沉积（长）在特定位点，使得聚集体（分子量）变大的过程，从这方面看本身就具有相似性。然而目前对二者动力学过程相似性的研究还较少。

在Bi_2S_3超细纳米线的生长研究中[15]，研究人员通过静态光散射的实验手段及数据模拟分析其生长动力学过程，发现其生长动力学与活性逐步聚合机理在概念上和相关常数上均具有较大相似性。其生长机理如图5.7所示，Bi和S的单体加成到纳米线的两端，这里的单体有可能直接是Bi和S的离子形态，也有可能是二者

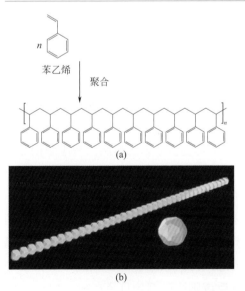

图5.6 （a）苯乙烯聚合示意图；（b）超细颗粒取向连生形成超细纳米线

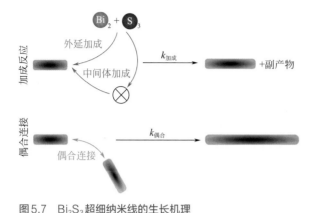

图5.7 Bi₂S₃超细纳米线的生长机理

先形成某种团簇。生长的纳米线可以通过两者相互连接的方式进一步生长。同时在数据拟合中发现超细线的构象可以用高分子科学中的蠕虫链构象描述。这项研究还表明，超细纳米晶有可能由于布朗运动而被破坏。

不论纳米线生长的原子级别上的机理到底如何，纳米线都必须要经历定向的生长。近年来，取向连生（oriented attachment）生长机制逐渐被发现在越来越多的体系当中。取向连生是指两个或多个纳米晶按照一定的取向组装并最终融为一体的过程。这种生长方式与传统的晶体形核-生长过程并不相同，传统形核-生长过程表明晶体的生长是原子、分子或者离子一个一个地沉积在晶核上，消耗原料并最终生长成为大晶体的过程。而取向连生的基本单元则是纳米晶，本身就是原子、分子或者离子的聚集体。早在1998年，J. Banfield发现水热条件下TiO₂颗粒生长以及FeOOH生物矿化的过程中，相互靠近的颗粒通过一定程度的旋转来对齐晶格匹配的晶面发生聚集融合[18]。除了晶格匹配降低能量之外，纳米晶之间的偶极作用等也可以作为取向连生的驱动力。取向连生的生长模式为纳米晶及晶体生长模式带来了新的认识，也为设计新的纳米结构提供了新的方法。考虑到相变过程与尺寸相关，而纳米尺度下相变过程有可能发生逆转，因此有望通过低温取向生长的方式得到常温常压下难以稳定存在的晶型。

研究发现，在取向连生过程中，也存在尺寸效应[16]。如图5.8所示，Cu纳米晶种在水热条件下的取向连生生长表明，使用尺寸为2nm和3nm的单分散晶种，较低温度下反应可以通过取向连生的方式得到长度在30～100nm、宽度为2～4nm的Cu₂S纳米棒，而在较高温度下反应则可以得到直径在6～13nm、厚度为2～4nm的纳米圆盘［见图5.8（a）、（b）］，而一旦晶种超过5nm，则无论在

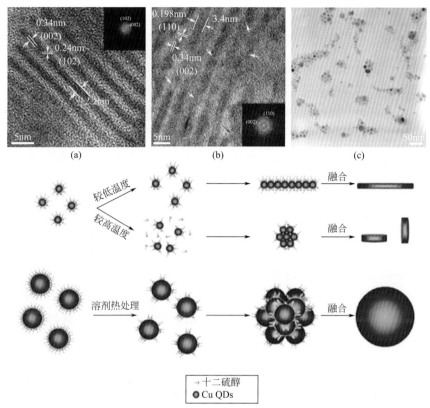

图5.8　Cu 纳米晶的取向连生生长中的尺寸效应

哪种条件下，取向增长都难以实现，仅生成大的聚集体［见图5.8（c）］。取向连生过程中的尺寸效应可以从很多种角度理解。对于不同大小的纳米晶，其暴露的晶面以及表面活性剂的吸附、排布是不相同的，这会导致偶极-偶极之间的相互作用不同，因此取向连生的方式也并不相同。也可以从纯化学的角度考虑，不同大小的纳米晶可以类比为不同化学式的物质，它们的结构和稳定性是不相同的，因此寻找实现稳定的方法也当然是不同的。

取向连生是单体之间在原子级的尺度上连接起来，而团簇之间通过弱相互作用力连接起来，也能构成很大一类的超细纳米结构。热力学稳定的晶体往往遵守Wulff 构造原理，但纳米晶之间组装的最终形貌却显现出相当多的多样性，有遵守Wulff构造的，然而有更多并不遵守这一规律的[19]。这是因为弱相互作用力在纳米晶的组装过程中发挥着相当大的作用，而一旦将组装的单体尺度进一步降低，有可能实现更为独特的结构。

5.2.2
团簇的组装

各向异性一直是超细纳米线生长过程中强调的内容，在团簇的自组装中，有可能仅仅通过能量的传递实现不同的各向异性组装[20]。研究人员首先合成苯乙硫醇修饰的2nm Au颗粒并储存在甲苯和N,N-二甲基甲酰胺（DMF）混合液中静置过夜，向其中加入无水乙醇诱发组装。待絮状沉淀产生后继续放置一段时间，离心分离出来的产物为一维Au纳米链。而当加入乙醇后超声处理，就能得到二维的纳米带。如果使用搅拌的方式处理加入乙醇后的产物，最终能得到三维锥状组装体。如图5.9所示，三维锥状组装体和一维Au纳米链可以通过超声的方式转变为二维纳米带组装体。

分析组装体中的各种尺寸发现，组装前后Au并没有发生尺寸的改变，在一维组装体中，Au纳米颗粒之间的距离为2～4nm，距离的不均一性可能是由于颗粒尺寸的不均一性和颗粒的实际排列差异造成的。利用球差校正电镜发现Au团簇的尺寸非常小，而且表面缺陷较多（见图5.10），表面活性较高。二维组装体中Au颗粒之间的结构与一维相同。

在通常的组装过程中，相互作用力为范德华力、静电吸引力、磁相互作用力等[21]，但是这些作用都是各向同性的，且作用距离有限，因而纳米颗粒（往往>2nm）均可当作硬球组装基元进行堆积。在这个研究中，组装基元的距离为2～4nm，远远大于配体苯乙硫醇的尺寸（0.6nm），而且由于组装单体Au团簇本身的尺寸太小，几乎接近于分子水平，因此这里的组装过程与一般纳米晶组装并不一样。通过组装前后的紫外-可见吸收曲线以及X射线光电子能谱对比发现，在组装过后形成了金-硫醇低聚物中的Au(Ⅰ)成分，说明组装过程中有可能是因

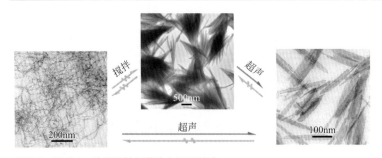

图5.9　三种Au纳米颗粒组装体之间的转变

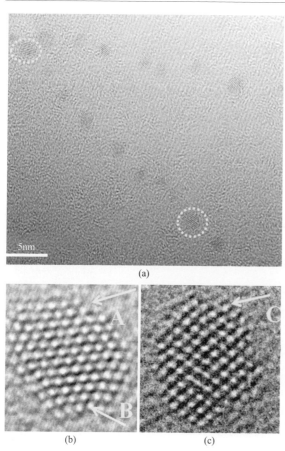

图 5.10　Au 团簇一维组装电镜图

图中 A、B、C 箭头指出了团簇中的缺陷

为 $[Au\text{-}PhC_2S]_n$ 低聚链的作用将不同的 Au 颗粒连接起来。若通过洗涤产物除去体系中的 $[Au\text{-}PhC_2S]_n$ 低聚链，则无法得到组装体。如果以辛硫醇或者十二硫醇为表面配体替换苯乙硫醇，则同样处理后为无规则的团聚体，这是由于团簇表面烷基链较长，并且相互交缠，因此组装没有方向性。

在这个研究中同样发现了尺寸效应的存在。当把这些超细团簇（约 2nm）与较大尺寸（5～8nm）的金颗粒混合之后，用同样的方法处理，最终可以发现组装行为只在超细团簇之间进行，而在大颗粒中并没有发现组装行为（见图 5.11）。

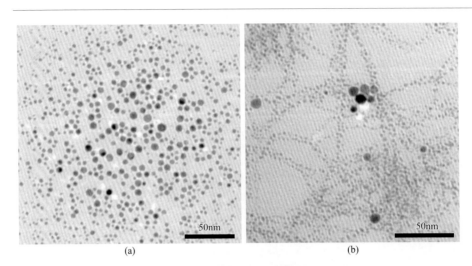

图5.11　混合尺寸的金纳米颗粒（a）组装前和（b）组装后的TEM照片

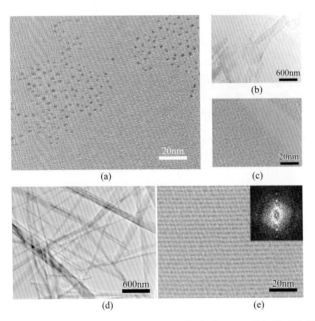

图5.12　（a）单分散的Cu团簇；（b）、（c）Cu团簇组装成的纳米薄膜；（d）、（e）Cu团簇组装成的规则纳米带结构

　　通过团簇的组装，有更多结构和性能可以被发现，它们之间的距离对性能有着重要调控作用。以Cu团簇组装为例，合成过程中会形成厚约26nm的纳米线，120℃陈化30min，组装体转变为厚度为1.3nm的二维薄膜[22]，这两种组装体相

比团簇电化学活性和稳定性均有所提高。通过进一步的精确调控，可以获得如图5.12所示密实程度不相同的二维组装结构。在低温下陈化足够长时间，可以获得相对较为疏松，结构不太规整的二维片［见图5.12（b）、（c）］；而在温度较高的时候陈化，则可以获得相对密实，而且排列规整的二维纳米带［见图5.12（d）、（e）］。Cu团簇排列的规则程度不相同，其荧光性质也极不相同[73]，通过研磨粉末二维纳米带也可以造成规则程度的改变，从而直接改变其荧光性质。

5.2.3
非金属一维超细纳米材料的柔性

前面已经说到，一维超细纳米线和高分子有一些性质上的相似性，这里将具体介绍其相似性。高分子的链节中C—C单键旋转的能垒非常低，因而高分子链段柔性较大，能缠结到一起，产生独特的流体力学性质。而在超细纳米线中，观察电镜图可以发现超细线往往不是笔直的，经常会有地方弯曲，仅从这点来看，可以认为超细线是柔性的。而进一步的宏观力学性能分析表明，这些超细线能够表现出像高分子一样的流体力学现象。基于超细结构的柔性，很多不同的复杂构象都能够实现，这在传统的无机材料中是很少见到的。

这里同样以GdOOH超细纳米线为例，研究其流体力学效应。将前文所述的GdOOH超细纳米线分散在环己烷中，让环己烷缓慢挥发，最终即可得到凝胶。通过观察不同浓度GdOOH超细线的电镜图（见图5.13），可以发现超细线的组装行为发生了一系列的变化。在较低浓度下，纳米线趋向于平行排列，并且伸展较直［见图5.13（a）］。随着浓度的逐渐提高，纳米线阵列中的弯曲走向开始逐渐变多［见图5.13（b）］，进一步的浓度增加导致纳米线束的生成［见图5.13（c）］，但此时整体结构相对还是无序的。随着浓度的进一步增加，组装结构有序性增加，排列成组装体花样［见图5.13（d）］，并逐渐变成具有双向周期性结构的组装体［见图5.13（e）］。在更高浓度下，周期性组装结构发生坍缩，最终形成具有不规则孔洞的三维组装体［见图5.13（f）］。从最后一张电镜图中可以看出，这里已经出现了显著的三维组装趋势，并且在垂直重力方向显示出与浓度相关的特征组装结构。值得一提的是，在这个体系中加入不良溶剂（乙醇）能够快速地使超细线团聚形成纳米线束，即使是在浓度很低的情况下。

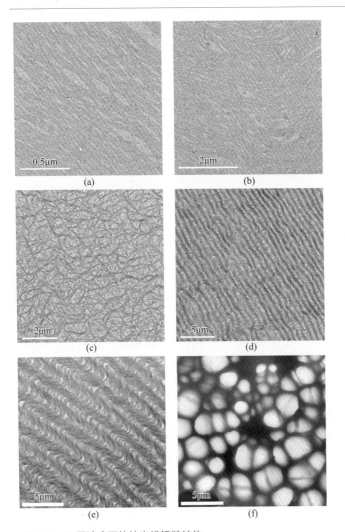

图5.13　不同浓度下的纳米线组装结构

　　得益于超细线的柔性结构，GdOOH能够实现三维复杂组装体，从而可以在环己烷等非极性溶剂中显示出复杂的类似高分子的流变行为。如图5.14所示，超过一定浓度的纳米线环己烷分散液（约1%）表现出极强的黏性，摇晃即可捕捉气泡［见图5.14（a）］。电镜结果显示在纳米线束中存在空白的地方，这里应该对应溶液中的气泡的位置［见图5.14（b）］。在纳米线环己烷分散液与水的两相界面上，轻微的摇晃会造成水滴在油相底部的俘获，如图5.14（c）、（d）所示，并且可以保持稳定达数十天。

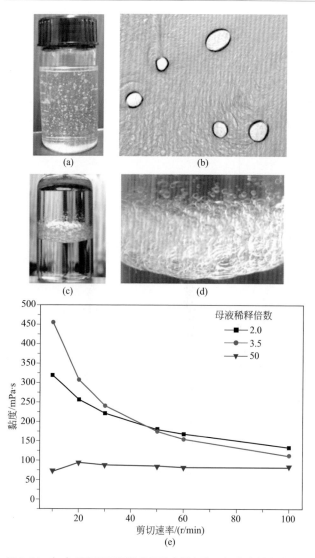

图 5.14 （a）超细线环己烷分散液束缚气泡；（b）束缚气泡产物的电镜图；（c）、（d）水滴在超细线环己烷分散液中的束缚现象；（e）纳米线的环己烷分散液不同浓度下的剪切速率-黏度曲线

可以通过测定分散系的黏度来定量描述这一过程。根据黏度系数与剪切力的关系，可以将凝聚态物质分为四类[24]，称为宾汉塑性体（Bingham plastics）、剪切稀释体（shear thinning）、剪切增稠体（shear thickening）以及牛顿流体（Newton fluid），其特征关系如图 5.15 所示。其中前三种可以统称为非牛顿流体。对于不同浓度的纳米线环己烷分散液测量其黏度关系［见图 5.14（e）］，可以发现

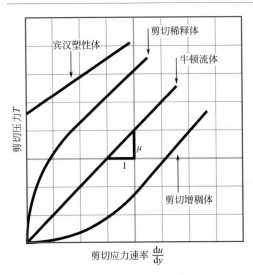

图5.15　不同类型材料的典型黏度曲线

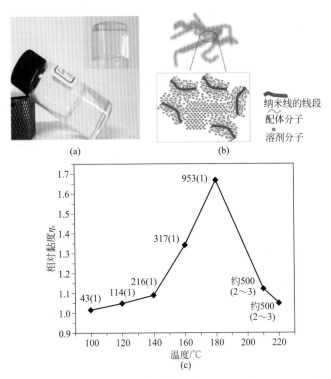

图5.16　（a）高浓度条件下分散体系形成凝胶；（b）凝胶结构示意图；（c）不同合成温度产物的黏度图

图（c）中括号外的数字表示纳米线的长度，括号里的数字表示纳米线的直径，nm

在低浓度情况下，纳米线分散液黏度系数不随剪切速率变化而变化，表现为典型的牛顿流体；当浓度升高的时候，黏度系数随剪切速率上升而下降，发生了剪切稀释，属于典型的非牛顿流体，而且不同浓度分散液的剪切速率-黏度系数曲线发生了交叉。

这一黏度特性与体系内部的结构有着密切的联系。将纳米线以较高浓度分散在环己烷、正戊烷、正己烷、辛烷、癸烷等溶剂中均能形成凝胶，而对于四氯乙烯、氯仿等则无法形成。由此说明形成凝胶需要溶剂在纳米线交联网络中有序排列，从而引发溶剂的凝结（见图5.16）。从结构角度分析，超细线表面存在伸出的油酸分子，具有链式结构的烷烃能够与其规则排列，以获取最大的范德华力，从而形成凝胶。通过不同长度、直径纳米线的黏度性质研究发现，当纳米线的性质发生变化的时候，其与溶剂的相互作用也发生变化，从而使黏流性质发生变化。如图5.16（c）所示，当纳米线长度增加时，体系黏度也逐渐增加，说明纳米线之间可能相互交缠在一起形成网络，溶剂分子更容易被束缚。而当纳米线的直径开始增大时，黏度出现下降，说明粗纳米线不能像细纳米线一样可以实现构象的轻松转变而形成网络，与溶剂的相互作用力也更弱。

Wu等曾报道了表面修饰长链分子的碳管分散系具有非牛顿流体特征，并指出表面长链分子有可能有助于碳管在溶剂中形成复杂网络。剪切稀释的程度越大，说明液体内部的交联网络越为紧密。在纳米线的浓溶液中，存在着复杂的交联网络，网络中的纳米线（束）彼此缠结、相互作用，正如透射电镜下二维组装结果反映的多级结构变化。而两条黏度曲线的交叉恰恰反映了交联网络的动力学特征。在更高浓度的溶液中，网络结构较为坚固，变化速率较慢，因此，当测试中施加的剪切力破坏了原有的静态组装结构，探头表面发生了剪切稀释之后，重新建立起新结构的难度也更大。而在相对较低浓度的溶液中，因剪切作用被破坏的组装结构可以迅速地重新建立起新的组装结构，增加体系的黏度。可以认为存在一个组装建立的特征时间T，浓溶液的T_1会大于稀溶液的T_2，在剪切速率非常大的情况下，T_1和T_2都可以忽略，体系都处于完全混乱的状态，更浓溶液的黏度较大。而当剪切速率降低到某个阈值，以致具有较小特征时间的稀溶液可以有效地恢复建立起新的局部组装结构，从而使其剪切稀释效应减弱，黏度超过更高浓度的溶液。

超细纳米线溶液的黏度性质说明了在溶液中超细纳米线可能与高分子具有相似的结构以及作用力，并且这种作用是尺寸依赖的。高分子链由于其柔性，可以实现很多错综复杂的构象，进一步的研究表明，得益于柔性，超细纳米线也能够实现很多复杂的构象。通常一维和二维的无机结构发生卷曲会改变晶格排列的整齐程度，在能量上是不利的，但是在超细尺度上，晶格的整齐程度及重复数本身已经极大地减少，所以有可能发生卷曲。超细纳米线可以在表面吸附分子的帮助下实现卷曲，而更多的实验表明，超细纳米线的柔性不需要通过额外引入特殊分子实现。

用与前文合成GdOOH类似的合成条件，可以合成Y(OH)$_3$纳米卷[17]。如图5.17所示，纳米卷由超细纳米带卷起形成，层与层之间距离相近，为3.0～3.5nm，这个距离可以理解为由油胺或油酸分子之间的堆积造成，而无机层的厚度为1.1～1.2nm，部分纳米卷有未卷曲的尾部。纳米卷长径比接近1，部分侧立，部分正立。通过调节油胺油酸的比例，可以实现长径比的调节。

在这个例子中，通过控制实验，可以发现生长模式与前文合成GdOOH类似，也是先生成尺寸在2nm以内的小颗粒，随后这些小颗粒再相互"反应"生成卷曲结构或者纳米带。如果延长反应时间，可以观察到纳米卷的解旋过程。稍微改变反应条件，可以实现如图5.18所示的各种复杂构型。

这一例子充分说明了超细纳米晶具有柔性，并且在合适的条件下能够卷曲成为复杂的三维结构。这种现象并不是一个罕见的现象，在钼氧化物的超细纳米结构研究中，也同样发现了这些复杂的三维结构，可以获得纳米卷、纳米薄膜以及纳米管等构型。

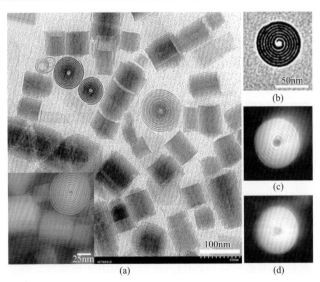

图5.17 （a）～（c）Y(OH)$_3$纳米卷的电镜照片；（d）转角扫描透射照片

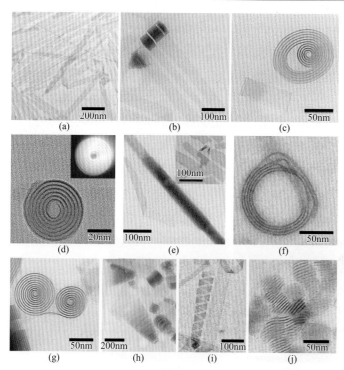

图5.18 （a）～（d）不同卷曲程度的纳米带：（a）完全展开的纳米带；（b）未完全卷曲的纳米带；（c）比（d）更宽松的纳米卷结构。（e）长径比远远大于1的卷曲结构；（f）长径比远远小于1的卷曲结构；（g）～（j）更多复杂的卷曲结构

进一步的研究发现，超细结构以及其柔性的实现是不依赖于物质的晶体结构的。以硫化铟为例[25]，它的晶格中没有层状结构，然而当把其尺寸限制在亚纳米尺度时，可以实现很多复杂的三维及组装结构。如图5.19所示，这些由超薄纳米

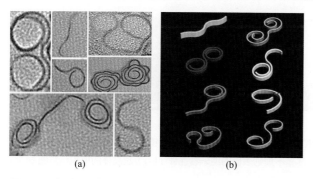

图5.19 超薄纳米带可以实现的（a）不同卷曲结构及（b）示意图

带实现的纳米卷的直径约为10nm，而纳米卷的厚度约为0.9nm，由于表征困难，宽度没有定量的数据。产物中同时存在很多种不同的构型，有"双头"卷、"花状"卷、S形卷、J形卷等。纳米卷在加入不良溶剂的反应条件下，可以实现非常规整的组装结构。如图5.20所示，从外观上看，整个超晶格看起来像非常有序的二维孔结构，尺寸可以延伸数百纳米，孔洞直径非常均匀，约13nm。通过快速傅里叶变换（FFT）图［见图5.20（e）］，可以更加确认超晶体规则的内部排列。事实上，纳米卷组装形成三维阵列，而卷自身充当了框架因而形成"孔"结构。在一些纳米卷晶体中，可以看到纳米卷表面出现台阶式的排列，非常类似在暴露高指数晶面的纳米晶表面看到的原子排列［见图5.20（f）和（h）］。

图5.20 （a）~（d）典型的纳米卷超晶体不同放大倍数的透射电镜照片；（e）图（a）中超晶体的快速傅里叶变换图片；（f）典型的暴露不规则表面的纳米卷晶体；（g）超晶体的模型示意图；（h）图（f）中红色虚线框中的放大图

超薄的厚度和较高的长径比使得纳米卷具有灵活的卷曲形状，因此，为了降低总的表面自由能，在形成超结构的过程中，这些灵活自由的纳米卷可以调节自身的构型使得在组装体中呈现更加紧密和规则的形状。而且，这些纳米卷形状的灵活性使得它们可以相互重叠和交织，表面配体之间的相互作用更加紧密从而降低能量，通过这种方式可以使组装体变得稳定。

合成的自由的硫化铟纳米卷分散在乙醇中静置数天，溶液中会析出半透明的类似晶体的大块片状固体，尺寸在 1 ~ 3nm，从电镜图观察可以得知纳米卷发生了如上文所述的规整自组装。这一现象与分子的结晶过程较类似，通过偏光显微镜可以发现，组装结构中存在各向异性，如图 5.21 所示。在正交偏光情况下，在块体上的一些区域可以看到明显的双折射现象。这表明，这些区域的内部可能存在规则有序的排列。考虑到纳米卷在合成过程中有形成超结构的趋势，所以这些大块结构的形成是不难理解的。

图 5.21 （a）~（c）正交偏光下，样品台倾转不同角度类晶体片状固体的显微镜照片；（d）普通光学显微照片；（e）、（f）荧光显微照片

5.2.4
非金属单壁纳米管

在前面的这些研究中，已经表明超细纳米晶的合成机理可能与传统的晶体生长理论有着极大的不同，而且超细纳米晶是具有柔性的。那么随之而来的问题是，如何才能有效地实现超细纳米晶的合成，以及利用这些柔性可以实现什么具体的有应用潜力的结构。

从目前的研究来看，大部分研究者将目光放在某种具体材料的合成上，而对于实验方法的研究往往放在模板法等方面，因而在超细纳米晶的普适性合成方法上并没有太多具体的认识。"快形核，慢生长"是合成高质量纳米晶的一个经验规律[26]，然而由于超细纳米晶的独特结构和生长机制，这一理念可能无法直接应用到其合成中。从王训课题组的工作经验来看，超细纳米晶的合成应该是有一些规律可循的，这个规律应该是建立在对于体系中相互作用力的调控上的，与第4章列举的各种具体的反应体系不同的是，具体实现作用力调控的手段可以建立在"良溶剂-不良溶剂"体系上[27]。良溶剂是指产物能够在其中良好溶解的溶剂，不良溶剂是指产物不易溶解的溶剂。良溶剂为前驱体的反应提供一个良好的媒介环境，而不良溶剂的加入会导致反应形成的中间体或产物容易沉淀下来，有可能导致中间体或产物之间的相互作用力的加强，因而实现超细纳米晶的合成。这一理念在很多工作中都得到验证，最终实现了很多不同的超细结构的合成。上文重点举例的GdOOH、Y(OH)₃超细纳米晶、硫化铟以及下文讲述的无机单壁纳米管的合成，其方法都可以归结到"良溶剂-不良溶剂"中。

单壁纳米管结构是纳米领域目前最具有吸引力的一种结构，然而目前人们只得到了少数几种单壁纳米管结构。碳纳米管在过去二十多年中得到了极大的关注，如今已经进入了一个成熟发展和应用导向的研究阶段。早在纳米管发现后的第二年，R.Tenne的研究组就通过透射电镜陆续观察到多种硫属化合物的无机纳米管结构，并对其结构进行表征[28]；本质上，任何具有类似石墨层状结构的物质都可以在一定条件下卷曲产生管状或洋葱状结构。人们又陆续使用各种方法在其他体系中得到包括金属[29]、氧化物[30]、氢氧化物[30e]、卤化物[31]及氮化物[32]在内的各类纳米管材料。然而，绝大多数非碳无机纳米管都存在着尺寸不均一特别是层数不可控的问题，而最具有代表意义和研究价值，量子限域效应最为显著的单壁纳米管仍然鲜见报道，仅有的一些例子限于BN系单壁纳米管[33]、MoS₂单壁纳米管[34]、硒酸铀单壁纳米管[35]以及伊毛缩石（imogolite）类矿物[36]的单壁纳米管。无疑，单壁纳米管本身的不稳定性是造成这一局面的重要因素。因此，只有改变已有的合成策略，努力探索新的方法，才有可能在丰富的非碳层状化合物中开辟和发展新的无机纳米管化学。

在单壁纳米管的研究中，有一个问题一直没有被询问过：是单原子层的柔性导致了纳米管可以稳定存在还是单壁纳米管恰好具有单原子层。如果柔性导致纳米管可以稳定存在，也就说明任何物质，不论其晶体结构是怎样的，只要达到超细结构，就可以实现柔性，因而就有可能实现单壁纳米管。这一点在有机分子的组装中得到了充分的证明，有大量的有机分子在合适的相互作用力下可以组装成为单壁纳米管结构，归纳总结发现，这些纳米管是通过分子单体对于弯曲的容忍度实现的。

前文已经讲到，超细纳米晶具有柔性，从原子分子的层次看，说明弱相互作用力可以对纳米晶的形貌产生很大甚至决定性的影响，因此，在合适的相互作用力下，超细纳米晶可以实现各种各样的复杂形貌。前文已经介绍了很多种不同的卷曲结构，然而实现这些复杂结构终归是属于基础科学层次的研究，很难将研究成果直接实现应用。但是正是这些实验现象的观察和总结，促使我们思考是否有可能把更多的材料的尺度限制在亚纳米尺度，以获得单壁纳米管结构。研究表明，这一设想是正确的。

钼氧化物与$Y(OH)_3$类似，可以实现很多不同的纳米卷结构，而通过更加精细的条件控制，可以获得单壁纳米管。三氧化钼有3种常见的晶型：正交的α相、单斜的β相和六方相，其中α相为稳定相。α-MoO_3的晶体结构非常特殊，$[MoO_6]$变形正八面体在平面内共顶点连接构成一个亚层，两个亚层再通过[001]方向共棱连接构成一个完整的双层结构，这一双层结构再通过[010]方向的堆叠形成MoO_3的晶格，双层间仅靠范德华力连接（如图5.22所示）。溶液相中的钼可以$[MoO_x]$为单元，通过共角、共边甚至共面方式缩聚形成多金属氧酸化合物（又称"多酸"）的巨阴离子。而包括MoO_3在内的各种钼氧化合物，也都是通过钼氧多面体的组合堆砌，构建出三维晶体结构的，这与溶液相中多酸巨阴离子的形成并无本质区别。介于宏观晶体和微观多酸团簇巨阴离子之间的介观纳米结构，也必然可以通过组装的方式构建。由于三氧化钼具有独特的双层镶嵌结构，相对石墨、MoS_2等单层结构有着更强的刚性，因此，原则上并不利于卷曲结构的生成。然而，在超细领域，缺陷必定大量存在，弱相互作用力可以在很大程度上影响纳米结构的弯曲等性质。

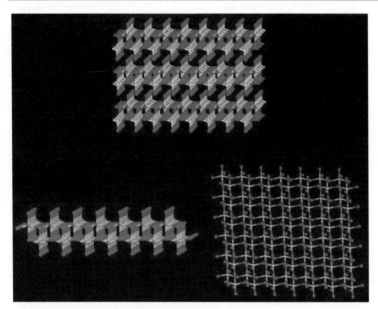

图5.22　三氧化钼双层结构的原子模型

灰色—Mo；红色—O

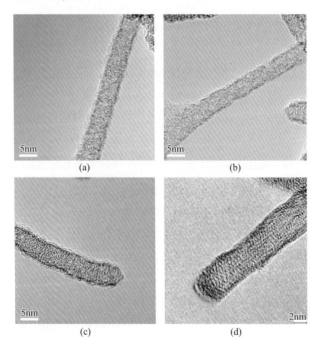

图5.23　MoO₃单壁纳米管的高分辨透射电镜照片

在巧妙的合成控制下，最终能够合成MoO_3单壁纳米管[37]。纳米管尺寸均一，宽度约5～6nm，长度可以延伸数百纳米。如图5.23所示，纳米管管壁很薄，不超过1nm，而且一端往往是封闭的。MoO_3层状结构具有1.4nm的周期和0.5nm的本征层厚，因此可以确定管壁是由一层MoO_3卷曲而成。进一步的合成机理分析发现体系的pH值对于单壁纳米管的生成具有决定性作用，这是由于pH值对于钼酸在溶液中的电荷数和结构都具有决定性作用[38]。而其他的反应条件也都对于MoO_3单壁纳米管的纯度有着控制作用，这是因为它们都会影响单体之间的相互作用力，因而对于最终的形貌产生影响。

在硫化铟的例子中，不仅能观察到超细纳米带的卷曲，还能观察到规整纳米卷组装成为规整的孔道结构，这本身就与纳米管有着一定的相似性。实验表明，进一步增加合成的反应时间或者升高反应的温度，都可以帮助获得单壁纳米管结构。如图5.24所示，单壁纳米管直径约12nm，壁厚约0.6nm。稍微改变实验条件就可以获得非常规整的组装结构，能够观察到这些纳米卷之间的取向连生过程，因此有理由相信纳米管的生长机理正是这些纳米卷取向连生，随后自发调整最后晶化成为纳米管。

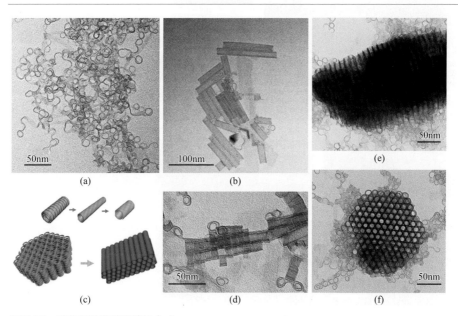

图5.24　硫化铟单壁纳米管的合成

（a）在180℃条件下，反应只能生成纳米带并卷曲；（b）当升温到220℃的时候则可以形成纳米管；（c）推测的纳米管合成机理；（d）、（e）、（f）稍微改变条件能够实现组装结构这些纳米管的合成可以归纳为：限制单体尺寸（零维或一维），调节溶液中合适的作用力，以实现单体的构象变换，最终形成纳米管[27]。这一规律还可以应用到Co(OH)$_2$、磷酸镍以及磷钨酸单壁纳米管的合成中（见图5.25）。通过调整反应条件或者稍微改变不良溶剂的用量，可以获得Co(OH)$_2$双壁纳米管［见图5.25（b）］以及磷钨酸纳米卷结构［见图5.25（c）］。在Co(OH)$_2$单壁纳米管的合成中，其生长规律可表述为图5.26，一维超细纳米结构在合适的作用力强度下自发形成，卷曲成类似弹簧的纳米管生长启动结构，随后晶格融合形成短的纳米管，后来的生长单体在管口沉积生长，最后可以长成长的纳米管，而正在生长的纳米管通过管口的相互融合可以终止纳米管的生长。从这种生长模式推导出来的纳米管长度随时间变化规律可以被实验结果较好地验证。

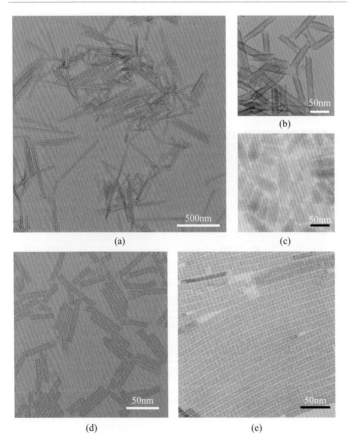

图5.25　其他几种单壁纳米管的合成

（a）、（b）Co(OH)$_2$单壁和双壁纳米管；（c）磷钨酸纳米卷；（d）磷酸镍单壁纳米管；（e）磷钨酸纳米管

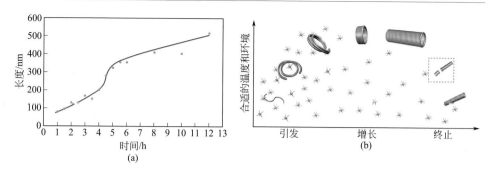

图 5.26　Co(OH)₂ 纳米管生长规律

（a）纳米管长度随反应时间的变化规律；（b）生长机理

通过如此多种单壁纳米管结构的实现，可以确认，正是由于超细结构具有柔性，使得弱相互作用力在材料合成中发挥相当重要的作用，因此能够实现更加丰富的形貌，这与有机纳米管的结论相似。在这些单壁纳米管的基础上，有理由相信未来会有更多基础和应用层面的相关研究出现。

5.2.5
一维金属超细结构

金属与前文所示的化合物不同，其原子与原子的相互作用主要为金属键，因而其合成和性质有着新的特点，这里单独进行简要介绍。实际上金属超细纳米线的合成实例非常有限，仅在贵金属中有所发现。并且很多超细金属纳米线的合成都是依赖于模板，可以利用外界提供的空间限制生成超细纳米晶，也可以利用牺牲模板的方法合成纳米线。贵金属相比于前文所示的化合物，其超细结构在电镜下相比更加稳定，因此有可能利用电镜的方法直接观察超细纳米线的具体结构；同时贵金属往往具有很好的催化反应活性，而超细纳米线具有极高的表面原子数量，同时表面原子的配位情况又与常规形貌有所不同，因而超细纳米线能够具有比块体更加优异的电化学活性。

贵金属一维结构的合成在前几章中都有所介绍，这里深入讨论部分贵金属超细纳米线的具体合成方法和原理。

利用油胺作为还原剂，可以将氯金酸还原为单质 Au，在合适的反应条件下可以合成直径在 2nm 以内的 Au 超细纳米线。研究表明，在油胺浓度较低的情况下，纳米线的合成与前文其他超细纳米线的合成相似,是遵守取向连生机理的[8]。如图5.27(a)～(c)所示,合成过程存在不同的连接方式,图5.27(a)显示出晶体的完美连接,而图5.27(b)的连接方式则会造成孪晶的出现,但是由于Au本身晶界能量不高,因此图5.27(b)中的连接方式也能经常被观察到。图5.27(c)中可以看到晶界(twin boundary, TB)以及堆积层错(stacking fault, SF)的出现。如图5.27(d)所示,这种条件下合成的产物并不是很纯,产物中存在很多颗粒。体系中加入三异丙基硅烷可以加速这一反应过程,并获得较纯的产物[39]。

将实验方案改进,直接把合适浓度的氯金酸加入到油胺中,室温反应若干天,可以得到高纯度的纳米线[40]。如图5.27(e)所示,这些纳米线均沿[111]方向生长,直径在1.6nm左右。利用X射线光电子能谱以及小角XRD等手段,可以分析其生长机理为:金元素的化合价在整个过程中从+3价先被还原成为+1价,之

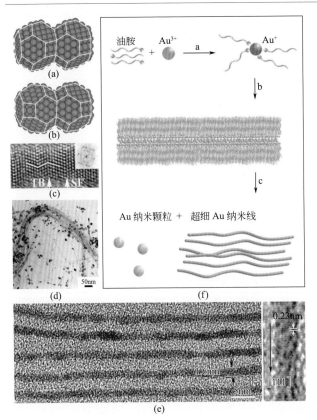

图5.27 (a)Au颗粒的完美连接;(b)孪晶连接;(c)连接过程中的晶界和堆积层错;(d)合成的超细纳米线纯度不高;(e)改进实验条件获得的高纯度的超细纳米线及其(f)生长机理

后继续被还原成为金属态。而利用小角XRD可以发现，在氯金酸加入油胺中的时候，体系中马上表现出软模板的性质，出现了纳米级通道结构。可以推测正是这种通道结构帮助Au最终实现超细纳米线结构。以油胺为模板合成的纳米线具有疏水性质，而利用十六烷基三甲基溴化铵为软模板也可以合成直径相似的超细金纳米线，但具有亲水性质[41]。

除了这种软模板方法，还可以利用一些分子级孔洞结构设计合成具有原子级直径的超细纳米线。利用如图5.28（b）所示的2-甲基对苯二酚的杯芳烃结构组装成如图5.28（a）所示的孔道结构，利用光电化学的方法将Ag原位生长在孔道中，可以获得直径约为0.4nm的超细纳米线[42]。如图5.28（e）、（f）所示，原子链沿着[110]方向伸长，这个方向上原子间距为0.275nm，直径方向上的原子间距为0.231nm，不同纳米线之间的距离为1.2nm。

牺牲模板法也是一种合成贵金属超细纳米线的常用方法。Te和Se容易形成分子链，因而容易得到其纳米线结构，同时这两种元素化学活性较高，可以将贵金属盐还原为金属态，通过对反应条件合理的控制，可以使还原得到的贵金属以纳

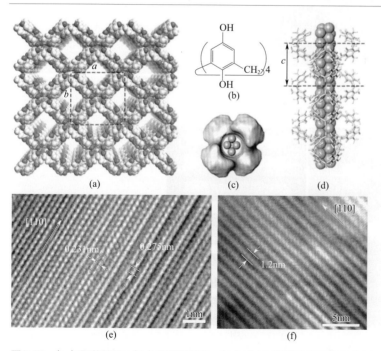

图5.28 （a）组装结构；（b）杯芳烃结构；（c）、（d）银原子在组装孔道中的结构，蓝色小球表示Ag原子；（e）、（f）纳米线的高分辨电镜图

米线的方式呈现。如图5.29所示，这种方法以Te线为模板可以实现多种材料纳米线结构，其中对于合成Pd、Pt等半径约5nm的纳米线比较有效。调整反应条件可以获得PbTe、CdTe、Bi_2Te_3、Ag_2Te以及$Cu_{1.75}Te$等纳米线[43]，然而这种方法合成的纳米线结构直径往往在5nm以上，并没有表现出非常异于大尺寸纳米晶的性能。

得益于贵金属在高分辨电镜下的稳定性以及其晶体结构的简单性，人们可以利用高分辨电镜对超细纳米线的结构进行仔细的表征。Au及其合金的超细纳米线结构被广泛研究，这里简要介绍几个例子。如图5.30（a）、（b）所示，Au纳米

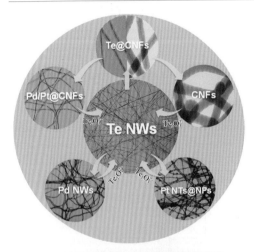

图5.29　以Te线为模板合成多种纳米线结构

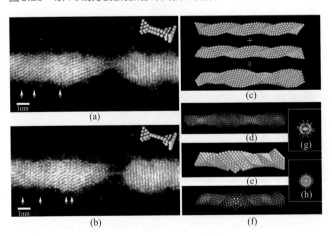

图5.30　（a）、（b）超细Au纳米线的扫描透射电镜照片；（c）～（f）超细Au-Ag纳米线的模型图和相应扫描透射电镜模拟图；（g）、（h）相应傅里叶变换斑，这些模拟结果被实验证实

线表面结构并不平整[44]，比较复杂，而且纳米线在高分辨电子束下并不是非常稳定，容易断裂，断裂将从直径比较小的部分开始，原子慢慢离去，甚至有可能形成单原子链，随后完全断裂。而对于Au-Ag纳米线，其结构可能更加复杂，如图5.30（c）～（h）所示，纳米线中存在十面体和二十面体的区域[45]，堆积成为有手性的结构。

在这个尺度内，贵金属同样具有一定的柔性。Au超细纳米线在可以在高分子的帮助下实现卷曲。如图5.31所示，Au纳米线在表面修饰聚苯乙烯-聚丙烯酸共

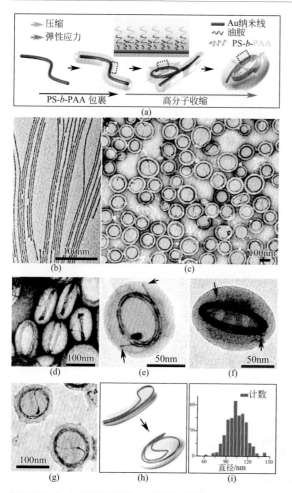

图5.31 （a）油胺包覆的Au超细纳米线在高分子包覆后，随着高分子浓度的增加，会逐步形成卷曲结构；（b）未修饰高分子的纳米线；（c）、（d）修饰高分子之后的纳米线盘；（e）、（f）两种典型的线盘结构；（g）、（h）另外一种弯曲方式；（i）纳米线盘直径分布

聚物（PS-*b*-PAA）之后，能够自发地形成线盘，实现丰富的构象[46]。这与前文的非贵金属超细纳米线有一定的相似性。

由于Au-Ag合金超细纳米线中Ag本身相对比较活泼，可以与Pd、Pt甚至外加的Au离子发生电化学腐蚀，因而发生一些结构的转变[14]。而Au-Ag合金超细纳米线本身结构比较复杂，存在十面体和二十面体堆积造成的手性结构，因此发生电化学腐蚀的过程有可能造成一些应力的释放，实现独特的结构。实验证明，用包含Pd、Pt或者Au离子的溶液在还原性氛围下处理Au-Ag超细纳米线，可以得到独特的双螺旋结构（见图5.32）。

对于贵金属，人们更加关心的是其催化活性，因而大部分研究都是为了体现超细纳米线能够拥有很高的低配位数表面原子，从而拥有更高的催化活性，这也是贵金属超细纳米线相比于一般纳米晶具有的显著差异。直径约为3nm的Pt纳米线能够表现出比商用Pt/C催化剂高一倍多的甲酸氧化催化的活性，即使

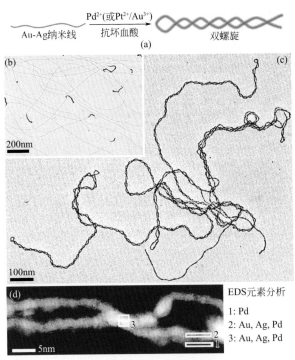

图5.32 （a）Au-Ag超细纳米线经过处理变为双螺旋结构的示意图；（b）Au-Ag超细纳米线电镜图；（c）处理过后的(Au-Ag)@Pd双螺旋结构电镜图；（d）(Au-Ag)@Pd双螺旋结构的扫描电镜照片及能谱分析

经历3000次循环之后活性依然较高，而同样条件下商用Pt/C催化剂催化活性已经几乎消失，这种高活性同样表现在甲醇氧化上，均比商用Pt/C催化剂高出不少[47]。

很多研究已经表明，Au纳米颗粒对于CO_2的电催化还原有较好的性能，而这种性能有严格的尺寸依赖效应，只有在合适的尺寸下才具有最高的特异性[48]，造成这种现象的原因是不同尺寸的Au纳米颗粒棱上原子所占比例不一样，而正是这种低配位数的棱上原子对于催化有活性，因此增加棱上原子所占比例对于催化性能的提升有较大作用。对于超细纳米线，其棱上原子所占比例大大增加，因此对于催化性能有很大的提升[49]，实验验证了这个猜想，并且理论计算也进一步表明，正是因为棱上原子的增加导致了催化活性的增加。

5.2.6
一维材料力学性能与尺度的关系

前文中已经由各种现象说明了超细纳米线具有柔性，这种柔性与高分子有着很大的相似性，这里简单阐述一下超细纳米晶的力学性能与尺度的关系。不过令人遗憾的是，目前还没有研究能够实现对单根纳米线力学性能的测量，只有少数的研究表明随着尺度的变化，纳米棒或纳米线的力学常数的变化，而不同的实验得出了不一致的结论[50]。由于超细纳米晶本身结构的特殊性，这些规律是否能利用到超细领域还不得而知。

基于连续介质力学，以简单的悬臂梁为模型考虑纳米带可以的弯曲程度（见图5.33），则应力能E_s可表达为：

$$E_s = \frac{YIl}{2R^2}$$

式中，Y为杨氏模量；$I=bh^3/12$是宽度为b、厚度为h的纳米带截面的惯性矩；l为纳米卷的周长；R是形成的卷的半径。YI代表刚度，与纳米带厚度的3次方成正比，也即纳米带厚度减小，它的刚度就急剧降低。因此，可以看出不足1nm厚的纳米带刚度非常小，具有柔性。由于E_s和R^2成反比，如果形成的卷曲的半径过小则应力能E_s增加，在卷曲的能量效果和弯曲引起的应力的能量效果平衡下，可以解释前文所述硫化铟纳米卷的稳定性。

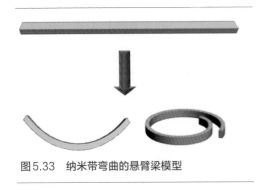

图5.33　纳米带弯曲的悬臂梁模型

从化学键的角度出发也可对柔性进行一定的估算。对于C—C单键，其旋转能垒在k_BT的量级，常温下约为10^{-21}的量级。而在离子晶体中，纯粹考虑其电荷相互作用，当少量离子（考虑为10～1000的数量）距离稍微增加的时候，能量变化可以用静电力对距离的积分估算，其量级在10^{-27}～10^{-25}左右，也即表明离子晶体有可能实现比C—C键更加灵活的构象。不过这一结论是建立在两点基础之上的，首先发生位置变化的离子的数量非常少，这在宏观晶体甚至一般纳米晶中是很难实现的，它们的晶化程度较高，因而某一个位点的离子发生位置的变化对应的都是整个晶体中的位置的联动变化。另一个前提是离子之间的作用力仅用点电荷静电力考虑，这在实际中是否有效还不得而知。但是从这些量级估算来看，超细纳米材料在能量本质上是有可能本身就具有柔性的。也就说明，在这一尺度上，弱相互作用力可以发挥很大作用，甚至对产物的性质产生决定性的影响。"良溶剂-不良溶剂"的组合可以实现调节体系中的相互作用力，从而达到影响产物结构的目的。

如果能够对超细纳米线本身的结构有更明确的认识，其性质的来源应该可以被进一步揭示，而且有可能对其有更多的性质预测。然而超细纳米线在高能电子束下并不稳定，因此对其进行结构表征具有很大的困难，解决这一困难的方法只能寄希望于未来无损表征技术的极大发展。

5.3
二维超细纳米晶

石墨烯的研究热潮带动了一大批原子级厚度超薄纳米材料的研究[51]，如图5.34所示，目前热门的二维材料除了石墨烯，还有氮化硼（h-BN）、过渡金属硫属化物（TMDs）、二维金属-有机框架化合物（MOFs）、二维共价框架化合物

（COFs）、过渡金属碳化物（MXenes）、层状双氢氧化物（LDHs）、二维氧化物（oxides）、二维金属（metals）以及黑磷（BP）等。由于其独特的单层结构，它们的电子结构往往与相应块体材料有较大不同，因而表现出非常独特的性能。以石墨烯为例，其表现出极高的载流子迁移率［约10000cm^2/（V·s）］、极大的比表面积（2630m^2/g）、高的透光率（约97.7%）和低的

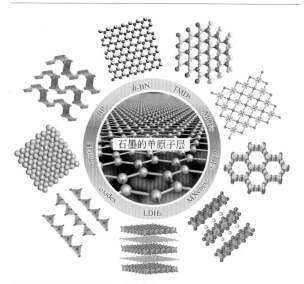

图5.34　目前的热门二维材料

吸收率（约2.3%）以及几乎可以忽略的反射率（约0.1%）、高杨氏模量（约1TPa），同时具有极高的热导率［3000～5000W/（m·K）］。在过渡金属硫属化合物中，研究的最多的要数MoS$_2$，当把MoS$_2$的厚度从块体降到单原子层时，其能带结构将从约1.3eV的非直接带隙降为约1.8eV的直接带隙。对于半导体能带结构的调控将为下一代晶体管的设计提供新的材料，因此在应用上极具潜力。

尺度是纳米科学的根基，尺度的减小，带来了电子结构的改变，因而使得材料拥有独特的性能。而正是由于合成方法的一步步发展，才为这些材料的发现和应用带来了可能。在学科发展较早的时候，人们只能合成那些稳定的并且晶体结构中本身具有层状结构的二维材料，比如石墨烯、氮化硼、过渡金属硫属化合物、层状双氢氧化物、二维氧化物等。随着合成技术的发展，人们终于能够合成那些晶体结构中不具备层状结构的二维材料，比如二维金属材料、二维金属-有机框架化合物和共价框架化合物等，甚至合成一些不太稳定的二维材料，如黑磷等。可以预见，随着合成手段的进步，未来将会有更多的神奇的二维材料被发现，有望创造人类材料利用的新历史。

从合成的角度看，所有的二维材料合成都可以分为两个类别：从上至下法（top-down）和由下至上法（bottom-up）。从上至下法对于那些层状结构化合物有着很好的效果，其晶体结构中层间通过弱相互作用力连接，因此可以利用剥离的

方式最终获得单层结构。而由下至上法则有可能创造性地合成更多复杂的二维材料。具体来看，可以分为机械剥离法（mechanical cleavage）、液相剥离法（liquid exfoliation）、离子插入剥离法（ion intercalation and exfoliation）、选择性刻蚀法（selective etching）、化学气相沉积法（chemical vapor deposition，CVD）以及湿法化学合成（wet-chemical synthesis）这几种方法。

　　机械剥离是一种传统的将层状晶体用外力剥离的方法。石墨烯可以通过这种方法获得，在操作中，先将石墨粘到胶带上，利用胶带的反复粘撕，就可以在胶带上获得单层石墨烯，最后将石墨烯转移到基底上即可获得石墨烯。除石墨烯之外，h-BN、MoS_2、$NbSe_2$、$Bi_2Sr_2CaCu_2O_x$以及其他的硫属化合物如TiS_2、TaS_2、WS_2、WSe_2、$TaSe_2$等化合物都可以用机械剥离的方法获得。但是这种方法有着几个严重的缺点：首先是产率低，无法实现大规模生产；其次是必须要有一种基底来支撑合成的单层材料；并且这种方法难以实现对产物厚度、尺寸和形貌等的控制。

　　除机械剥离外，液相剥离也是一张常用的剥离手段[52]。借助溶液环境对单层物质的稳定作用，利用机械外力如超声或者搅拌等，都可以促进层状晶体的解离。常用的溶剂有 N-甲基吡咯烷酮以及 N,N-二甲基甲酰胺等。如图5.35所示，在这种方法中，溶剂的选择非常重要，只有通过对溶剂表面张力的调整，使其与单层二维材料匹配以获得最大的稳定性能，才可以获得稳定分散的二维材料。当二者非常匹配的时候，有可能直接将晶体放到溶剂中就实现剥离。幸运地是，溶剂的表面张力可以通过很多种方法调整，比如混合不同类的溶剂、加入表面活性剂、

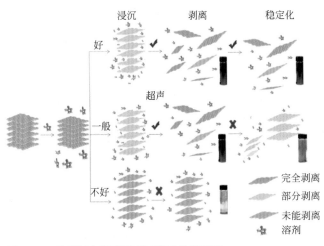

图5.35　不同溶剂对于剥离效果影响的示意图

改变反应的温度等。利用这种方法可以合成石墨烯、*h*-BN、过渡金属硫属化合物、金属氧化物（如 WO_3 等）、氢氧化物、MOF、BP 等二维材料。这种方法产率较高，可以实现大量生产，同时成本较低。但是这种方法对于材料的层数依然不可控制，尺寸也不能调节，并且经常要用到一些有毒有机溶剂。与前一种方式相同，这种方法也只适用于层状晶体。

离子插层剥离法是指通过外加离子插入晶格之中，减弱晶格层间的作用力，然后通过外力的方法实现剥离形成单层或少数几层的二维材料。常用的插层物质一般是金属有机化合物，如丁基锂、萘基金属（Li、Na、K）等。以过渡金属硫属化合物为例，在实验中将晶体浸入包含插层物质的溶液中或者加热回流溶液，即可直接得到产物。也可以用电化学的方法控制离子的嵌入迁出来实现剥离。由于 Li 离子对于硫属化合物的物相有调节作用，因此可以实现产物单层结构的控制，从而达到对于产物性质的调控。这种方法往往需要相对较高的温度（比如 100℃）以及相对较长的反应时间（比如 3d），而且由于实验中使用了金属-有机化合物，因而操作中还需要考虑安全因素。

选择性刻蚀和剥离的方法被用于合成超薄过渡金属碳化物材料（MXene）。超薄过渡金属碳化物可以从晶体 MAX 相刻蚀剥离得到，MAX 晶体往往具有层状结构，M 是指前过渡金属，如 Ti 等；A 是指主族元素，一般是第ⅢA族或者ⅣA族元素；X 是指 C、N。MAX 晶体层状结构中层内有强的 M—X 共价键/金属键/离子键，如果 A 是 Al 元素，其层间的作用力也将包含金属键，这比前文所述的一般的层状晶体中层间作用力要强很多，其合成方法也较为困难，因此合成其二维材料往往更加困难。如图 5.35 所示，其合成方法往往是将 MAX 粉末加入到 HF 溶液中并搅拌，HF 能够选择性刻蚀 MAX 中的 A 离子层，并且不会破坏其中 M—X 化学键。选择性刻蚀可以获得像膨胀石墨烯一样的蓬松产物，对这一产物进行超声即可获得层状过渡金属碳化物材料。通过这种方法，可以制得 Ti_3C、Ti_2C、Nb_2C、V_2C、$(Ti_{0.5},Nb_{0.5})_2C$、$(V_{0.5},Cr_{0.5})_3C_2$、Ti_3CN 以及 Ta_4C_3 的二维材料，并且反应产率较高，可以大规模生产。然而并不是所有的 MAX 相物质都可以用这种方法获得相应碳化物，而且 HF 是一种强腐蚀性的化合物，因此操作也具有一定的难度。

CVD 是一种最常用的二维材料合成方法，通过对气相原料、沉积基底、气流速度、温度等试验参数的调控，人们可以获得非常多种类的高质量二维材料，比如石墨烯、过渡金属硫属化合物、*h*-BN、拓扑绝缘体（如 In_2Se_3、Bi_2Se_3）、金属氧化物、碳化物等。这种方法合成的二维材料往往晶化程度比较高、缺陷少，并且有可能实现厚度和尺寸的控制。通过调节反应参数，可以制得诸如范德华异质结（van der Waals heterojunction）、侧边异质结（lateral heterojunction）等非常丰富的材料种类。对于这一方法，有非常多的综述性文章和书籍对此做了详细介绍，因此在这里并不多做介绍。实际上利用物理气相沉积的方法，可以在基底上合成多种原子级厚度的金属片，但这不在本书的考虑范围之内。

湿法化学合成也是一种非常常用的合成方法。这是一种典型的由下至上的合成方法，在这种方法中，通过对反应物前驱体的选择以及反应条件的控制来合成超薄纳米片，在这个过程中，经常通过加入合适的表面活性剂来控制产物的大小、形状以及形貌，能够可控地获得一些新奇的形貌，具有无可比拟的优点。在合成中，模板辅助（templated synthesis）、水热/溶剂热（hydro/solvothermal）以及软胶体合成（soft colloidal synthesis）的手段经常被利用。利用这种方法除了可以合成层状化合物之外，还可以合成很多非层状化合物的二维超薄片结构，比如贵金属（Au、Pd、Rh等）、金属氧化物（TiO_2、CeO_2、In_2O_3、SnO_2、Fe_2O_3等）、金属硫化物（PbS、CuS、SnSe、ZnSe、ZnS、CdSe等）。在这种方法中，对于非层状结构往往需要对产物的生长在某个面进行极大的限制，从而使其只在某个平面生长，最终长成二维结构。以金属为例，表5.2列出了目前一些无基底支撑的金属超薄二维纳米材料的合成方法[53]。

表5.2　无基底支撑的金属超薄二维纳米材料的合成方法

金属	厚度	形貌	合成方法
Rh	0.4nm[54]	单层纳米片	溶剂热
	1nm[55]	超薄纳米片	无表面活性剂的水热方法
Ru	2～4nm[56]	三角片	水热合成
Pd	1.8nm[57]	六边形片	利用CO的强吸附限制生长
Au	2.4nm[58]	六方最密堆积方形片	以氧化石墨烯作为模板
	3.6nm[59]	大单晶纳米片	表面活性剂软模板
Ag	5nm（最薄处）[60]	微米长度三角片	晶种法
Pd@Ag	3.5nm[61]	核壳结构六边形片	晶种法
Pd@Au	4nm[62]	核壳结构六边形片	晶种法
PtCu	0.88～1.31nm[63]	纳米片和纳米锥	胶体限制形核和生长
	0.17nm[64]	纳米片	可以与Pd、Pt、Ru、Rh、Ir等形成复合结构
Fe	约0.2nm[65]	单原子膜	分散在石墨烯的孔中
Cu	1.3nm[66]	纳米带	团簇组装

除了材料的合成，从化学的角度研究二维超细纳米材料与一般纳米材料的区别能够帮助我们利用这些材料实现更多的应用，不过令人遗憾的是，这方面的研究还没有扩展到很多方面，最热门的研究还集中在电催化性质方面。目前很多电催化研究集中在电催化氢气生成反应（hydrogen evolution reaction，HER）、电催化氧气生成反应（oxygen evolution reaction，OER）、电催化氧还原反应（oxygen reduction reaction，ORR）以及电催化甲醇（甲醛、甲酸）氧化反应等领域，还有很多能源方面的研究集中在超级电容器上，这些研究都是为了应对未来的能源危机，而这些研究的最成熟的材料往往都是贵金属，但是地球上贵金属含量有限，因此寻找廉价的贵金属替代品，以及更高效的催化剂显得极为有意义。以MoS_2为例，单层MoS_2表现出优异的HER活性，它的边缘位点是催化活性中心，而其面内原子则需要进行一定的设计才能表现出催化活性，因此提高其边缘位点数量是提高催化性能的重要手段。在石墨烯中掺杂N、S、P或B，能够大大调节石墨烯的电化学性质。在超薄材料中，其电子结构与相应块体材料有很多区别，很多超薄材料在费米能级附近出现了较高的态密度，意味着其电化学活性将会有很大的提高，这在$CoSe_2$、Co_3S_4、In_2S_3、$NiCo_2O_4$、Ni_3N等材料[67]上得到了验证。

5.4
本章小结

超细纳米晶是目前纳米领域一个非常热门的研究方向。得益于合成方法的发展，人们终于可以将研究目光放在亚纳米尺度上，在这个尺度上的纳米晶有着与一般纳米晶很不一样的性质。一维超细纳米晶有着独特的类高分子性能，这与一般的一维材料极不相同，而二维超细纳米材料的研究也有着非常独特的特点，它们独特的电子结构为其带来了独特的电学性能以及电化学性能。而在材料的具体合成上，尽管它们的合成机理并没有一个统一的理论，但越来越多的实验现象发现超细纳米颗粒的取向连生将是一维超细纳米晶合成的一个重要方式。对于二维材料，目前更多的研究还是集中在层状物质上，而一般的材料的二维研究还处于起步阶段。从发展的角度来看，只有在各种材料的合成研究上取得了极大的进展、各方面的知识积累成熟之后，才能从更统一的角度揭示、解释和指导材料的合成，这对于化学本身的意义是重大的。而且伴随着这一进程，材料的应用研究也会迎来重要的突破，一些新的材料将不断挑战传统材料的性质，推动社会的进步和发展。

参考文献

[1] (a)Aiken JD Ⅲ, Finke RG. Journal of Molecular Catalysis A: Chemical, 1999, 145: 1-44;(b)Schmid G. Endeavour, 1990, 14: 172-178.

[2] Daniel MC, Astruc D. Chemical Reviews, 2004, 104: 293-346.

[3] Bruchez M, Moronne M, Gin P, Weiss S, Alivisatos AP. Science, 1998, 281: 2013-2016.

[4] Valden M, Lai X, Goodman DW. Science, 1998, 281: 1647-1650.

[5] (a)Hu S, Wang X. Chemical Society Reviews, 2013, 42: 5577-5594;(b)Cademartiri L, Ozin GA. Advanced Materials, 2009, 21: 1013-1020.

[6] Zhu G, Zhang S, Xu Z, Ma J, Shen X. Journal of the American Chemical Society, 2011, 133: 15605-15612.

[7] Liu C, Sun H, Yang S. Chemistry-a European Journal, 2010, 16: 4381-4393.

[8] Halder A, Ravishankar N. Advanced Materials, 2007, 19: 1854-1858.

[9] Xi G, Ouyang S, Li P, Ye J, Ma Q, Su N, Bai H, Wang C. Angewandte Chemie-International Edition, 2012, 51: 2395-2399.

[10] Xiang G, Wang YG, Wu D, Li T, He J, Li J, Wang X. Chemistry-a European Journal, 2012, 18: 4759-4765.

[11] Yao T, Zhao Q, Qiao Z, Peng F, Wang H, Yu H, Chi C, Yang J. Chemistry-a European Journal, 2011, 17: 8663-8670.

[12] Huang X, Li S, Wu S, Huang Y, Boey F, Gan CL, Zhang H. Advanced Materials, 2012, 24: 979.

[13] Jesus Velazquez-Salazar J, Esparza R, Javier Mejia-Rosales S, Estrada-Salas R, Ponce A, Deepak FL, Castro-Guerrero C, Jose-Yacaman M. ACS Nano, 2011, 5: 6272-6278.

[14] Wang Y, Wang Q, Sun H, Zhang W, Chen G, Wang Y, Shen X, Han Y, Lu X, Chen H. Journal of the American Chemical Society, 2011, 133: 20060-20063.

[15] Cademartiri L, Guerin G, Bishop KJM, Winnik MA, Ozin GA. Journal of the American Chemical Society, 2012, 134: 9327-9334.

[16] Shen S, Zhuang J, Xu X, Nisar A, Hu S, Wang X. Inorganic Chemistry, 2009, 48: 5117-5128.

[17] Hu S, Liu H, Wang P, Wang X. Journal of the American Chemical Society, 2013, 135: 11115-11124.

[18] (a)Penn RL, Banfield JF. Science, 1998, 281: 969-971;(b)Banfield JF, Welch SA, Zhang HZ, Ebert TT, Penn RL. Science, 2000, 289: 751-754.

[19] Ni B, Wang X. Crystengcomm, 2015, 17: 6796-6808.

[20] Wang PP, Yu Q, Long Y, Hu S, Zhuang J, Wang X. Nano Research, 2012, 5: 283-291.

[21] Bishop KJM, Wilmer CE, Soh S, Grzybowski BA. Small, 2009, 5: 1600-1630.

[22] Wu Z, Li Y, Liu J, Lu Z, Zhang H, Yang B. Angewandte Chemie International Edition, 2014, 53: 12196-12200.

[23] (a)Wu Z, Liu J, Gao Y, Liu H, Li T, Zou H, Wang Z, Zhang K, Wang Y, Zhang H, Yang B. Journal of the American Chemical Society, 2015, 137: 12906-12913;(b)Wu Z, Liu J, Li Y, Cheng Z, Li T, Zhang H, Lu Z, Yang B. ACS Nano, 2015, 9: 6315-6323.

[24] Wikipedia, The Free Encyclopedia. Wikipedia, Viscosity, [2016-10-15]. http: //en. wikipedia. org/wiki/Viscosity.

[25] Wang PP, Yang Y, Zhuang J, Wang X. Journal of the American Chemical Society, 2013, 135: 6834-6837.

[26] Xia Y, Xiong Y, Lim B, Skrabalak SE. Angewandte Chemie International Edition, 2009, 48: 60-103.

[27] Ni B, Liu H, Wang PP, He J, Wang X. Nat Commun, 2015, 6: 8756.

[28] Tenne R, Margulis L, Genut M, Hodes G. Nature, 1992, 360: 444-446.

[29] Li YD, Wang JW, Deng ZX, Wu YY, Sun XM, Yu DP, Yang PD. Journal of the American Chemical Society, 2001, 123: 9904-9905.

[30] (a)Spahr ME, Bitterli P, Nesper R, Muller M, Krumeich F, Nissen HU. Angewandte Chemie-International Edition, 1998, 37: 1263-1265;(b) He T, Xiang L, Zhu S. Langmuir, 2008, 24: 8284-8289;(c)Yu T, Park J, Moon J, An K, Piao Y, Hyeon T. Journal of the American Chemical Society, 2007, 129: 14558-14559;(d)Kobayashi Y, Hata H, Salama M, Mallouk TE. Nano Letters, 2007, 7: 2142-2145;(e)Zhuo L, Ge J, Cao L, Tang B. Crystal Growth & Design, 2009, 9: 1-6.

[31] Zeng J, Liu C, Huang J, Wang X, Zhang S, Li G, Hou J. Nano Letters, 2008, 8: 1318-1322.

[32] Goldberger J, He RR, Zhang YF, Lee SW, Yan HQ, Choi HJ, Yang PD. Nature, 2003, 422: 599-602.

[33] (a)Lee RS, Gavillet J, de la Chapelle ML, Loiseau A, Cochon JL, Pigache D, Thibault J, Willaime F. Physical Review B, 2001, 64: 1405; (b)Loiseau A, Willaime F, Demoncy N, Hug G, Pascard H. Physical Review Letters, 1996, 76: 4737-4740.

[34] Remskar M, Mrzel A, Skraba Z, et al. Science, 2001, 292: 479-481.

[35] Krivovichev S V, Kahlenberg V, Tananaev I G, et al. J Am Chem Soc, 2005, 127: 1072-1073.

[36] (a)Farmer V C, Fraser A R, Tait J M. J Chem Soc Chem Commun, 1977: 462-463;(b)Yang H, Wang C, Su Z. Chem Mater, 2008, 20: 4484-4488.

[37] Hu S. Wang X. J Am Chem Soc, 2008, 8126-8127.

[38] Hu S. Ling X. Lan T, Wang X. Chem Eur J, 2010, 16: 1889-1896.

[39] Feng HJ, Yang YM, You YM, Li GP, Guo J, Yu T, Shen ZX, Wu T, Xing BG. Chem Commun, 2009: 1984-1986.

[40] (a)Morita C, Tanuma H, Kawai C, Ito Y, Imura Y, Kawai T. Langmuir, 2013, 29: 1669-167;(b)Huo ZY, Tsung CK, Huang WY, Zhang XF, Yang PD. Nano Lett, 2008, 8: 2041-2044.

[41] Li B, Jiang BB, Tang HL, Lin ZQ. Chem Sci, 2015, 6: 6349-6354.

[42] Hong BH, Bae SC, Lee CW, Jeong S, Kim KS. Science, 2001, 294: 348.

[43] Yang H, Finefrock SW, Albarracin Caballero JD, Wu Y. J Am Chem Soc, 2014, 136: 10242.

[44] Lacroix LM, Arenal R, Viau G. J Am Chem Soc, 2014, 136: 13075.

[45] Velázquez-Salazar JJ, Esparza R, Mejía-Rosales SJ, EstradaSalas R, Ponce A, Deepak FL, Castro-Guerrero C, JoséYacamán M. ACS Nano, 2011, 5: 6272.

[46] Xu J, Wang H, Liu CC, Yang YM, Chen T, Wang YW, Wang F, Liu XG, Xing BG, Chen HY. J Am

Chem Soc, 2010, 132: 11920-11922.

[47] Xia BY, Wu HB, Yan Y, Lou XW, Wang X. J Am Chem Soc, 2013, 135: 9480.

[48] (a)Zhu W, Michalsky R, Metin Ö, Lv H, Guo S, Wright CJ, Sun X, Peterson AA, Sun S. J Am Chem Soc, 2013, 135: 16833;(b)Mistry H, Reske R, Zeng Z, Zhao ZJ, Greeley J, Strasser P, Cuenya BR. J Am Chem Soc, 2014, 136: 16473.

[49] Zhu W, Zhang YJ, Zhang H, Lv H, Li Q, Michalsky R, Peterson AA, Sun S. J Am Chem Soc, 2014, 136: 16132.

[50] (a)Galt HC. J Phys Rev, 1952, 85: 1060-1061;(b) Brenner SS. J Appl Phys, 1956, 27: 1484;(c) Uchic MD, Dimiduk DM, Florando JN, Nix WD. Science, 2004, 305: 986-989;(d)Deng QS, Cheng YQ, Yue YH, Zhang L, Zhang Z, Han XD, Ma E. Acta Mater, 2011, 59: 6511-6518; (e)Tian L, Cheng YQ, Shan ZW, Li J, Wang CC, Han XD, Sun J, Ma. E Nat Commun, 2012, 3: 609; (f) Wang YB, Wang LF, Joyce HJ, Gao Q, Liao XZ, Mai YW, Tan HH, Zou J, Ringer SP, Gao HJ, Jagadish C. Adv Mater, 2011, 23: 1356-1360; (g)Bao PT, Wang YB, Cui XY, Gao Q, Yen HW, Liu HW, Yeoh WK, Liao XZ, Du SC, Tan HH, Jagadish C, Zou J, Ringer SP, Zheng RK. Appl Phys Lett, 2014, 104: 021904; (h)Yue YH, Liu P, Zhang Z, Han XD, Ma E. Nano Lett, 2011, 11: 3151-3155; (i)Wang LH, Liu P, Guan PF, Yang MJ, Sun JL, Cheng YQ, Hirata A, Zhang Z, Ma E, Chen MW, Han XD. Nat Commun, 2013, 4: 2413; (j)Han XD, Zheng K, Zhang YF, Zhang XN, Zhang Z, Wang ZL. Adv Mater, 2007, 19: 2112-2118; (k)Wang LH, Zheng K, Zhang Z, Han XD. Nano Lett, 2011, 11: 2382-2385; (l)Han XD, Zhang YF, Zheng K, Zhang XN, Zhang Z, Hao YJ, Guo XY, Yuan J, Wang ZL. Nano Lett, 2007, 7: 452-457; (m)Zhu Y, Xu F, Qin QQ, Fung WY, Lu W. Nano Lett, 2009, 9: 3934-3939; (n)Chen

YJ, Gao Q, WangYB, An XH, Liao XZ, Mai YW, Tan HH, Zou J, Ringer SP, Jagadish C. Nano Lett, 2015, 15: 5279-5283.

[51] Zhang H. ACS Nano, 2015, 9: 9454-9469.

[52] Shen JF, He YM, Wu JJ, Gao CT, Keyshar K, Zhang X, Yang YC, Ye MX, Vajtai R, Lou J, Ajayan PM. Nano Lett, 2015, 15: 5449-5454.

[53] Ling T, Wang JJ, Zhang H, SongST, Zhou YZ, Zhao J, Du XW. Adv Mater, 2015, 27: 5396-5402.

[54] Duan H, Yan N, Yu R, Chang CR, Zhou G, Hu HS, Rong H, Niu Z, Mao J, Asakura H, Tanaka T, Dyson PJ, Li J, Li Y. Nat Commun, 2014, 5: 3093.

[55] Hou C, Zhu J, Liu C, Wang X, Kuang Q, Zheng L. Cryst Eng Comm, 2013, 15: 6127.

[56] Yin AX, Liu WC, Ke J, Zhu W, Gu J, Zhang YW, Yan CH. J Am Chem Soc, 2012, 134: 20479.

[57] Huang XQ, Tang SH, Mu XL, Dai Y, Chen GX, Zhou ZY, Ruan FX, Yang ZL, Zheng NF. Nat Nanotechnol, 2011, 6: 28.

[58] Huang X, Li SZ, Huang YZ, Wu SX, Zhou XZ, Li SZ, Gan CL, Boey F, Mirkin CA, Zhang H. Nat Commun, 2011, 2: 292.

[59] Niu J, Wang D, Qin H, Xiong X, Tan P, Li Y, Liu R, Lu X, Wu J, Zhang T, Ni W, Jin J. Nat Commun, 2014, 5: 3313.

[60] Zhang Q, Hu Y, Guo S, Goebl J, Yin Y. Nano Lett, 2010, 10: 5037.

[61] Huang X, Tang S, Liu B, Ren B, Zheng N. Adv Mater, 2011, 23: 3420.

[62] Chen M, Tang S, Guo Z, Wang X, Mo S, Huang X, Liu G, Zheng N. Adv Mater, 2014, 26: 8210.

[63] Saleem F, Zhang Z, Xu B, Xu X, He P, Wang X. J Am Chem Soc, 2013, 135: 18304.

[64] Saleem F, Xu B, Ni B, Liu HL, Nosheen F, Li HY, Wang X. Adv Mater, 2015, 27: 2013-2018.

[65] Zhao J, Deng Q, Bachmatiuk A, Sandeep G,

Popov A, Eckert J, Ruemmeli MH. Science, 2014, 343: 1228.

[66] Wu ZN, Li YC, Liu JL, Lu ZY, Zhang H, Yang B. Angew Chem Int Ed, 2014, 53: 12196.

[67] (a)Xu K, Chen PZ, Li XL, Tong Y, Ding H, Wu XJ, Chu WS, Peng ZM, Wu CZ, Xie Y. J Am Chem Soc, 2015, 137: 4119-4125; (b)Bao J, Zhang XD, Fan B, Zhang JJ, Zhou M, Yang WL, Hu X, Wang H, Pan BC, Xie Y. Angew Chem Int Ed, 2015, 54: 7399-7404; (c)Lei FC, Zhang L, Sun YF, Liang L, Liu KT, Xu JQ, Zhang Q, Pan BC, Luo Y, Xie Y. Angew Chem Int Ed, 2015, 54: 9266-9270; (d)Liu YW, Xiao C, Lyu MJ, Lin Y, Cai WZ, Huang PC, Tong W, Zou YM, Xie Y. Angew Chem Int Ed, 2015, 54: 11231-11235; (e) Liang L, Cheng H, Lei FC, Han J, Gao S, Wang CM, Sun YF, Qamar S, Wei SQ, Xie Y. Angew Chem Int Ed, 2015, 54: 12004-12008; (f)Liang L, Lei FC, Gao S, Sun YF, Jiao XC, Wu J, Qamar S, Xie Y. Angew Chem Int Ed, 2015, 54: 13971-13974.

NANOMATERIALS

纳米材料液相合成

Chapter 6

第6章
纳米晶生长机理

朱万诚，张照强
曲阜师范大学化学与化工学院

6.1 引言

6.2 基于传统Lamer模型的生长机理

6.3 取向连生（OA）机理

6.4 纳米晶生长的原位观察与跟踪

6.5 纳米晶生长的理论研究进展

6.6 本章小结

6.1
引言

由于纳米结构的纳米尺度维数及形貌直接决定材料的性质，因此在合成过程中实现对纳米结构的精确灵活控制是纳米科学很多领域追求的首要目标，对实现定制材料的可控、可重复合成至关重要。为了实现可控合成，就必须对纳米结构特征尺度的演变建立基本的理解。纳米材料可以分为晶态纳米材料（即纳米晶）和非晶态纳米材料两种，晶态纳米材料由于其相关表征的方便性，是目前纳米材料研究中的主流。非晶态纳米材料结构复杂，表征相对比较困难，虽然目前发现很多非晶态纳米材料具有非常好的催化活性，但是由于无法建立有效的构效关系，而且非晶态物质往往热力学上不如晶态物质稳定，因此其发展相对比较缓慢。在前面的第2章、第3章、第4章中，我们主要关注的是晶态纳米材料，已经在部分具体的案例中从实验的角度介绍了一些生长机理；第5章中介绍的超细纳米材料可以认为是介于晶态和非晶态纳米材料之间，也相应介绍了一下生长机理；本章将着重从理论的角度介绍目前已经研究的一些晶态纳米材料生长机理，比如传统Lamer模型、取向连生（oriented attachment，OA）、原位观察、理论研究等。纳米材料液相合成发展迅速，不断有新成果出现，因此未来也可能有新的纳米材料生长机理被提出。

6.2
基于传统Lamer模型的生长机理

过去50年间，纳米晶在众多领域的科学性应用，吸引了大量科研工作者的关注，推动了纳米晶的合成、应用研究的快速发展。纳米晶相对于它们的堆积体表现出较为有趣的电、光、磁和化学性能。这些性能通常取决于纳米晶的尺寸、形貌、组成或晶体结构[1,2]，这些独特的性能使得它们在医药、生物科学、电化学和催化等领域展现出较高的潜在应用价值[3~8]。原则上，通过调控纳米晶形成过程中的参数就可以调节纳米晶的尺寸、形貌等特点，从而可以调节纳米晶的性能。从基础科学研究角度看，均一形貌纳米晶对于建立材料构效关系较为重要，另一方面，生产大量尺寸均一的纳米晶对实现高质量纳米器件及高端纳米科技应用也至关重要。

纳米化学是传统胶体化学的发展，其生长理论也继承了胶体理论、传统晶体生长理论等。19世纪中期，Michael Faraday就制得了金溶胶，虽然当时研究者们无法意识到溶胶中存在纳米尺度的金颗粒，但该实验仍然为金属纳米晶科学奠定了基石[9]。Faraday用白磷还原氯金酸溶液的过程中，溶液颜色变成了红色，他将溶液红色归因于金溶胶的出现[10]。另一方面，在传统晶体生长理论的发展过程中，Wilhelm Ostwald在19世纪末提出的Ostwald熟化机制是描述不同尺寸纳米晶颗粒行为的重要机制[11]。值得一提的是，其子Wolfgang Ostwald是20世纪初胶体化学领域中最具影响力的科学家之一，同时也是德国胶体协会的创始人[12]。1925年Rich和Zsigmondy由于在胶体化学和超显微镜发明上的杰出贡献获得诺贝尔奖，超显微镜的出现使得可以直接观察胶体溶液中的颗粒，从此之后各种合成金属、金属氧化物及半导体大尺寸纳米晶的实验方法陆续被开发[9,12]，如经典的氯金酸液相被柠檬酸三钠还原[13]。为解释其潜在的胶体形成过程，Becker和Döring提出了经典成核理论[14]，Lamer课题组也提出了胶体向纳米晶转化的Lamer模型，该模型至今仍被视作纳米晶生长的基本模型[15,16]。然而时至今日，我们对纳米晶的形成机理理解仍然很有限，著名纳米材料学家夏幼南描述当今纳米材料发展现状的时候说："现今发展状态下，毫不夸张地说，金属纳米晶及其他材料的化学合成可以说是一门艺术而不只是一门科学"[17,18]。

6.2.1
Lamer模型

Lamer等通过对各种油气凝胶及硫水凝胶等均一单分散胶体的研究，提出了Lamer模型，将晶体生长过程分成分为成核阶段和生长阶段[16,21~23]。Lamer模型如图6.1所示，可分为三个阶段[16,19,24,25]：

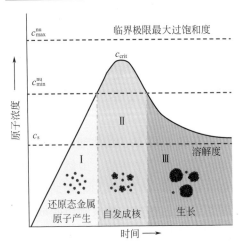

图6.1　Lamer模型：纳米晶成核和生长过程中前驱体原子浓度随时间变化图[19]

① 单体聚集　单体浓度随着反应物或沉淀物的高浓度溶液的加入而升高，逐渐超过饱和浓度而达到临界成核浓度；当单体浓度高于饱和浓度（c_s）且低于最小成核浓度（c_{min}^{nu}）及临界成核浓度（c_{crit}）时，由于不存在晶核而没有颗粒的析出，形成分子聚集体导致吉布斯自由能升高，而聚集体形成后将重新分散为分子状态致使此阶段无晶核形成。

② 成核阶段　单体浓度进一步提高至超过最小成核浓度（c_{min}^{nu}）甚至临界成核浓度（c_{crit}）时，晶核快速大量生成，同时晶核形成后将生长，由于晶核的形成及生长消耗单体分子，使液体中单体分子浓度下降，当反应速率接近零时，反应仍然继续进行，单体浓度仍然是过饱和状态；此阶段始终会有晶核形成及晶核生长，在能量上此阶段对应于晶核形成后的吉布斯自由能下降段。

③ 生长阶段　晶核的形成及生长导致单体浓度降低，低浓度单体扩散至晶核表面继续生长，生长过程消耗单体分子导致其浓度进一步下降，只要后继添加的单体浓度不超过消耗的单体浓度或者不继续添加单体，则没有新的晶核形成。纳米晶最初的尺寸分布很大程度上取决于成核和生长所用的时间，如果成核过程相对生长过程耗时越短，纳米晶就会越均匀，其生长速率取决于较多因素，其中单体的扩散速率和反应速率最为重要，单体浓度因反应速率需要及扩散到晶核表面生长呈现一种平衡状态，最终的生长速率取决于化学反应。

从以上说明可知，成核的障碍来源于以下两个相互竞争的因素：新形成的相和液相的界面能；新相自由能[19,20,26]：

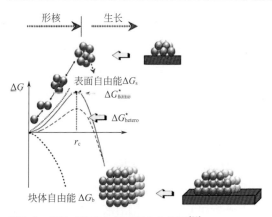

图6.2 晶体成核和生长过程自由能图[20]

① 新形成的晶核为热力学稳定相，体系的自由能（ΔG_b，bulk free energy）降低；

② 新相的形成，出现了相界面，随着晶体的生长，界面面积增大，使得体系的自由能（ΔG_s，surface free energy）增大。

两者结合形成了成核的障碍自由能 ΔG^*（见图6.2），而结晶现象的热力学驱动力为体系中单体的化学势 $\mu_i^{ambient}$ 高于晶体相的化学势 $\mu_{crystal}$，两者的差值定义为[20,27,28]：

$$\Delta \mu = \mu_i^{ambient} - \mu_{crystal} \tag{6.1}$$

$$\frac{\Delta \mu}{k_B T} \approx \ln \frac{c_i}{c_i^{eq}} \tag{6.2}$$

$$\sigma \approx \frac{(c_i - c_i^{eq})}{c_i^{eq}} \tag{6.3}$$

$$\frac{\Delta \mu}{k_B T} \approx \ln \frac{c_i}{c_i^{eq}} = \ln(1+\sigma) \cong \sigma(\sigma \ll 1) \tag{6.4}$$

式中，c_i 为单体在体系中的浓度；c_i^{eq} 为平衡时单体浓度；k_B 为玻尔兹曼常数；T 为体系温度。可以看出 $\Delta \mu > 0$ 时，体系过饱和，成核和生长将会进行；$\Delta \mu < 0$ 时，体系未达到饱和程度，将不发生成核和生长或小晶体将会溶解；$\Delta \mu = 0$ 时，体系达到平衡状态。

$$r_{crit} = \frac{2\gamma}{\rho_c \Delta \mu} \tag{6.5}$$

$$\Delta G^* = \frac{16\pi\gamma^3}{3(\rho_c\Delta\mu)^2} = \frac{4}{3}\pi\gamma r_{\text{crit}}^2 \qquad (6.6)$$

式中，ρ_c 为晶核密度；γ 为表面自由能；ΔG^* 为障碍自由能；r_{crit} 为临界半径；ΔG^* 和 γ 取决于 r_{crit} 的大小；成核的发生必须要克服障碍自由能 ΔG^*，而只有当晶核半径达到 r_{crit}，晶核才能达到热动力学稳定。而成核的速率取决于 ΔG_b 和 ΔG_s 的竞争，即 ΔG^* 的大小，因 ΔG_b 利于成核而 ΔG_s 不利于成核（随着晶核表面积的增大而成比例地增大，破坏已形成的晶核甚至使较小的晶核溶解），所以 ΔG^* 越小越利于成核发生。当晶核半径 r 小于临界半径 r_{crit}，ΔG_s 占据优势，使得较小的晶核溶解；随着 r 增大至 r_{crit}，体系自由能达到 ΔG^*，而 r 继续增大，体系自由能继续降低，使得体系逐渐稳定、晶核生长。以上分析可知，在均相溶液中成核的发生必须要克服 ΔG^*，可以通过改变反应体系的浓度、温度、pH 值及添加一些表面活性剂或螯合剂实现；另外可以通过向反应体系中加入新的一相实现非均相成核，进而降低成核所需要的 ΔG^*；同时晶核的各个晶面的表面自由能不同，同样会造成非均相成核，使自由能低的晶面优先生长[29]。

非均相成核与均相成核的关系如式（6.7）、式（6.8）所述[1]：

$$\Delta G_{\text{hetero}}^* = \varphi \Delta G_{\text{homo}}^* \qquad (6.7)$$

$$\varphi = \frac{(2+\cos\theta)(1-\cos\theta)^2}{4} \qquad (6.8)$$

式中，θ 为晶核或晶面与基质的接触角（$\theta<\pi$），可以看出加入晶核可以使 $\Delta G_{\text{hetero}}^* < \Delta G_{\text{homo}}^*$，进而使反应容易进行。

6.2.2
爆发性成核

在均相溶液单分散纳米晶合成研究中，为得到均一单分散纳米晶往往需要尽量缩短晶体生长过程的第二个阶段，实现成核与生长阶段的分离，即引导单晶核迅速生成而阻止生长过程中新晶核的生成，此过程被称为"爆发性成核，缓慢生长"[30]。通过此过程可以在一定程度上控制晶核数量，使剩余单体在晶核表面生长进而控制产物尺寸大小，否则成核过程将在晶核生长过程中一直同时进行，而晶核生长过程和成核-生长过程晶体尺寸发育速率明显不同，使得最终产品的尺寸难以控制[12,31]。Lamer 及其团队利用均相成核过程实现了成核及生长分离，利用此方法实现爆发性成核也在一些单分散纳米晶的合成中被广泛接受[32]。

为实现成核和生长过程分离，研究者发现热注射法（hot injection）可以较好地符合此设想，即选用相对不稳定的前驱体，采用很高的成核温度。这种方法形成单体的速度非常迅速，可假设忽略Lamer模型第一阶段过程，且单体浓度可一次性提高到远高于过饱和度的程度，所以成核阶段进行得很快，使这一阶段的时间尽量压缩；辅以注射后反应温度的降低，进一步抑制成核，从而使一次性快速得到的晶核尽可能同时进入生长过程，实现了单分散颗粒的合成[33~35]。

Hong Yang等[36]采用热注射法，通过控制成核环境中气体及成核液体的温度得到不同形貌、尺寸均一的Pt纳米晶。如图6.3所示，将160℃的Pt^{2+}前驱体注入到210℃的反应溶剂中，并在CO氛围保护下，实现CO在液相高温条件下辅助Pt^{2+}快速还原，使得Pt快速成核得到孪生晶种，并均匀快速成长为Pt二十面体纳米晶；当没有CO存在时，Pt^{2+}以较慢速率成核，得到超分支单晶纳米棒；而将Pt^{2+}前驱体以室温状态注入210℃的还原液相中，虽然仍有CO辅助气相还原，但是由于温度较低，所以成核速率相对较慢，得到单晶晶核，由于各晶面自由能不

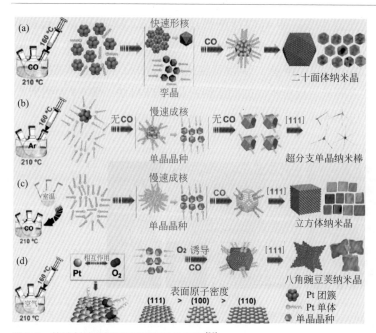

图6.3　热注射法得到不同形貌Pt纳米晶[36]

（a）二十面体纳米晶；（b）超分支单晶纳米棒；（c）立方体纳米晶；（d）八角豌豆荚纳米晶

同使得其优先生长（111）晶面，进而得到Pt立方体纳米晶；不对Pt^{2+}辅以气相CO还原，在空气环境下由于O_2的诱导作用，最终得到Pt八角豌豆荚纳米晶。此外David A.J.Herman等[38]利用热注射法得到Fe/Fe_2O_3-Fe_3O_4核壳结构（见图6.4）。

　　非均相成核同样可以较好实现成核和生长的分离，通过向体系中外加晶核然后控制反应物生长过程，得到尺寸可调控且均一的纳米晶。即在成核发生之前向反应体系中加入一定晶种、硬模板剂或其他离子，降低反应发生所需要的自由能，使反应快速成核[32,38,39]。G.Viau等[25]向Co或Ni的反应体系中加入一定量的$AgNO_3$溶液，Ag^+在加入时反应体系的条件会立即使Ag^+还原，Ag作为核使得Co或Ni成核生长得到Co或Ni纳米颗粒。此外利用同样方法，同样可以得到CoNi合金颗粒。

　　Yugang Sun等[19,40]在均相反应体系中利用反应体系快速升温加热的方法制得了高度单分散、尺寸均一、高结晶度的Ag纳米颗粒，通过控制油酸（OA）或油胺（OAm）的加入量经不同反应温度、不同反应时间得到各种尺寸在$2\sim18nm$的单分散Ag纳米颗粒，如图6.5所示。此方法同样利用快速成核原理，将成核过程和生长过程分开。此外该课题组通过在反应体系中引入Cl^-，消耗一定Ag^+得到AgCl晶核，AgCl晶核作为晶种促使Ag^+还原成Ag形成晶核并聚集生长，同时有Ag^+在AgCl晶核表面还原生长，使AgCl逐渐被还原成Ag，释放出Cl^-，反应开始得到AgCl多面体和多重Ag孪晶，但是最终产品均变成纳米Ag立方体[19,41]。图6.6为将$AgNO_3$溶液加入热的二甲基二硬脂酰氯化铵（DDAC）的正辛醚（OE）和油胺（OAm）的混合溶液后反应不同时间所得产品的TEM图，图6.7为纳米Ag立方体在Cl^-存在下的形成机制图[41]。

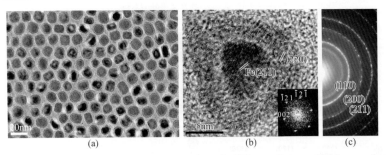

図6.4　热注射法所得Fe/Fe_2O_3-Fe_3O_4核壳结构[37]

（a）低倍Fe/Fe_2O_3-Fe_3O_4的TEM图；（b）Fe/Fe_2O_3-Fe_3O_4核壳结构的高倍TEM图及壳层的FFT图；（c）Fe/Fe_2O_3-Fe_3O_4核壳结构的SAED图

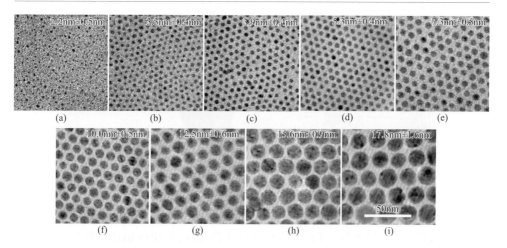

图6.5 不同反应条件快速升温加热所得Ag纳米晶TEM图及尺寸分布[40]

（a）0.5mL OA，120℃ 2h；（b）0.5mL OA，180℃ 1h；（c）0.5mL OA，180℃ 2h；（d）1.0mL OA，180℃ 1h；（e）1.0mL OA,180℃ 2h；（f）OAm,140℃ 1h；（g）OAm, 210℃ 1h；（h）OAm, 240℃ 1h；（i）OAm, 270℃ 1h

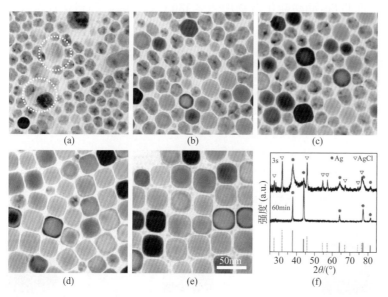

图6.6 AgNO₃溶液加入热DDAC的OE-OAm混合溶液后反应不同时间所得产品TEM图及XRD图[41]

（a）3s；（b）1min；（c）5min；（d）10min；（e）30min；（f）3s及60min后产品XRD图（Ag ICDD PDF No.04-001-3180，AgCl ICDD PDF No.04-006-5535）

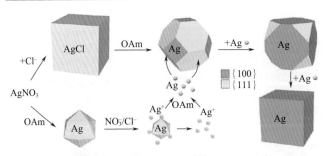

图6.7　Ag单晶纳米立方体形成机制图[41]

　　此外，Taeghwan Hyeon等[9,42,43]利用与热注射法相似的加热方法（heating-up method）制得单分散氧化铁纳米晶。首先需要制备相应的Fe-有机配合物前驱体；后经加热分解得到Fe^{2+}/Fe^{3+}单体，通过控制温度使单体迅速成核生长，得到表面光滑的单分散氧化铁球形纳米晶。通过调控不同有机配体，在不同温度下分解后可得到不同尺寸和形貌的单分散氧化铁纳米晶（见图6.8）。将Fe-油酸盐中的Fe^{3+}换为其他金属离子，采用同样的方法可得到单分散MnO、CoO纳米晶[见图6.9（a）、（b）]，而将Fe-油酸盐化合物加热至380℃后分解可得到立方体形状

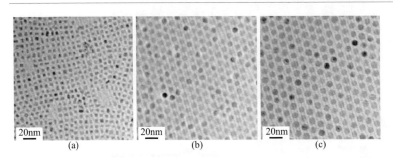

图6.8　不同Fe-有机物前驱体所得产品的TEM图[42]

（a）十六烯；（b）正辛醚；（c）十八烯

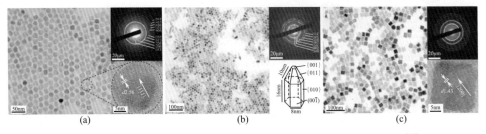

图6.9　（a）MnO；（b）CoO；（c）Fe纳米晶的TEM图、HRTEM图及SAED图[43]

Fe纳米晶［见图6.9（c）］。与热注射法相比，该法只是单体的制备步骤是通过加热使单体大量释放，后续的反应和热注射法极其相似，要经过爆发性成核和生长。

6.2.3
Ostwald熟化

晶体生长过程中往往出现不同形貌及不同尺寸的产物，而纳米晶形貌主要受两种因素影响：粒子的表面能（热力学）和生长动力学。如果粒子的表面能占主导地位，它们的形貌将尽可能使粒子的表面能最小化；如果动力学占主导地位，粒子形貌则取决于不同晶面的不同生长速率。这两种因素往往导致产品尺寸不可控或者尺寸分布较宽，如Pablo Guardia等利用热升温法得到尺寸分布较宽的氧化铁纳米颗粒[44]。在Lamer模型的第二阶段中，当晶核半径r小于临界半径r_c时，晶核表面能占主导地位，产生的晶核的半径不均一，使得它们在液相中竞争生长，而尺寸不一的晶核的溶解度不同，可通过Gibbs-Thomson相关公式表述[1,45,46]：

$$c_r = c_\infty \exp\left[\frac{2\gamma V_m}{R_B T} \times \frac{1}{r}\right] \approx c_\infty \left[1 + \frac{2\gamma V_m}{R_B T} \times \frac{1}{r}\right] \qquad (6.9)$$

式中，c_∞为溶液中无限大半径颗粒平衡时的溶解浓度；c_r为半径为r的颗粒的表面溶解度；γ为沉淀颗粒与基质交界面的界面能；V_m为颗粒的平均原子或分子体积；R_B为气体常数［8.314J/(K·mol)］；T为溶液热力学温度。c_r和c_b（溶液中单体浓度）的不同表明小晶核的原子向大晶核的原子传输流量，可以看出小晶核具有较高的溶解性及表面自由能，生长过程中小晶核会牺牲溶解，而较大的晶核将会继续生长。因此，随着时间的延长，晶核平均半径增大而晶核的数量减小，此过程被称为Ostwald熟化过程（Ostwald ripening，OR），其反映的是反应成核阶段[46~49]。通过Ostwald熟化控制反应体系条件可以得到较多理想尺寸及形貌的产品。

上述Yugang Sun等制备立方体Ag纳米晶的形成机制为：当$AgNO_3$加入到热的还原剂溶液中后，Ag^+和Cl^-快速反应成核，同时Ag^+被还原剂还原成核，形成较大的单晶，而AgCl将会在Ag^+被消耗掉后被还原为Ag孪晶；由于反应体系中存在NO_3^-和Cl^-，单晶Ag纳米颗粒比Ag孪晶尺寸大，所以单晶Ag较为稳定地存在于反应体系中，使起始阶段及AgCl被还原而得到的Ag孪晶经Ostwald熟化溶解释放出Ag^+，然后立即被还原并聚集在单晶Ag颗粒表面，由于Ag的各向异性生长最终成为纳米Ag立方体[41]。

Mingshang Jin等[50]利用氧化还原法诱导Ostwald熟化及向体系中加入晶种后经氧化还原诱导Ostwald熟化两种方法制得尺寸均一的单分散Pd正八面体，其方法如图6.10所示。其中途径（a）：HCHO将Pd^{2+}还原为Pd纳米晶牺牲体，一部分牺牲体被HCHO氧化为Pd^{2+}，后又被还原成Pd沉积到剩余的牺牲体上，经过此氧化还原反应诱导的Ostwald熟化后得到尺寸分布较为均一的Pd八面体，此过程中Ostwald熟化涉及氧化刻蚀再生长。其具体过程如图6.10（c）所示：八面体晶种一经加入，HCHO将迅速氧化牺牲体Pd纳米晶（Pd SNC），生成的Pd^{2+}从牺牲体上脱离（1），但有HCHO又将游离的Pd^{2+}还原为Pd（2），被还原出的Pd后沉积在八面体晶种上形成较大的八面体结构（3），此过程通过反应过程中体系pH值变化及CH_3OH的浓度得以证实。途径（b）：Pd^{2+}前驱体还原为Pd牺牲体后，加入Pd立方体晶种，使得Pd牺牲体在HCHO作用下氧化为Pd^{2+}，后还原为Pd纳米晶生长在Pd立方体晶种上，使得最终产品尺寸大于Pd立方体晶种，从而得到Pd八面体结构（见图6.11）。通过控制反应物Na_2PdCl_4及晶种Pd的加入量可得到不同尺寸分布的Pd纳米晶（见图6.12）。

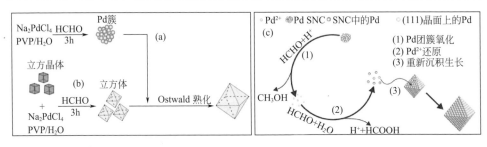

图6.10　（a）、（b）双峰形Pd胶体晶形成机制的两种途径；（c）途径（a）的Ostwald熟化氧化刻蚀及再生长机制图[50]

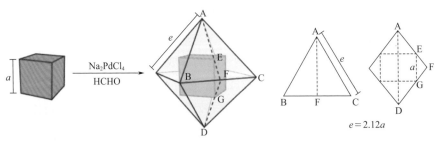

图6.11　图6.10中途径（b）的详细机制图[50]

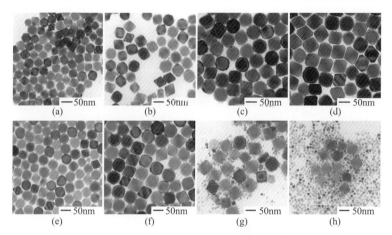

图6.12　八面体Pd的TEM图[50]

（a）～（d）加入不同浓度Pd晶种：4.2μmol/L、3.1μmol/L、1.0μmol/L、0.4μmol/L；（e）～（h）不同 Na$_2$PdCl$_4$加入量：12.5mg、29mg、57mg、114mg

由上可知，在均相和非均相体系中，可通过改变反应物浓度、反应时间、有机添加剂种类、晶种量、晶种尺寸经过Ostwald熟化过程得到不同形貌及不同尺寸分布的单分散纳米晶产品[51~53]。近年来，由于中空、核壳及多层核壳结构在众多领域如电化学[54,55]、催化[56,57]、污水处理[58]、医药科学[59~61]中表现出较优良的性能，使得中空结构受到众多科研工作者的青睐[62~65]。目前，较多中空及核壳复杂结构可通过Ostwald熟化机制成功制备[66~70]，如TiO$_2$中空球[71,72]、Cu$_2$O中空球[73,74]、SiO$_2$中空球[75]、ZnS核壳结构、Co$_3$O$_4$核壳结构[59,66]等。

王训等[76]采用一步溶剂热法将Ni^{2+}在75℃溶解于含有油酸和油胺的酒精中，室温下搅拌10min后，220℃溶剂热处理4h，得到NiCl$_{0.78}$(OH)$_{1.22}$·xH$_2$O无机富勒烯结构。根据不同反应时间所得产品TEM图（见图6.13），发现在反应最初阶段

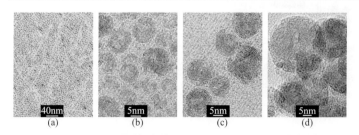

图6.13　180℃不同时间所得富勒烯结构TEM图[76]

（a）1h；（b）2h；（c）3h；（d）8h

得到3nm左右纳米晶；随着反应进行，前驱体晶核被消耗变成尺寸10nm左右的富勒烯前驱体，其内部为非晶；这些中间体继续长大成熟并不断增加，最后达到20nm。其生长过程包括"成核、组装、再结晶"3个阶段：随反应温度升高，小尺寸纳米晶析出；由于油酸和油胺分子的修饰，小晶核逐渐组装，得到层数较少的富勒烯前驱体；经Ostwald熟化不断消耗小晶核，得到大尺寸富勒烯结构[29]，其形成机制如图6.14所示。

Huachun Zeng等利用Ostwald熟化机制制得各种中空、核壳结构的物质，该课题组给出Ostwald熟化机制在合成中空结构过程中的4种情况（见图6.15）：

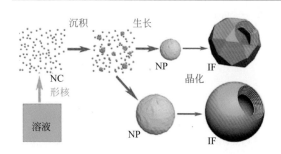

图6.14　$NiCl_{0.78}(OH)_{1.22} \cdot xH_2O$ 富勒烯结构形成机制[76]

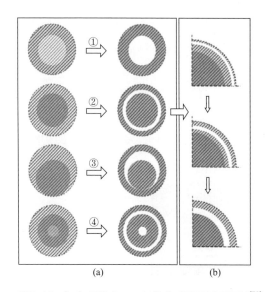

图6.15　（a）各种Ostwald熟化球形体形成机制[70]；（b）对称型核壳结构形成

① 中空结构球；② 对称型Ostwald熟化得到均相核壳结构；③ 非对称型Ostwald
熟化得到半中空核壳结构；④ 对称型Ostwald熟化得到多层核壳结构[66,68,70]。以
核壳结构的ZnS为例，图6.16为典型Ostwald熟化所得ZnS产品。一定反应条件
下由对称型Ostwald熟化过程分别得到图6.16（a）、（b）所示两种内核直径不同
的ZnS核壳结构，由非对称型Ostwald熟化得到图6.16（d）所示Co₃O₄核壳结构。
因为晶体在球结构中的非均相分配，其中中空部分主要发生在晶体较小或较疏松
的区域，得到如图6.16（c）所示ZnS双壳结构。该课题组通过控制反应搅拌速率
等条件，制得各种中心型和偏心型 [(Cu$_2$O@)$_n$Cu$_2$O（n=1 ～ 4）] 单层或多层核壳
结构[77]。

Yongcun Zuo等[78]用水热法在无有机物或表面活性剂条件下制得SrHfO₃中
空立方体纳米壳结构。在不同反应温度、不同反应时间及不同浓度KOH溶液条
件下通过水热反应得到具有不同形貌的SrHfO₃产品，图6.17为在200℃下不同
反应时间所得产品的TEM图。可以看出当反应进行30min后得到具有粗糙表面
的规则立方体固体颗粒以及较多尺寸较小的颗粒；延长反应时间至1h，得到许多
较规则的立方体颗粒，尺寸很小的颗粒数量明显减少；反应2h后得到实心、中
空及核壳结构立方体产品的混合相；而反应12h得到表面较为光滑的中空结构

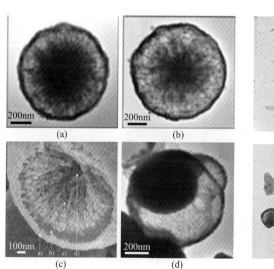

图6.16　各种典型Ostwald熟化所得产品TEM
和SEM图[66]

（a）～（c）ZnS；（d）Co₃O₄

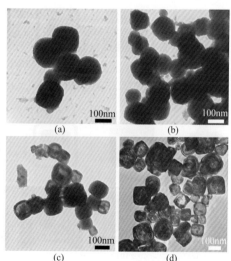

图6.17　在32mol/L KOH溶液中200℃下反应
不同时间所得SrHfO₃产品TEM图[78]

（a）30min；（b）1h；（c）2h；（d）12h

$SrHfO_3$立方体。根据实验结果该课题组提出如图6.18所示的形成机制，即通过初期成核后得到尺寸较小的纳米颗粒，由于其较高的表面能使得颗粒通过范德华力聚集生长降低表面自由能，固体产品聚集后，小颗粒在聚集的大颗粒表面重结晶，同时大颗粒内部的小颗粒由于具有较高的溶解度而溶解并在颗粒的表面重结晶，进而使得大颗粒内部变为核壳或中空结构。反应足够长时间，可以完成Ostwald熟化过程得到中空立方体纳米壳结构[78]。此外该课题组发现此机制同样适用于制备$BaZrO_3$[79]、$SrZrO_3$[80]中空立方体纳米壳结构，图6.19所示为$SrZrO_3$的形成机理及在30mol/L KOH溶液中200℃下反应不同时间所得$SrZrO_3$产品的TEM图。

Ostwald熟化使得较小的颗粒溶解而大颗粒生长，通常使得尺寸分布越来越宽，但是这种溶解再生长的方式也可用来得到尺寸较小、分布均匀的晶体。稀土元素化合物六方晶系β-$NaReF_4$（Re：Sm、Eu、Gd、Tb）经过Ostwald熟化，通过预期生长得到的是尺寸分布较宽的产品，并且$NaLaF_4$将分解为LaF_3。而α相Ostwald熟化后得到两种可能的结果：一是分布较窄但产品尺寸较大；二是较小颗粒尺寸的稀土元素三氟化物ReF_3[81]。该结论表明Ostwald熟化过程不仅可以在

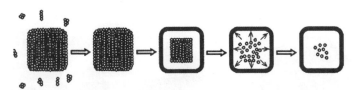

图6.18　$SrHfO_3$中空立方体纳米壳结构Ostwald熟化机制[78]

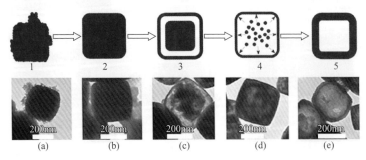

图6.19　$SrZrO_3$中空结构Ostwald熟化机制及在30mol/L KOH溶液中200℃下反应不同时间所得$SrZrO_3$的TEM图[80]

（a）20min；（b）1h；（c）2h；（d）3h；（e）24h

不同的颗粒或晶体间发生，同时也可以在同一个颗粒或晶体上发生。

以上部分通过成核过程和生长过程分离可以一定程度上控制晶体的尺寸及形貌特征，由图6.1和图6.2可知：爆发性成核及Ostwald熟化均可以发生在成核阶段。爆发性成核处在成核区域Ⅱ，单体浓度降低，趋近最小成核浓度$c_{\min}^{\text{nuc}}$时，成核停止，晶核生长，此阶段成核时间非常短并且进一步成核被抑制，得到小尺寸均匀分布的晶核，晶核互相融合生长也会生成单分散晶体颗粒；反应长时间经Ostwald熟化，单体浓度降低，临界半径将会增大，如式（6.10）所示[1]，一部分晶核半径r小于临界半径r_{crit}，发生小晶核溶解，尺寸减小，大晶核进一步长大，虽然在一定程度上最终可得到尺寸分布较均一的晶体，但是Ostwald熟化时间不易掌握，往往因小核溶解、大核生长导致最终产品尺寸分布较宽，尺寸统计会出现双峰分布情况。

$$r_{\text{crit}} = \frac{2\gamma v}{k_{\text{B}} T \ln C} \tag{6.10}$$

式中，k_{B}为玻尔兹曼常数；T为体系温度；γ为表面能；C为过饱和度；v为晶核摩尔体积[1,12]。如宗瑞隆等[82]在制备Ag纳米颗粒时，通过将自制的含Ag^+ Tollens试剂滴入还原剂溶液中，发现当滴加速率慢，经过Ostwald熟化得到尺寸不均的Ag纳米颗粒；而滴加速率增加到合适程度，得到尺寸分布均一的Ag纳米颗粒；当滴加速率过快时，出现二次成核现象，使得产品尺寸不均一，但是在反应体系中加入表面活性剂或螯合剂提高Ag^+的稳定性可以有效抑制二次成核现象。Ag纳米颗粒形成机制如图6.20所示。

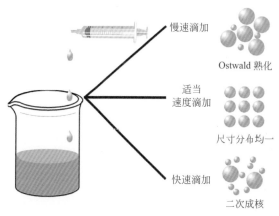

图6.20　不同试剂添加速率下Ag纳米晶尺寸调控机制[82]

针对此现象，虽然Ostwald熟化使得产品尺寸分布变宽，但是在滴加速率适当而没有发生爆炸性成核的实验中，仍然能够得到尺寸分布较窄的产品。Lamer课题组在单分散胶体的制备中提出了与Ostwald熟化过程相反的"扩散控制"生长，位于Lamer模型曲线第3阶段[16]，于1951年被Howard Reiss通过理论模型计算证实[83]。实验上，A.P.Alivisatos课题组[84]在CdSe纳米晶制备中证实了尺寸分布效应。其主要思想为：在浓度足够高但低于成核浓度的情况下，生长速率取决于扩散控制生长阶段，单体扩散速率是生长阶段的决速步，由于扩散层的存在，大晶体生长速率慢，而小晶体生长速率快，即尺寸聚焦现象，最终可以得到单分散纳米晶体。宗瑞隆等控制反应物滴加速率及加入表面活性剂抑制二次成核进而控制扩散层厚度和扩散速率实现单分散Ag纳米晶制备[84]。

6.2.4
扩散控制生长

6.2.4.1
扩散层

由于每个纳米晶体生长大致可分为单体到表面的传输、生长和溶解三个基本过程。溶液中形成的晶体都由扩散层包围，扩散层内单体传输完全通过扩散实现，其他输运方式可以忽略[30]。单体的扩散通量J与扩散层内浓度梯度成正比，比例系数为扩散常数D，即Fick第一定律[32]

$$J = -D\frac{\mathrm{d}c}{\mathrm{d}x} \tag{6.11}$$

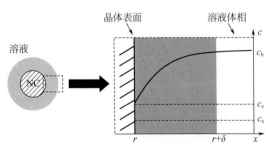

图6.21 纳米晶近表面扩散层结构及表面单体浓度分配[1]

假设纳米晶体为球状，其半径为 r，扩散层厚度为 δ。由于纳米晶体生长，其表面单体浓度 c_s 低于扩散层边缘（$x=r+\delta$）单体浓度 c_b（溶液中单体浓度），这一浓度梯度也是单体不断向纳米晶体表面传输的推动力（见图6.21）[1]。

总的扩散通量为：

$$J = 4\pi Dr(c_b - c_s) \qquad (6.12)$$

根据平衡关系，单体消耗的速率即晶体的生长速率等于传质通量：

$$J = 4\pi r^2 k(c_s - c_r) \qquad (6.13)$$

c_r 为半径为 r 的晶体表面单体浓度；k 为晶体生长速率常数，进而单体的消耗速率与晶体的体积 V_m 的关系式为

$$J = \frac{4\pi r^2}{V_m}\frac{\mathrm{d}r}{\mathrm{d}t} \qquad (6.14)$$

由式（6.12）及式（6.13）得：

$$c_s = \frac{Dc_b + kc_r}{D + kr} \qquad (6.15)$$

将式（6.15）代入式（6.12），然后化简式（6.14）得：

$$\frac{\mathrm{d}r}{\mathrm{d}t} = \frac{DV_m(c_b - c_r)}{r - D/k} \qquad (6.16)$$

由上知

$$c_r = c_\infty \exp\left(\frac{2\gamma V_m}{R_B T} \times \frac{1}{r}\right) \approx c_\infty\left(1 + \frac{2\gamma V_m}{R_B T} \times \frac{1}{r}\right) \qquad (6.17)$$

将其代入式（6.16），得到球形晶体线生长速率[85,86]：

$$\frac{\mathrm{d}r^*}{\mathrm{d}\tau} = \frac{S - \exp(1/r^*)}{K + r^*} \qquad (6.18)$$

此式中3个无穷小变量定义如下：

$$r^* = \frac{RT}{2\gamma V_m}r \qquad (6.19)$$

$$\tau = \frac{R^2 T^2 Dc_b}{4\gamma^2 V_m^2}t \qquad (6.20)$$

$$K = \frac{RT}{2\gamma V_m}\frac{D}{k} \qquad (6.21)$$

$$S = \frac{c_b}{c_\infty} \qquad\qquad (6.22)$$

式中，$2\gamma V_m/RT$ 为毛细管长度，衡量纳米晶在化学势作用下的尺寸效应；K 为丹姆克尔数（Damköhler number），表示生长过程是扩散控制（D）还是反应控制（k）；S 为过饱和程度。

等式（6.18）可在一定程度上描述晶体生长过程，同时通过生长速率等式可知：晶体生长很大程度上受其本身尺寸影响，如图6.22所示，进而各种尺寸不一的晶体本身具有不同的化学势。晶体生长速率等式是对晶体生长过程的细致描述，当晶体尺寸较小时，其晶体化学势比溶液相中单体化学势要低，将发生小尺寸晶体溶解，而大尺寸晶体的沉淀反应在表面反应中占优势；等式（6.18）中，两个独特的生长方式可以通过 $K/r^*=D/(kr)$ 推测。

当 $K/r^* \gg 1$ 时，等式（6.18）可以写成：

$$\frac{\mathrm{d}r}{\mathrm{d}t} = V_m k(c_b - c_r) \qquad\qquad (6.23)$$

式中较小的 r 和 k 值使得表面反应在晶体生长过程中作为决速步，此时的生长方式为反应控制，发生 Ostwald 熟化。

当 $K/r^* \ll 1$ 时，生长速率等式可改写为：

$$\frac{\mathrm{d}r}{\mathrm{d}t} = \frac{DV_m}{r}(c_b - c_r) \qquad\qquad (6.24)$$

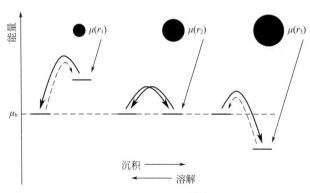

图6.22　不同尺寸晶体化学势能坐标图[1]

μ_b—液相中单体化学势；$\mu(r)$—半径为 r 晶体的化学势

此等式被称为扩散控制生长等式，单体的扩散是决速步。单体自体系溶液相传递到晶体表面立即沉淀成核生长在晶体表面，此式只反映扩散传质现象，随着反应的进程，溶液中单体化学势随单体消耗逐渐下降，r_{crit}逐渐增大，导致"大晶体生长速度慢，小晶体生长速度快"的现象产生。

Xiaogang Peng 等[87]利用控制反应温度、反应物分批加入、单体浓度等，控制反应过程中的扩散行为，因反应温度低、反应物分批加入、降低加入单体浓度使得扩散速率减慢，进而得到不同形貌单分散 CdSe 纳米晶（见图6.23）。Víctor Puntes 等[88]在制备 Au 纳米晶时发现，扩散控制和 Ostwald 熟化同时存在，使得在一定反应时间后得到单分散 Au 纳米晶，后经扩散作用下尺寸聚集和 Ostwald 熟化得到尺寸分布不均的 Au 纳米晶（见图6.24）。而 Hao Zhang 等[89~92]通过控制纳米晶生长环境的离子强度、与单体结合的有机物的性质、前驱体浓度，改变扩散层厚度以及单体通过扩散层的难易程度（见图6.25），实现了纳米晶单分散合成，该课题组发现高离子强度可以减小扩散层厚度，低单体浓度、适当的单体配合物可以加快单体扩散速率。所得 CdTe 纳米晶陈化一定时间将经历 Ostwald 熟化过程，总体颗粒尺寸增加，分布变宽（见图6.24）。

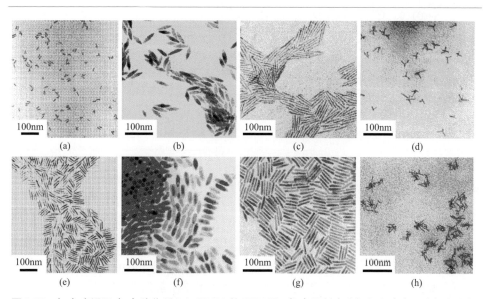

图6.23 （a）室温及（e）陈化后 Cd-TDPA 的 TEM 图；（b）原料多次加入和（f）一次加入所得 CdSe 纳米棒；（c）CdSe 纳米棒经 1D 模型生长及（g）经 1D 模型生长一定时间后 TEM 图；（d）300℃和（h）180℃反应所得 CdSe TEM 图[87]

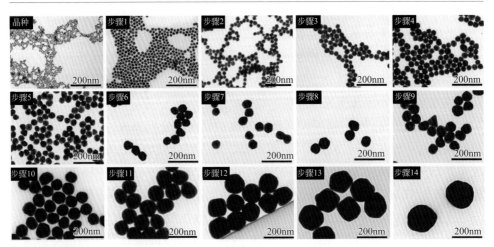

图6.24　晶种溶液稀释后晶种生长各阶段Au纳米晶TEM图[88]

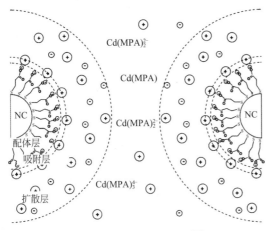

图6.25　CdTe纳米晶液相双电层机理[89]

6.2.4.2
Kirkendall效应

E.O.Kirkendall等发现不同元素在热活化条件下具有不同扩散速率，被称为Kirkendall效应[59,62,93~95]，与扩散控制生长机制的区别在于Kirkendall效应强调不同元素间扩散性能差异，而扩散控制生长为单体在体系条件下扩散。如在铜和黄铜的交界面处，由于原子的扩散能力不同，Zn扩散入Cu的速度较Cu扩散入黄铜更容易［见图6.26（a）］。此扩散过程通常会导致产品中产生一些孔结构，尽管孔结构在一些冶炼合金及焊接过程中是不期望产生的，但是此物理现象为构造一些

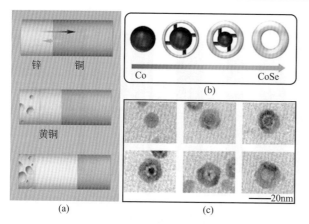

(a)   (b)

(c)

图6.26 （a）Cu和Zn界面不同扩散速率引起的Kirkendall效应；（b）纳米尺度上由于Kirkendall效应Co快速扩散导致形成中空结构；（c）不同反应时间（依次为0s、10s、20s、1min、2min和3min）下中空纳米晶形成过程[96]

新的具有中空结构的纳米材料提供了一种途径，Yadong Yin等[96]在2004年利用Kirkendall效应制得尺寸为10～20nm的CoO、CoSe中空结构以及Co@S、Co@Se核壳结构［见图6.26（b）、（c）］。在Co@S核壳结构体系中，外部Co扩散占主导位置，使得在每个纳米颗粒内部均产生空穴，尽管此过程太快以至于不能直接观察到笼状产品的形成过程，然而空穴有望优先沿着界面处发展，由于高表面能及较高的缺陷密度。而在Co@Se体系中，中空结构的形成比较慢，使得其演变过程可以被观察到，空穴在Co核和CoSe壳结构中间先形成。

此外，Bing Xu课题组利用FePt纳米颗粒作为晶种合成FePt@CoS$_2$核壳结构纳米晶[97]；Huachun Zeng课题组研究发现Cu$_2$O固体球通过修正的Kirkendall效应可以转化为CuS中空球，其可作为前驱体通过离子交换及光辅助还原制备Ag$_2$S/Ag异二聚体结构（见图6.27）[98]。

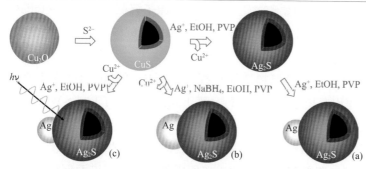

图6.27　Ag$_2$S/Ag异二聚体形成机理[98]
（a）标准反应条件；（b）加入强还原剂NaBH$_4$；（c）UV辐射辅助合成

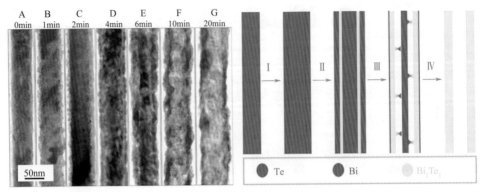

图6.28　Bi前驱体注入Te纳米线后160℃下反应不同时间所得Bi₂Te₃纳米管TEM图及Bi₂Te₃纳米管形成机制图[99]

利用Kirkendall效应不仅可以得到各种复杂的核壳、中空结构三维产品，同时可以得到一些一维的纳米管结构。Xiaoguang Li等[99]利用$N_2H_4 \cdot H_2O$将乙二醇溶液中TeO_2还原为单晶Te纳米线，将$BiCl_3$和一定量PVP溶于乙二醇中形成Bi前驱体溶液，将此Bi前驱体溶液加入Te纳米线的溶液中，通过一定反应条件使得Te纳米线为中心核通过Kirkendall效应快速扩散至Te纳米线与Bi前驱体接触面形成Bi_2Te_3纳米管，图6.28为其形貌演变过程及根据实验结果所推测的形成机制图。同样$Mn_{1.4}Fe_{1.6}O_4$[100]、Co_3O_4纳米管[101]、TiO_2纳米管[102]和中空Co_3S_4、$CoSe_2$、CoTe链结构[103]可通过Kirkendall效应机制制得。

以上分析可知，经典Lamer模型可以涵盖纳米晶体快速成核、扩散控制生长、Ostwald熟化过程，可以较好地解释一些纳米晶的生长机制，并且纳米晶合成均要经过前文阐述的成核和生长过程。

传统晶体生长理论将成核现象和过饱和度驱动的原子沉积作为晶体生长的核心，而经典晶体生长理论基于Lamer模型提出，以爆发性成核、扩散控制生长、Ostwald熟化为特征[26,63]。

Richard G.Finke等[104,105]在环己烯还原过程中发现H_2可将Ir^{2+}还原为Ir纳米簇，研究发现成核过程和生长过程同时进行，基于此他们提出了Finke-Watzky两步机制，即成核和生长过程同时进行时，第一步成核过程是一个缓慢而连续的过程，第二步是非扩散控制的自催化表面生长过程，即第一步生成的晶核作为晶种，造成异相成核环境，降低了剩余单体成核所需的自由能，进而促进成核生长。目前此机制通过环己烯的还原动力学模拟一定程度上得到解释，但是仍然不

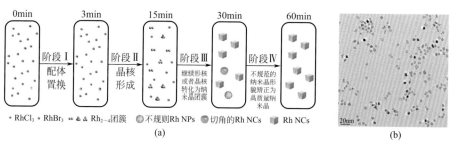

图6.29 （a）Rh纳米晶四步形成机理及（b）60min后Rh纳米晶TEM图[107]

能明确被证实，尽管此机制不同于经典成核理论，但是其成核过程存在临界成核半径遵循经典成核理论，此外，该课题组发现此理论在Pt纳米簇制备中同样适用[106]。Siyu Yao等[107]用乙二醇还原Rh^{3+}为Rh纳米立方体，具体合成步骤可分为4步［见图6.29（a）］：配体置换、慢速成核、成核及快速生长、形貌矫正。Rh纳米立方体的形成过程可用Finke-Watzky两步机理说明，成核很慢且持续进行，而晶核演变为5nm的Rh纳米立方体是快速的自加速过程，成核速率和生长速率的差距使得Rh纳米立方体尺寸分布均匀［见图6.29（b）］。

6.3
取向连生（OA）机理

6.3.1
OA机理概述

经典结晶理论可以较好地解释稀溶液中溶解度较低的纳米晶成核生长过程，但往往不适于解释高饱和度溶液中纳米晶的生长过程。经典成核理论构建单元为原子、分子或离子，由于此纳米晶自身表面自由能和晶格能使得其生长或溶解，最终生长的纳米晶达到临界成核半径，此阶段当生成的晶核长大时，表面自由能降低而晶格能补偿其损失的表面自由能；与经典的依靠原子或分子沉积于固相表面的晶体生长方式不同，非经典结晶理论强调粒子可通过一些重排方式或介观转移与其他粒子聚集并达到各向同性晶体可控生长，粒子聚集速率远大于原子或分子的沉积速率。待到纳米颗粒生长至稳定尺寸后，它们会优先与较小、不稳定的晶核相结合，几乎不与其他稳定晶核相碰撞；若纳米晶表面被某些有机物包覆，它们可由介观连接［见图6.30（c）］方式形成有序/无序的介孔结构。晶体聚集生长的主要路径如图6.30所示，通过聚集生长形成不同形貌主要包括两种典型方式：① 取向连生；② 介观连接[108~111]。

取向连生由Banfield等[112~114]在用水热法（100 ～ 250℃，15 ～ 40bar，1bar= 10^5 Pa）合成 TiO_2 时提出。菱形链状锐钛矿 TiO_2 纳米晶有三组不同晶面族，分别是（001）、（121）和（101）。根据Donnay-Harker理论，（001）晶面的晶面能高

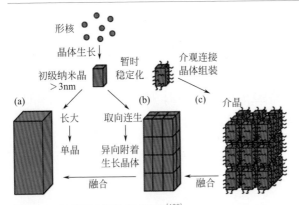

图6.30 经典和非经典成核路径[108]

（a）经典成核理论；（b）OA融合形成各向同性晶体；（c）有机物覆盖纳米晶自组装

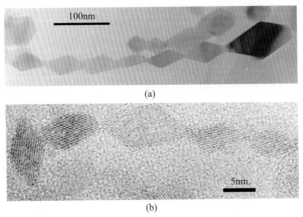

图6.31 TiO_2 纳米晶取向连生后TEM图（a）及HRTEM图（b）[112]

于其余两组，水热条件下快速生长，同时（001）的生长抑制了（101）生长，直至该面到达临界尺寸。于是随着热力学趋势，菱形纳米晶易于沿着（001）晶轴按照取向连生的方式形成链状纳米结构（见图6.31）。

取向连生（oriented attachment，OA，又译为"定向附着、取向连接、定向连接、定向黏附、定向聚集"等，此后以OA指代），不同于传统热力学及动力学生长模式，是以晶核尺寸量级的纳米晶作为生长基元，通过相同晶面间的连接生长得到更大维度的晶体。由于纳米晶体具有大的比表面积及较高比表面能，高表面能使得体系总能量升高，使纳米晶沿着其能量较高的表面进行自发团聚，因此纳米晶会利用相同的晶体学定向和共面粒子的对接自组装聚集连接，或通过旋转对接，以使其表面积减少、纳米晶粒子表面能降低，进而降低体系总能量。此过程含粗化过程，随后生长直接导致缺陷形成和后续的交互生长[109,111,115~118]。

OA不仅局限于零维纳米晶到一维纳米晶，同时零维到零维、一维到一维、一维到二维、一维到二维到三维、零维到二维到三维的颗粒均可发生如图6.32所示的取向连生，并且OA和晶体生长Ostwald熟化往往在一定条件下同时发生[111,116,117,119,120]。

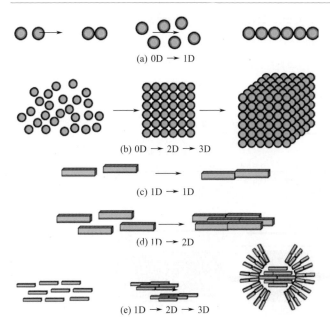

(a) 0D → 1D

(b) 0D → 2D → 3D

(c) 1D → 1D

(d) 1D → 2D

(e) 1D → 2D → 3D

图6.32　各种纳米结构取向连生机制[63]

Jinsheng Zheng等[121]发现在不同浓度CdS量子点生长环境下，产品形成机制和尺寸分布不同。当CdS量子点浓度为0.1mmol/L和20mmol/L时，产品分别经Ostwald熟化和OA表现出不同的荧光性能。其形成机制如图6.33所示，在低浓度时，阶段Ⅰ，CdS快速沉积成核，造成较多晶格缺陷，而晶格缺陷导致较高的荧光强度，由于后续Ostwald熟化生长，使得晶格缺陷被修补，荧光强度逐渐降低。阶段Ⅱ，由于CdS晶体生长，尺寸增大，缺陷迅速降低以及CdS量子点结晶度升高使得CdS量子点荧光强度又升高。高浓度时，阶段Ⅰ′存在两个竞争过程：一是内部缺陷消除；二是OA过程形成连接缺陷，此时由于两个原始颗粒连接形成二次颗粒导致原始颗粒连接位置出现高浓度缺陷和晶格错位。缺陷消除速率要远远小于连接缺陷和晶格错位形成速率，所以荧光强度增强。阶段Ⅱ′，由于取向连生得到的缺陷在生长过程中逐渐消除，使得荧光强度降低。阶段Ⅲ′，纳米颗粒自我整合，结晶度升高，缺陷减少，荧光强度增强。此外，该课题组在温度低于90℃时得到取向连生生长的CdS量子点，而温度高于90℃时发现CdS量子点的取向连生和Ostwald熟化生长同时进行。

研究表明OA可以通过以下两种方式进行：① 均衡纳米晶在体系中连接；② 错位连接的纳米晶旋转构建界面能低的单元实现碰撞连接。

根据两种取向连生机制，Caue Ribeiro等[122]提出均分散纳米晶碰撞可认为是稀溶液中颗粒做布朗运动，可用麦克斯韦-玻尔兹曼统计公式描述，碰撞频率为：

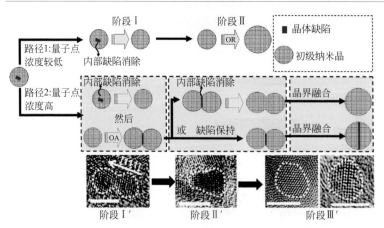

图6.33　CdS纳米晶生长过程中缺陷状态和形貌演化机制图[121]

OR—Ostwald熟化；OA—取向连生

$$z = \frac{\sqrt{2}\pi D^2 \bar{v} N}{V} \qquad (6.25)$$

式中，D 为颗粒半径；N 为颗粒总量；V 为体系体积。黏性力为 $\mu\pi^2\bar{v}D^2$，μ 为液体黏度，稀溶液中其大小可忽略。则平均运动速率为：

$$\bar{v} = \sqrt{\frac{3k_B T}{m}} \qquad (6.26)$$

然而并非所有颗粒碰撞均为有效碰撞，而只有碰撞在一起的颗粒具有相同的结晶方向才可发生有效碰撞。其反应速率可写为：

$$v = -\frac{1}{2}\frac{dc}{dt} = kc_A^2 \qquad (6.27)$$

式中，c_A 为颗粒 A 浓度；k 为反应速率常数。假设此反应为一步反应，则

$$c_A = \frac{c_0}{1 + 2kc_0 t} \qquad (6.28)$$

此等式适用于颗粒直接接触反应，当颗粒达到平衡条件时合并连接，此过程可归于两步反应：

$$A + A \underset{k_1'}{\overset{k_1}{\rightleftharpoons}} AA \qquad (6.29)$$

$$AA \overset{k_2}{\rightleftharpoons} B \qquad (6.30)$$

各步反应速率：

$$v_1 = k_1 c^2 \qquad (6.31)$$

$$v_1 = k_1' c_{AA} \qquad (6.32)$$

$$v_2 = k_2 c_{AA} \qquad (6.33)$$

假设反应已达到平衡态

$$\frac{dc_{AA}}{dt} = k_1 c^2 - k_1' c_{AA} - k_2 c_{AA} = 0 \qquad (6.34)$$

$$c_{AA} = \frac{k_1 c^2}{k_1' + k_2} \qquad (6.35)$$

B 的形成速率

$$\frac{dc_B}{dt} = -\frac{1}{2}\frac{dc_A}{dt}\left(\frac{k_2 k_1}{k_1' + k_2}\right)c_A^2 = -\frac{1}{2}\frac{dc_A}{dt}k_T c_A^2 \qquad (6.36)$$

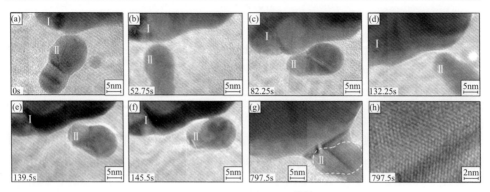

图6.34　$5Fe_2O_3 \cdot 9H_2O$颗粒Ⅰ和Ⅱ多次碰撞接触定向连接[123]

其中，$(k_2k_1)/(k'_1+k_2)=k_T$。

定向碰撞引起的连接要比颗粒碰撞旋转连接快很多，因此反应第一步占主要位置，即$k_1 \gg k_2$，则$k_T \approx k_2$，实验中发现碰撞旋转连接情况较少出现。

Dongsheng Li等[117,123]通过原位TEM观察水合氧化铁的生长过程，发现纳米晶随机碰撞可通过自旋转促使颗粒相同晶体晶面定向附着生长。水铁矿纳米颗粒成核后，由于单体的加入以及颗粒的连接而生长，纳米颗粒随机扩散和旋转，使得它们一次一次地碰撞，直到最终连接在一起。在最终连接在一起之前，邻近颗粒表面很多晶体生长方向的位置会发生碰撞接触，最终一部分以相同晶体学方向定向连接生长，一部分接触连接后产生晶格缺陷，使得颗粒连接后产生旋转，直到连接至晶体学方向很相近，最终连接生长融合，降低界面能量，减少晶格缺陷（见图6.34）。

6.3.2
一维纳米结构

通过OA法合成一维结构材料的研究非常广泛，大量研究结果表明取向连生是从纳米颗粒得到各向异性纳米结构的一种模式，如ZnO纳米线[124]、CeO_2纳米线[125]、CdTe纳米棒[126]、SnO_2纳米棒[127]、CdS纳米棒[128]等。王训课题组[129]通过一步溶剂热法使尺寸为$0.5 \sim 2.5nm$的SnO_2量子点通过取向连生得到直径为$1.5 \sim 4.5nm$的超细纳米线，如图6.35所示。由量子点（QDs）生成纳米线的演变

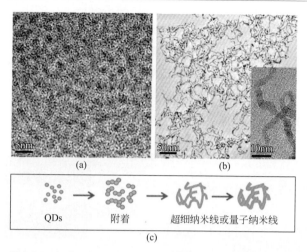

(a)　　　　　　　　　(b)

QDs　　　附着　　　超细纳米线或量子纳米线

(c)

图6.35 （a）SnO₂量子点和（b）SnO₂纳米线TEM和HRTEM图；（c）SnO₂量子点和纳米线形成机制图[29]

过程包括3个基本步骤：① SnO₂量子点的生成；② SnO₂量子点的生长；③ 枝晶状超细纳米线的形成。

王训课题组[29]发现纳米晶核取向连生存在尺寸效应，所生成SnO₂量子点原位取向连生动力来源于表面配体间的偶极-偶极相互作用，如下式所示：

$$W_{\mu\text{-}\mu}(r,\theta',\phi) = \frac{\mu_i\mu_j\cos\theta'_j}{4\pi\varepsilon_0\varepsilon r_{ij}^3}\cos\theta'_i\cos\theta'_j[2+2kr_{ij}+(kr_j)^2] \tag{6.37}$$

式中，r_{ij}为两个颗粒间距离；θ和ϕ为球坐标体系下的角坐标；$1/k$为德拜屏蔽常数；ε_0为真空介电常数；ε为2个纳米颗粒间溶液层有效介电常数；μ_i、μ_j为纳米颗粒偶极矩。

公式表明随着溶剂介电常数的减小，偶极力增加，纳米颗粒间作用力增大，因此SnO₂纳米线可在介电常数较小的溶剂体系中得到，如乙醇、己醇和正丁醇。在这体系中，颗粒间偶极吸引作用占据主导，使得SnO₂量子点颗粒可以经过取向连接生长在一起。而当溶剂介电常数较大时，如甲醇、乙二醇和甘油，只能得到纳米颗粒。这些SnO₂量子点组装行为也受到它们表面性质影响，若向反应体系中加入少量油胺和水，可以改变纳米颗粒的连接模式。颗粒间偶极作用力也和颗粒间距离有关，当颗粒间的尺寸足够小时，则颗粒间的引力增大使得颗粒可以取向连生，形成一维组装结构。当颗粒尺寸较大时，一维纳米线结构不会形成，说明纳米晶间的取向连生作用和颗粒尺寸有关。SnO_2量子点取向连生过程中，颗粒间由偶极-偶极相互作用连接所形成的纳米线间存在晶格失配导致的缺陷，同时产生3种形式的连接方式，如图6.36所示，所得纳米线上多存在位错等缺陷结构。

此外王训课题组在以乙二醇溶剂热合成CeO_2的实验中发现，可以实现节状纳米线一步合成。如图6.37所示为所合成CeO_2节状纳米线的形貌[130]，明显不同于其他纳米线，它们的轴向尺寸分布并不均匀，而是由"茎"和"节点"交替组成，

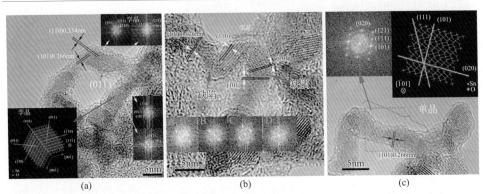

图6.36　SnO_2纳米线TEM（a）、HRTEM（b）及SAED（c）图[27]

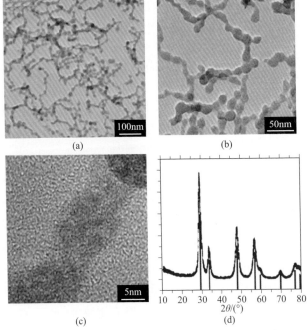

图6.37　CeO_2纳米线TEM[（a）、（b）]、HRTEM（c）及XRD（d）图[130]

且长度可达几百纳米，平均直径为10nm。同时能够观察到这些纳米线上的部分分支结构，从图6.37 TEM图中看出形成类似网状交叉结构。图6.37（c）展示纳米线具体结构细节，从高分辨电镜照片分析可看出，该纳米线为多晶结构，在茎干部分晶粒堆积较为松散，在节点部分堆积较为紧密。图6.37（d）表明产物为纯萤石结构CeO_2。

CeO_2节点状纳米线由颗粒逐渐连接生长而成，通过对不同反应时间（1h、2h、4h、8h、16h和72h）所得产品进行分析，如图6.38所示，可以发现，反应初始阶段，Ce^{3+}水解并被氧化形成晶核；1h后，晶核进一步长大形成直径约3nm的小晶粒，小晶粒团聚形成松散类似花状的团聚体［图6.38（a）］；随后，团聚体互相靠近合并，几个团聚体组成短棒，后连接成长为线，但是最初形成的线表面不光滑，结构也比较松散，连接团聚体的茎干部分不明显。反应时间延长可使纳米线结晶度提高，茎干结构更明显。

以上结构表明纳米线形成经过成核-定向连接-晶化生长过程。整个过程可粗略分为2个阶段：① 反应初始2h，CeO_2小晶粒形成的同时组装成10nm直径的松散的颗粒聚集体；② 反应2h后，团聚体定向连接成短棒，进一步连接形成纳米线。反应时间延长至3d后发现线结构表观上光滑度提高，结晶度提高，节点和茎

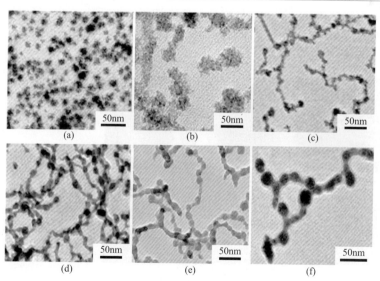

图6.38　反应时间对CeO_2纳米线的影响[130]

（a）1h；（b）2h；（c）4h；（d）8h；（e）16h；（f）72h

干连接分界更模糊，纳米线仍然保持多晶结构。这种现象在由零维经定向连接生长为一维结构合成中非常普遍，如Au[131]、CdSe[132]、CdTe[133]、PbSe[134]纳米线等。

6.3.3
二维纳米结构

通过OA得到二维结构实验上往往比较复杂，也比较少见，并且二维结构的合成往往需要表面活性剂或一定的配体吸附在特定生长晶面上，通过此方法得到纳米片二维结构有 CeO_2、PbS、Ag、Au、SnSe、ZnSe、Bi_2S_3、$V_2O_5 \cdot 1.6H_2O$、α-Fe_2O_3、Bi_2S_3 等[117]，近年由OA生长而成的各向异性2D结构的形成机制也得到较多说明。通过控制反应条件，由于晶面的不同导致晶面以不同形式连接聚合，得到OA的 FeS_2 立方体和纳米片（见图6.39）[135]。随着反应温度升高，FeS_2 从立方体转变为纳米片，可能是起初 FeS_2 纳米晶在较高温度形成使得（110）晶面优先生长，然而温度较低时，晶面生长受（100）控制，并且此晶面具有更低的表面自由能。

Tiezhen Ren 等[136]用金属锰和醋酸锰在碱性条件和氟化物存在下水热合成出氧化锰有孔六方纳米片，它是由纳米颗粒定向聚集组装而成的，具有不规则的介孔。醋酸根离子在纳米颗粒聚集过程中起了一定的作用，这些有机离子被吸附在带正电荷的初级纳米颗粒表面，同时与氟络合，稳定初级纳米颗粒，进而通过堆垛和侧面晶格融合的方式使纳米颗粒取向连生，形成较大的二次六方片状建筑体。

图6.39　FeS_2 生长各阶段TEM图

（a）起始 FeS_2 纳米晶；（b）纳米晶聚集；（c）FeS_2 取向连生；（d）FeS_2 立方单晶重结晶；（e）～（h）FeS_2 薄片OA-重结晶形成过程[135]

定向聚集也是一个能量优化的过程。这些多孔纳米片经400℃和700℃焙烧后分别得到Mn_5O_8和$\alpha\text{-}Mn_2O_3$单晶六方片，而内在的介孔孔径增大，同时晶体生长过程中介孔的动态调节使孔道由不规则蠕虫状转变成规则形状，即多面形甚至方形。

Jianbo Wang等[137]发现准一维纳米材料同样可以通过定向连接成为二维纳米片，如钨青铜（K_xWO_3）纳米片[见图6.40（f）～（i）]的生长就是由一维纳米线平行定向附着而成[见图6.40（a）～（e）]。此外，Hua Zhang等[138]在制备Bi_2S_3纳米片时发现其形成经过OA及重结晶过程，图6.41为其形成机制。较低温度下$Bi(S_2CNEt_2)_3$在油胺中分解得到具有较高表面能的无定形纳米颗粒，当纳米颗粒排列成行时，随着反应时间延长，OA和重结晶过程的进行导致Bi_2S_3纳米棒形成，较低温度往往不足以使重结晶过程进行彻底，反应温度升高至220℃后，使得起初形成的具有不稳定边缘的Bi_2S_3纳米棒侧并组装并进行热力学重结晶，进而得到最终的Bi_2S_3纳米片。

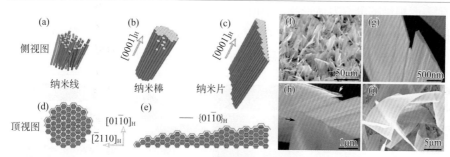

图6.40　K_xWO_3纳米片生长机理及K_xWO_3纳米片SEM图[137]

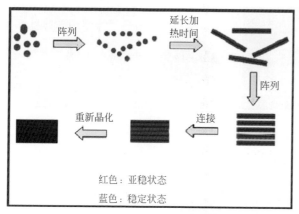

图6.41　Bi_2S_3纳米棒及纳米片OA-重结晶机制[138]

6.3.4

三维结构

通过特定基建单元定向附着可以得到具有独特复杂结构的3D纳米材料，这种方法已经成功地运用于制备不同组成及形貌的多孔单晶材料，如TiO_2、$rTiO_3$、Ag_2O、CeO_2[117]。OA用于制备中空八面体SnO_2颗粒、$BiVO_4$球、α-Fe_2O_3多面体、CeO_2球体、MnO_2纳米棒、ZnO金字塔[102]。通过研究其形成机制发现它们都包含几个阶段，首先是二维构建单元的形成过程，随后二维构建单元组装成为较大的结构，然后通过溶解-再结晶的方式生长。值得指出的是3D结构连接可以以Curie-Gibbs-Wulff理论得到所需晶体，和2D结构一样，3D结构通过OA机制也可经过多种途径组装而成。如多面体TiO_2晶体以TiO_2纳米颗粒组装而成的平面正方形为构建单元组装而成[139]；Lian Gao等[140]通过不同反应时间的产物（见图6.42）发现，α-Fe_2O_3纳米棒在反应16h后得到，此时已有小部分立方体形成，20h得到表面粗糙的准立方体形状，24h时可以清晰地看到立方体结构并且一部分未转化完的纳米棒仍然粘贴在α-Fe_2O_3侧面上，30h后得到轮廓清晰的α-Fe_2O_3立方体，尺寸相比24h有所增大，并且立方体表面一维纳米棒明显消失。基于实验

图6.42　反应时间对α-Fe_2O_3形貌影响[140]

（a）、（b）、（c）16h；（d）、（e）20h；（f）、（g）24h；（h）、（i）30h

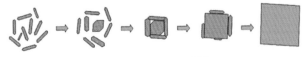

图6.43　α-Fe_2O_3立方体晶体形成机制[140]

结果 Lian Gao 等提出了 α-Fe_2O_3 立方体晶体的形成机理（见图 6.43）：首先，生成 α-Fe_2O_3 纳米棒，然后一些纳米颗粒通过 OA 围绕一个核形成立方体雏形，临近的纳米棒融合到核内，从而得到较大的晶体颗粒，由于中间的核和周围环境中纳米棒结构不同，发生 Ostwald 熟化，单一的定向附着并不能得到结晶度较高、表面光滑的 α-Fe_2O_3 纳米棒，传统的"固-液-固"合成机理可以较好地修补由 OA 留下的缺陷，得到的立方体将进一步吸引纳米棒到其表面发生融合现象使得立方体尺寸增大。Ag 三棱体由各向同性的球形纳米颗粒组装而成[141]，同样 SnO_2 中空八面体为由纳米颗粒组装而成的二维 SnO_2 纳米晶通过 OA 机制而得到[120]。

Bin Liu 等[142] 利用水热法制备的较大体积的蒲公英状中空 CuO 微米球，事实上是由许多窄带型纳米晶构成，而这些窄带纳米晶由许多更小的一维纳米带定向附着而成。这些窄带纳米晶宽 10 ~ 20nm，长不超过 [010] 晶面的带宽 [见图 6.44（c）、（d）]，类似降落伞般垂直排列于球体表面，形成蒲公英型花状结构。如图 6.44（b）所示，蒲公英结构为中空笼式构型，壳壁厚度约为微球直径的 1/4 ~ 1/3，羽毛状壳层结构由疏松的窄带纳米晶组成，越靠近内部中心，晶隙间距越大。而一维纳米带沿着 CuO 某一晶向主轴，如图 6.44（e）所示 OA，所有组装单体均为单晶。CuO 窄带纳米晶的维度遵循以下分级次序 [010]>[100]>[001]，并且该纳米晶的 [001] 方向厚度约为 20 ~ 30nm。根据以上数据，Bin Liu 等阐述了两级路径组装多尺度范围的中空蒲公英状 CuO 微米球结构 [见图 6.44（f）]：① 较小的纳米带经由 OA 形成了中尺度的菱形构筑单体；② 这些菱形单体又进一步定向组装成大尺度的 CuO 微米球结构。

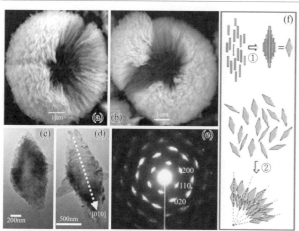

图6.44 （a）、（b）CuO微球SEM；（c）、（d）CuO纳米带TEM；（e）SAED图；（f）形成机制[142]

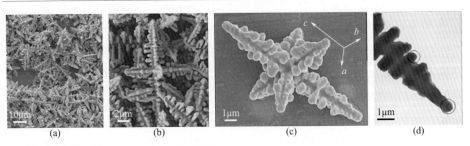

图6.45　PbWO₄枝晶SEM图和TEM图[145]

　　在一些体系中发现，OA可以得到枝晶形貌产品。枝晶通过经典生长机理解释时，认为在结晶过程中临近的分枝经常由于弯曲或转移导致一定的角度错位，从而最终成为枝晶通过精确的分枝生长表征发现，由纳米颗粒组装而成的枝晶形成过程尽管并不普遍，但是也越来越多被发现，如Ag[143]、MnO[144]、PbWO₄[145]（见图6.45）、TiO₂[146]等[147]。并不是所有树枝状和枝晶类化合物都可通过纳米颗粒间的定向附着而成，例如John Watt等[148]利用H₂还原Pd盐化合物得到高度分枝Pd纳米结构，通过原位XRD检测其生长动力学，结果表明生长过程中是超快的反应速率使得Pd枝晶纳米结构生成。

6.3.5
OA和Ostwald熟化协同作用

　　部分研究结果表明，在不同条件下，OA生长和Ostwald熟化可能同时出现在同一个反应中共同控制产品的最终形成，因条件不同往往使得两者存在先后顺序去控制产品的形貌。

　　Wancheng Zhu等[149]利用水热法合成一维MgBO₂(OH)纳米晶须，研究了不同反应温度-时间条件下MgBO₂(OH)纳米晶须一维定向生长机制，整个定向生长过程大致可分为三个阶段（见图6.46）。

　　第Ⅰ阶段，从无定形态、无规则形貌Mg₇B₄O₁₃·7H₂O粒子到具有一维雏形纳米MgBO₂(OH)的卷曲机制为主导的生长阶段，对应于图中的Ⅰ区。在该阶段，无规则形貌Mg₇B₄O₁₃·7H₂O粒子随体系温度升高发生局部溶解，进而转变为无规则片状Mg₇B₄O₁₃·7H₂O，温度继续升高，片状Mg₇B₄O₁₃·7H₂O开始发生局部卷曲，

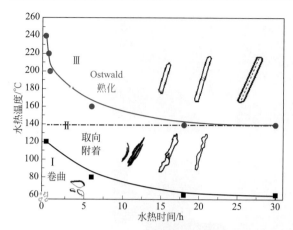

图6.46　一维 $MgBO_2(OH)$ 水热定向生长机制[149]

同时发生物相转变，得到具有一维形貌雏形、表面弯曲的 $MgBO_2(OH)$。在物相转变期间，$MgBO_2(OH)$ 本征结构中具有的链状结构单元对于 $MgBO_2(OH)$ 的初期取向成核、生长起了关键作用。

第 Ⅱ 阶段，从具有一维雏形纳米 $MgBO_2(OH)$ 到表面凹凸、藕节状一维纳米 $MgBO_2(OH)$ 的 OA 机制为主导的生长阶段，对应于图中的 Ⅱ 区。在该阶段，一维雏形的纳米 $MgBO_2(OH)$ 随温度升高、反应时间延长开始产生端部搭接、侧面聚并生长，进而得到表面凹凸不平的藕节状纳米 $MgBO_2(OH)$ 及中部稍宽两端稍尖的纳米叶状 $MgBO_2(OH)$。

第 Ⅲ 阶段，从藕节状一维纳米 $MgBO_2(OH)$ 到表面光滑、形貌均一、长径比和结晶度较高的一维纳米 $MgBO_2(OH)$ 的 OR 机制为主导的生长阶段，对应于图中的 Ⅲ 区。在该阶段观察到了较多的由于前面第 Ⅱ 阶段发生端部搭接、侧面聚并的 OA 生长而导致的沿纳米晶须轴向、径向的等厚条纹，纳米晶须的端部形貌规整，呈现出了生长完备棱角分明的晶面，直径沿轴向分布均一。

Zhiming Chen 等[150]利用水热反应8h和14h分别制得六方晶系 EuF_3 中空亚微米球和单晶六角形 EuF_3 微盘，经过不同水热反应时间所得产品的形貌如图6.47所示。不经过加热处理得到颗粒状产品，水热2h后得到尺寸为250～360nm的实心球状聚集体，6h后得到尺寸为250～320nm中空球，反应陈化9h发现一部分 EuF_3 中空球开始转化为六方形微盘状 EuF_3，反应时间延长至12h，产物为中空球和六方形微盘的混合物，14h后所得产品均为微盘状。根据实验结果该课题组提

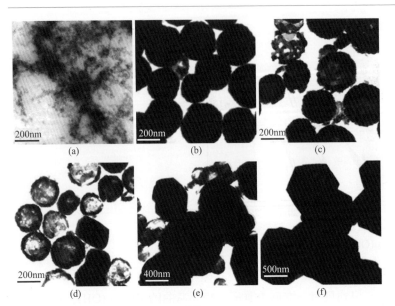

图6.47　水热时间对EuF₃形貌影响[113]

（a）室温前驱体；（b）2h；（c）6h；（d）9h；（e）12h；（f）14h

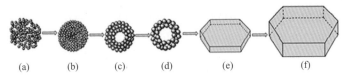

图6.48　EuF₃中空六方微盘形成机制[113]

（a）～（b）纳米晶聚集；（c）～（d）Ostwald熟化；（e）～（f）取向连生

出其反应机理如图6.48所示：起初形成的纳米颗粒聚集成为球状EuF_3，聚集成的球形产品不稳定通过Ostwald熟化使得球内部颗粒重新分配到球的外侧得到亚微米中空球，随着反应进行，亚微米球的纳米晶围绕一些核通过OA聚并生长，临近纳米晶融合进核部分形成较大的单晶六方形盘状产品，其将继续吸引纳米晶将其融合并长大，直至微球产品被消耗掉，最终形成六角形微盘。

　　Ostwald熟化和OA同样可以得到一些中空立方体。对于OA过程，初始小颗粒作为构建单元组装成为较大体积的介晶，介晶形状往往类似于初始晶体的形貌，此OA过程进一步结合Ostwald熟化过程，便产生非球形中空结构，其过程如图6.49所示。初始纳米晶体通过OA过程形成非球形实心前驱体，这些具有几个侧面的前驱体一形成，内部晶体Ostwald熟化就会发生导致生成中空结构[70]。这一

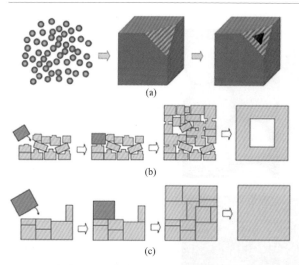

图6.49 （a）OA及（b）Ostwald熟化形成非球形中空结构；（c）Ostwald熟化由于晶体大小的不同也可以保持实心结构[70]

途径首先在中空Cu_2O立方体合成中得到阐述[74]。

OA生长由于错向连接通常可能导致形成多孔材料，此外，位于中心部分的晶体通常尺寸较小，堆积密度低，因此，在较低水含量的溶剂热条件下合成Cu_2O立方晶可以得到疏松有序聚集的产品。此Cu_2O反应体系中反应时间较长，一方面，Ostwald熟化使得中心部分变空；另一方面由于构建单元完美的连接可能使得介晶基本不留空间，促使形成中空结构。

纳米粒子在晶体生长动力学上呈现不稳定性，为最终形成稳定的纳米晶体，它们须在反应中通过各种方式向稳定态过渡，包括添加有机保护试剂，如有机配体及无机封堵材料，或将之置于惰性环境中，如无机基体或聚合物中。当纳米粒子与这些封堵基团或溶剂之间的相互作用力足以提供抵消范德华力或磁性作用（磁性材料）的能量势垒时，这些纳米晶可以得到稳定的分散。当然，不同的溶剂控制纳米晶溶解度及反应速率的作用力有所不同。

Xianfeng Yang等[151]无水条件下以PEG 200为溶剂利用溶剂热得到疏松有序的中空$CaTiO_3$立方体［见图6.50（a）］，而在水体积分数为1.25%、5.0%溶剂热条件下得到表面致密光滑的中空$CaTiO_3$立方体［见图6.50（b）、（c）］。该课题组根据实验结果推测不同溶剂条件下$CaTiO_3$立方体形成机理（见图6.51）：（a）无水条件下，PEG 200覆盖纳米晶体表面，使得准立方体构建单元掩蔽掉其不同晶面活化能差异，内部晶面（110）、（$\bar{1}$10）、（001）随机聚集，$CaTiO_3$立方体自

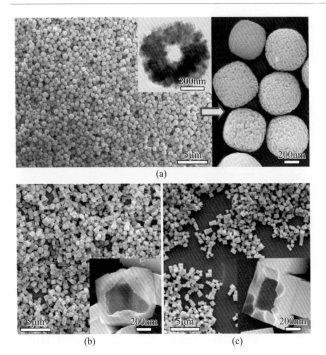

图6.50 （a）无水，（b）1.25%（体积分数）水，（c）5%（体积分数）水所得CaTiO₃立方体SEM图[151]

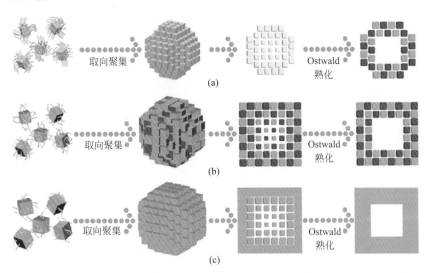

图6.51 （a）无水，（b）1.25%（体积分数），（c）5%（体积分数）CaTiO₃立方体形成机制[151]

中心部分向外侧逐渐聚集，后由于Ostwald熟化，立方体中心部分小颗粒逐渐消失，PEG 200的存在致使Ostwald过程中大颗粒生长非常缓慢而呈现出疏松状态；（b）水体积分数为1.25%时，颗粒聚集后发生重结晶，得到致密的壳结构，因在水含量较低的情况下，重结晶过程不能顺利进行；（c）水体积分数为5.0%，$CaTiO_3$立方体重结晶之后得到单晶壳层。水在Ostwald熟化之后的重结晶过程中起着至关重要的作用，5%的水加入，强化了重结晶过程得到立方体结构，同时利于$CaTiO_3$颗粒晶面间的定向自组装过程。

上述OA和Ostwald熟化结合的机制在很多非球形无机材料合成中均得到解释，如近年来用相似的方法合成得到的ZnO[152]、NiO[153]、$CaTiO_3$[154]、$CoFe_2O_4$[155]、$SrZrO_3$[80]等非球形中空结构[70]。

6.4
纳米晶生长的原位观察与跟踪

纳米晶在溶液相中成核及其后的生长是影响纳米晶最终形貌的两个阶段，这些现象能够分别用经典成核理论及Lifshitz-Slyozov-Wagner（LSW）生长模型描述[156~158]。LSW生长模型表明单体向表面的扩散和晶体表面反应决定纳米晶生长模式[158]。当单体向晶体表面的扩散是最慢的步骤时，模型预测认为晶体将会按照Ostwald熟化（Ostwald ripening）机制生长，即球形晶粒的半径r的增长与生长时间t服从关系式$r \propto t^{1/3}$；当表面反应限制纳米晶生长时，该模型则预测半径的增长与时间服从关系式$r \propto t^{1/2}$。扩散控制的生长一般会导致多层孪生晶种并进而长成多面的或近球形的形状；反应约束的生长则往往导致单一孪生晶种并继而得到各向异性晶体片或双锥体形晶体[17]。

生长机理通常在生长完成后用各种表征手段进行回溯式的非原位（ex situ）离线分析、推测，但这样的事后分析技术无法提供对于合成工艺进行优化所需的关键信息，因为无法实现纳米结构演变过程中的实时测量。为了深层次理解纳米晶成核、生长动力学，更好地把握纳米晶生长机理，并且方便与经典模型进行比较，对纳米晶生长过程中的直观观察就变得很有必要。研究者们长期以来也都在努力尝试各种实验技术手段，力求对纳米晶生长现象进行实时原位的观察，进而在此基础上更加全面、客观、真实地揭示纳米晶成核、生长机制，并在此领域内取得了不少进展。目前，纳米晶生长的原位（in situ）观察实验技术主要有两大类，早期研究阶段主要依靠各种光谱技术原位跟踪纳米晶生长过程中的体相/表面化学组成、化学价键等相关信息变化；近些年来，主要依靠各种电子显微镜技术实现对纳米晶生长现象的直接原位观察，进而深入揭示其生长机理。

6.4.1
原位观察光谱技术

Shi等[159]采用原位固体核磁共振（nuclear magnetic resonance，NMR）技术，运用^{27}Al及^{29}Si谱实现了对溶液及凝胶相中发生的A型沸石（zeolite-A）的晶相生长及种类的监控，并且通过平行原位X射线衍射技术对材料的长程有序进行了研究。Hiroji Hosokawa等[160]采用扩展X射线吸收精细结构（extended X-ray absorption fine structure，EXAFS）技术，通过对N,N-二甲基甲酰胺（DMF）中合成胶体CdS纳米晶（CdS-DMF，平均粒径3.5nm）的原位Cd K-edge EXAFS分析，探明了纳米晶在溶液中的微观表面结构，同时对DMF中$[Cd_4(SC_6H_5)_{10}]^{2-}$团簇（$Cd_4$-团簇）的结构也进行了检测。EXAFS分析结果显示，CdS-DMF通过DMF结构中氧原子与CdS纳米晶表面或溶剂中Cd_4-团簇中镉原子之间的溶剂化作用实现了稳定。M.Haselhoff等[161]发展了一种运用原位吸收光谱研究氯化碱中CuCl及CuBr纳米晶生长的激子光谱（exciton spectroscopy）方法，以激子谱线作为结晶度信号，采用宽吸收峰测量Cu^+数目。

Qu等[162]以CdSe体系为例，实时测量记录了其反应生成过程中紫外-可见（UV-Vis）吸收光谱的变化（见图6.52），与室温下结果相比，发现250℃高温下吸收光谱出现了红移及宽化。在此基础上得

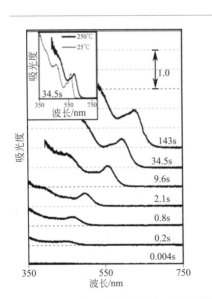

图6.52　250℃下原位记录CdSe纳米晶的紫外-可见（UV-Vis）吸收光谱，内嵌图为不同温度下吸收光谱比较[162]

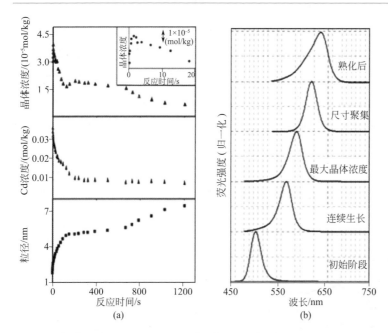

图6.53 （a）CdSe纳米晶晶体浓度（上）、粒径（下）及反应溶液中Cd浓度（中）随反应时间的变化；（b）同一反应中纳米晶PL谱演变[162]

到了其第一激子吸收峰位置，进而确定了CdSe纳米晶在任意给定时刻的晶体浓度、平均粒径、Cd浓度等相关信息［见图6.53（a）］。对于纳米晶生长后期深度熟化阶段，由于晶粒尺寸分布具有严重不对称性特征，因此通过峰宽修正的荧光（PL）谱来进一步揭示纳米晶生长演变行为［见图6.53（b）］。

为避免干燥过程中出现的热变化，Jung等[163]采用冷冻干燥法，利用液氮对不同溶胶化温度下的所有等分试样进行淬火，即瞬间冷却，之后将所得溶胶进行冷冻干燥，通过监控这些试样的X射线衍射（XRD）图谱、拉曼（Raman）光谱等变化揭示了TiO_2的晶相演变，进而对酸性溶液中锐钛矿纳米粒子的热力学稳定性及其转变为金红石相的结晶过程进行了原位研究。结果表明，当溶胶化温度为30℃时，最初的产品为具有显著扭曲原子结构、大量羟基及Ti^{3+}的不稳定相锐钛矿，该结构能够经后续溶解继而再沉淀转化成金红石相；另外，当溶胶化温度为80℃时，锐钛矿具有原子结构相对更为有序、羟基更少、Ti^{3+}可忽略、热力学更加稳定的结构，而该稳定结构不能转变为金红石相。

Kim等[164]同样采用冷冻干燥技术，采用XRD（见图6.54）、傅里叶变换红外（FT-IR）、^1H与^{31}P的魔角自旋（magic-angle spinning，MAS）NMR（见图6.55）

等技术原位跟踪研究了Ca(OH)₂与H₃PO₄反应过程，发现羟基磷灰石（HAp）纳米粒子结晶形成过程中存在唯一中间相二水合磷酸氢钙（DCPD），而且HAp相变产生之前首先发生的是HAp在DCPD表面的非均相成核。此外，通过结合扫描电子显微镜（scanning electron microscopy，SEM）及电感耦合等离子体原子发射光谱（inductively coupled plasma atomic emission spectroscopy，ICP-ES）分析发现，HAp结晶过程由于剩余Ca(OH)₂以及Ca²⁺向HAp与DCPD之间界面的缓慢扩散而出现延迟。

Oezaslan等[165]通过冷冻干燥技术辅助制备了Pt-Cu前驱体材料，采用原位高温X射线衍射技术（high-temperature X-ray diffraction，HT-XRD）原位观察到了双金属合金PtCu₃纳米颗粒的形成动力学、时间尺度及其生长速率，阐明了退火

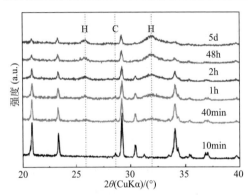

图6.54 不同时间间隔样品的XRD谱图[164]

H—HAp；C—Ca(OH)₂；其余为DCPD

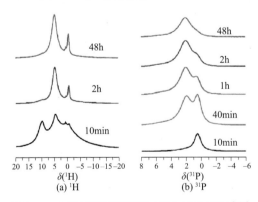

图6.55 不同时间间隔样品的MAS NMR谱图[164]

温度与时间在合金形成过程中的作用，并经Rietveld结构精修对合金的晶相进行了定量描述。

Meneses等[166]利用同步辐射技术，通过原位时间分辨的X射线吸收光谱（X-ray absorption spectroscopy，XAS）观察到了第一阶段的NiO纳米颗粒的形成，升温过程中Ni K-edge光谱及其傅里叶转换揭示了由无定形向结晶体的系统结构相变（接近400℃）。结晶发生在由Ni分散于明胶中构成的固溶体（生物聚合物）的升温过程中。他们还将X射线吸收近边结构（X-ray absorption near edge structure，XANES）谱图实验结果与采用多散射模型的从头算结果进行了比较。Ingham等[167]同样采用原位同步辐射XANES技术实现了从溶液相中通过电化学沉积方法生长的ZnO纳米结构成核及生长过程的直接观测。

6.4.2
原位观察电子显微镜技术

除各种光谱技术外，电子显微镜技术在纳米晶生长的原位观察领域发挥着越来越直观且重要的作用。

（1）环境扫描电子显微镜（ESEM）

Millar等[168]采用环境扫描电子显微镜（environmental scanning electron microscopy，ESEM），并辅以傅里叶变换拉曼（FT-Raman）光谱及程序升温脱附（temperature programmed desorption，TPD）原位观察了多晶Ag催化剂在O_2、H_2O和O_2-CH_4氛围下升温过程中的形貌变化，对于预处理及后处理样品的形貌则通过场发射扫描电子显微镜（field emission scanning electron microscopy，FESEM）来观察。研究结果显示，温度升高到663K时，Ag催化剂表面下羟基的再结合导致了近表面处的爆裂进而造成针孔（"pin-holes"），而且针孔主要是在片晶、边缘结构等表面缺陷位附近产生。

Wang等[169]采用改造的ESEM，在冷壁、金属催化低压化学气相沉积（LP-CVD）条件下，实现了对活性催化剂结构动态演变及从基板退火到石墨烯成核、生长（见图6.56、图6.57），再到基板冷却全过程中的实时、可视化原位观察，且观察过程可达纳米尺度分辨率，无需转移样品，演示了升华等表面动力学及表面预熔化对于晶粒取向的依存，呈现了基板动力学对石墨烯成核及生长的影响。该工作展示了所用技术在活性金属催化剂表面动力学原位研究方面的巨大潜力。

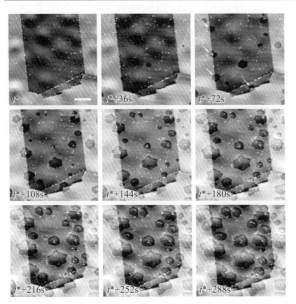

图6.56 LP-CVD生长过程中1000℃下原位记录的石墨烯片成核、生长的SEM图片（颜色更暗对比度所示）[169]

图中的白色箭头凸显成核发生在晶粒边界位置，t^*对应于从C_2H_4给料到能够检测到的初期成核的诱导期，生长中的石墨烯片如暗对比度区域所示，铜表面的光滑对比度是由于升华诱导的表面膨胀（surface buckling），左上角图片中绿色点线加亮为铜箔上面的晶界，不同晶粒对比度差异是由于电子通道不同所致，标尺为5μm

（2）扫描透射电子显微镜（STEM）

Woehl等[170]以$AgNO_3$为反应物，采用附设连续流原位流体台（in situ liquid-stage）的扫描透射电子显微镜（scanning transmission electron microscopy，STEM），通过电子束辐照原位还原制备了Ag纳米晶，发现电子束流发挥了类似于传统合成过程中还原剂的作用，通过原位电子束还原控制生长得到具有一定最终形貌的Ag纳米晶。研究结果表明，低的电子束流支持反应约束的生长，从而制得多面体结构的纳米晶，而高电子束流支持扩散控制的生长，进而制得球形纳米晶。通过根本生长机制的调控，可以实现上述两种生长的选择性分离，进而可以在新的水平上实现对于纳米晶形貌的调控。

Parent等[171]采用类似STEM的技术，通过电子束还原实现了高黏度易溶液体晶体表面活性剂模板（Brij 56表面活性剂）中多孔Pd纳米粒子合成的直接原位观察。纳米粒子成核、生长到约5nm颗粒，之后继续生长，通过与胶束周围其他纳米粒子相连而成为团簇。当达到临界尺寸（>10 ～ 15nm）时，团簇在模板中变

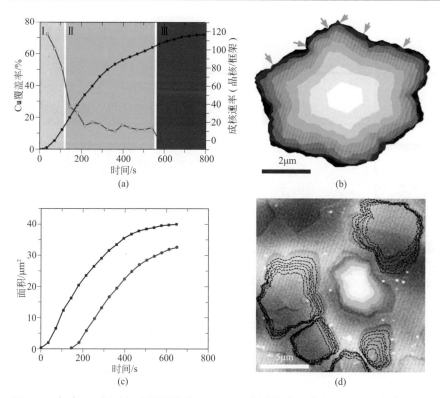

图6.57 （a）Cu表面被石墨烯覆盖的面积及石墨烯成核速率随时间的变化；（b）单张石墨烯片的面积增长；（c）两张石墨烯片在不同时间的面积增长；（d）由七张图片叠加所得相邻石墨烯片的形状演变

图（a）中的黑色曲线是Cu表面被石墨烯覆盖部分面积随时间的增加；蓝色曲线给出了成核速率，即ESEM原位成像中每张记录图片框架范围内所观察到新的石墨烯片数量随时间的变化。图（b）中的红色箭头显示了捕捉的叠加。箭头指出了蚀刻明显的某些区域。图（c）中两张石墨烯片在不同时间的面积增长，黑色曲线对应图（b）中所示石墨烯片；红色曲线系是从图（d）中所示彩色石墨烯片中提取。（b）和（d）中前后记录图片的时间间隔为36s，其标尺分别为2μm、5μm[169]

得高度机动，取代、捕获生长结构中的胶束进而形成球形、多孔纳米粒子（见图6.58）。最近，该课题组又采用原位液体台STEM在溶剂化嵌段共聚物（BCP）模板中观察到了介孔Pd的生长[172]。

（3）透射电子显微镜（TEM）

与ESEM、STEM相比，透射电子显微镜（transmission electron microscopy，TEM）在金属纳米晶、金属氧化物/氢氧化物、无机盐、碳纳米管、电极材料等纳米晶生长的原位观察方面得到了相对最为广泛的应用，相关工作的文献报道也很多。

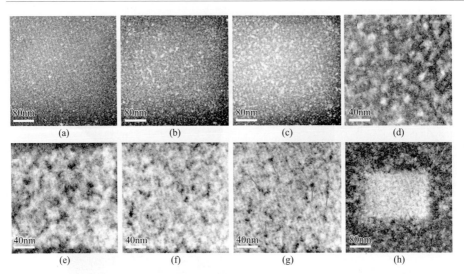

图6.58 电子束诱导Brij 56有机表面活性剂模板中Pd盐还原生成金属Pd纳米结构的暗场STEM
图片[171]

生长时间跨度15min，（g）中红色箭头所指为更薄的Pd，可能由于捕获的胶束所致；（a）、（c）时间间隔45s，
（c）、（g）间隔3min，（g）、（h）间隔90s；
放大倍数：（a）、（c）、（h）400k；（d）、（g）800k。（h）中白色矩形多孔Pd标明了800k放大倍数下被电子束
诱导生长的量

  Zheng等[173]采用原位TEM探明了单个胶体Pt纳米晶生长轨迹，结果显示
Pt纳米晶能够从溶液中通过结构单元黏附（monomer attachment）或颗粒融合
（coalescence）方式生长，通过这两种过程的结合，最初宽泛的尺寸分布能够自发
地集中到近乎单分散形式的分布，而胶体纳米晶之所以采取不同方式生长是基于
其尺寸、形貌决定的内能（见图6.59、图6.60）。Jiang等[174]基于TEM及第一原
理计算，报道了Pt纳米晶在无定形碳基体上由电子激发强化范德华相互作用力诱
导的原位融合生长，研究发现电子束诱导的激发能够显著增强Pt纳米晶之间的范
德华相互作用力，降低Pt纳米晶与碳基体之间的结合能，进而促进纳米晶的融合
生长。近年来，TEM液相反应池（liquid cell，fluid cell）的发展使得液相中纳米
颗粒生长的直观观察成为了可能。Liao等[175]综述了TEM液相反应池在金属纳米
颗粒生长方面所取得的新进展，重点介绍了在融合生长、形貌控制机制、表面活
性剂效应等方面的理解。Jeong等[176]采用原子分辨率的石墨烯TEM液相反应池，
观察到了Pt纳米晶通过结构单元黏附生长过程中的表面原子，这将有助于对纳米
晶的结构单元黏附生长机制的理解。

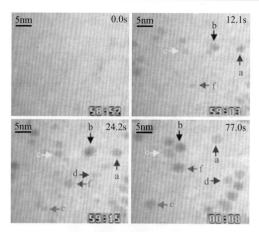

图6.59　Pt纳米晶生长及融合[173]

录像截图捕获时间0.0s、12.1s、24.2s及77.0s为在电子束下暴露时间。特定粒子用箭头进行了标识，这些单个粒子的生长轨迹显示不同生长路线导致尺寸分布的集中化

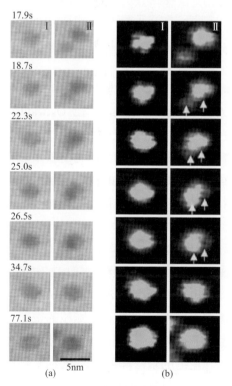

图6.60　不同生长轨迹的比较[173]

（a）录像截图显示通过结构单元黏附（左列）或颗粒融合（右列）单一方式生长，颗粒选自同一视野；（b）图（a）放大1.5倍后的彩图

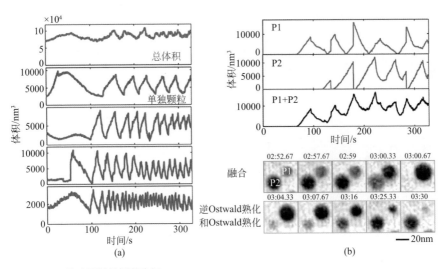

图6.61　Bi纳米颗粒的振荡生长

（a）全体粒子及所选部分粒子的体积随时间的变化轨迹；（b）P1与P2两个粒子演变轨迹显示成对出现的振荡生长[177]

Xin等[177]采用TEM液相反应池，在设计的升温180℃无前驱体环境中原位观察到了单个Bi纳米粒子的振荡生长，即成对出现的Ostwald熟化与逆Ostwald熟化（见图6.61）。实验结果表明，在每个颗粒周围存在一个质量传递区域，这可以进一步与观察到的生长动力学相结合。作者指出，振荡生长动力学与前驱体影响的化学势驱动的生长/溶解有关，这一研究结果也为抵消Ostwald熟化机制进而阻止纳米颗粒融合提供了可能，这样的过程对于很多工业反应，像非均相纳米颗粒催化是非常有利的。

Sutter等[178]采用HRTEM，探明了受温度影响的碳支持膜上Au纳米颗粒之间的相互作用路线。在室温到400℃的升温过程中，Au纳米颗粒之间相互作用主要表现为Au桥接驱使的接合（见图6.62）；在400～800℃高温下，纳米颗粒聚集成为Au/C的核壳纳米结构。单个纳米颗粒周围的壳层碳钝化了颗粒的表面进而阻止了其相互之间的接合。最终的接合之所以能够发生，则是源于钝化层的破裂，因而不可避免地促发了最终由碳片包裹、压缩的紧密堆积的Au/C纳米颗粒聚集（见图6.63）。此外，运用HRTEM还可以原位观察Cu纳米晶薄膜中晶界生长[179]、纳米$CoSi_2$在Si纳米线上的成核及外延生长[180]、受约束单晶Ag_2Te纳米线的非均相转变[181]、ZnTe纳米线的熔化行为[182]等。

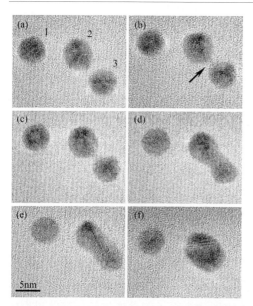

图6.62　室温～400℃下Au纳米颗粒之间相互作用的HRTEM照片特征演变[178]

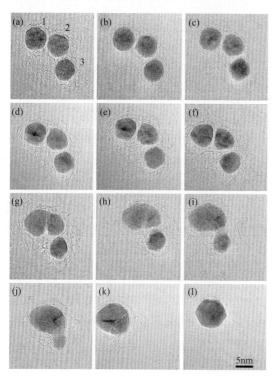

图6.63　400～800℃下Au/C核壳纳米颗粒之间相互作用的HRTEM照片特征演变[178]

Nasibulin 等[183]以 2 ～ 4nm 的 Au、Pt、Ni 或 Co 纳米颗粒为催化剂，运用 HRTEM，在加速电压 120 ～ 300kV、温度 –175 ～ 610℃ 操作条件下，原位观察研究了 MgO 晶体表面 MgO 纳米棒的控制生长，并且基于 MgO 的正电离子与带负电金属颗粒之间的静电相互作用解释了纳米棒的形成及生长机制。Cordeiro 等[184]运用 HRTEM 原位观察了各向异性 CeO₂ 纳米晶的溶解行为，讨论了其溶解的新特征，并且与晶体演变以致达到最小表面自由能进行了关联，而这也将会对纳米晶熟化模型产生一定影响。研究结果显示，纳米晶的熟化/生长/溶解模型需要考虑纳米晶的暴露晶面及其相对比例、与环境之间的行为等。

溶液相中，分子簇、纳米颗粒的取向连生现在已经被认为是很多晶体材料生长所遵循的重要机制，但并没有很好地建立分子簇、纳米颗粒之间的对准过程与黏附机制。Li 等[185]采用 HRTEM 液相反应池直接观察到了水合氢氧化铁纳米颗粒的定向 OA 生长，很好地揭示了 OA 过程机制。纳米颗粒经历了不停的旋转、相互作用，直至它们之间最终找到一个完美的晶格匹配，当间距小于 1nm 时跳跃式接触会突然发生，之后在接触点的侧面开始出现逐个原子的叠加生长，在此过程中界面逐渐消失（如图 6.64 所示），速率大小取决于吉布斯自由能的大小。所测得的平移与旋转加速度表明，高度的指向-特定性相互作用驱使了纳米晶按照 OA 机制实现生长。

Lian 等[186]采用原位 TEM，研究了具有（110）取向的单晶 ZrSiO₄ 在室温下以 10^{14} ～ 10^{17} 原子/cm² 的通量植入 Pb⁺ 过程中的微观结构演变及纳米晶形成，并将 TEM 与 XRD 方法观测到的实验损坏剖面与蒙特卡洛模拟结果进行了比较。Kim 等[187]以羟基磷灰石（HAp）为体系，反应过程中在选定的时间间隔内取样，之后将样品用液氮淬冷并进行冷冻干燥处理，从而避免样品离线后又在传统升温干燥过程中出现热演变，实现了采用后续 TEM 等相关表征手段对富钙水溶液中无定形磷酸钙（ACP）逐渐演变成 HAp 纳米晶的原位观察。结果表明针状 HAp 纳米晶系在初期相转变阶段由 ACP 聚集体中球形颗粒之间的颗粒内相生长得到，这一直观观察支持了内部重整过程决定 ACP-HAp 转变的观点，与之前的溶解-再沉淀过程观点相反。Zhu 等[188]采用水热法合成 MgBO₂(OH) 纳米晶须，之后通过热转化法制得了无孔高结晶度 Mg₂B₂O₅ 纳米晶须，并且采用附设 CCD 的 HRTEM 原位观察记录了高能电子束长时间辐射情况下 MgBO₂(OH) 纳米晶须热转化脱水过程中气泡生成、迁移、聚并、破碎、消失的全过程（见图 6.65），很大程度上加深了对微量溶剂辅助热转化过程中缩孔、消孔机制的理解。

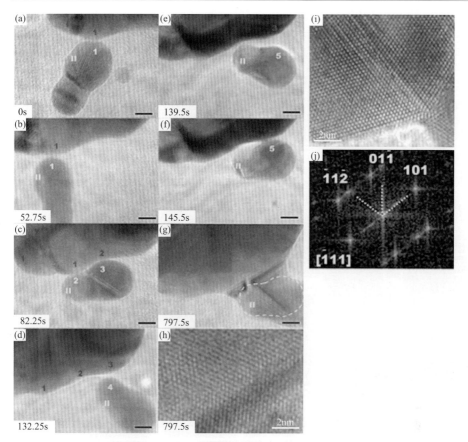

图6.64 （a）～（g）典型黏附过程动力学的系列图片（标尺为5nm）；（h）图（g）中所示孪晶结构（倾斜孪晶面）界面的高分辨图像；颗粒黏附后显示（101）孪晶界面的（i）高分辨原位TEM图片及（j）快速傅里叶变换（FFT）[185]

由（a）～（g）可看到在最终黏附及一起生长（点3～5）之前，粒子Ⅰ、Ⅱ的表面在很多点（点1～1，1～2，2～3和3～4）、很多取向上出现了暂时的接触；（g）中黄色虚线显示为相互黏附粒子最初的边界；晶界以（i）中虚线所示

Kimura等[189]采用原位TEM，对氯酸钠（NaClO₃）在离子液体（1,3-二烯丙基咪唑，C₉Ⅱ₁₃BrN₂）溶液中的成核及溶解动力学进行了实时的观察，发现预先成核所得团簇能够同时形成及溶解，表明了即便在平衡条件下能够导致固体团簇形成的高密度波动也是存在的。同时，原位电子衍射图谱结果显示，在成核的最早阶段，两种多晶型结构，即稳定的立方相及亚稳定的单斜相晶核同时形成。

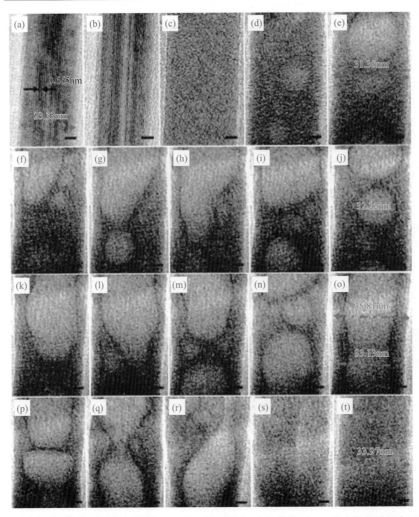

图6.65　电子束照射下MgBO$_2$（OH）纳米晶须脱水生成Mg$_2$B$_2$O$_5$纳米晶须过程中原位TEM观察记录的CCD气泡演变录像截图[188]

标尺：5nm；辐射时间：（a）0s；（b）2s；（c）11s；（d）16s；（e）33s；（f）50s；（g）61s；（h）62s；（i）64s；（j）71s；（k）82s；（l）89s；（m）93s；（n）97s；（o）100s；（p）104s；（q）136s；（r）177s；（s）218s；（t）291s

Yasuda等[190]运用TEM中的电子束辐照加热含聚炔烃的碳，采用高分辨TEM实现了对碳纳米管CNTs形成过程的原位观察，阐明了过程中石墨化机制。Yoshida等[191]在特殊设计的环境透射电子显微镜（environmental transmission electron microscopy，ETEM）中，以乙炔为碳源，首次原位观察到了600℃下化学气相沉积过程中催化剂Fe_3C纳米颗粒上CNTs成核及生长过程，发现石墨网络在波动的Fe_3C纳米颗粒上形成，之后出现CNTs的生长与释放。Pattinson等[192]同样采用ETEM，原位观察研究了氮效应对CNTs合成的影响，发现往ETEM中加入少量氨（分压NH_3：C_2H_2为1：$100 \sim 1$：10）对于CNTs合成几乎没有影响；但增加氨分压至NH_3：C_2H_2为1：1，则会对CNTs的成核［见图6.66（a）］及生长［见图6.66（b）］产生显著的影响。在较高氨浓度下，碳层与催化剂保持接触，可以促进CNTs的全过程成核与生长，同时活性催化剂能够牢固植根于基板上面。

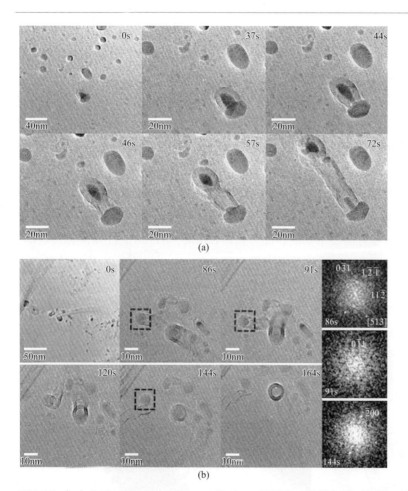

图6.66 （a）分压C_2H_2：NH_3为1：1情形下一单根CNT从催化剂颗粒上面成核的系列TEM照片；（b）分压C_2H_2：NH_3为1：1情形下CNTs生长的系列TEM照片，对所标识催化剂颗粒同时也给出了相应FFTs图谱[192]

原位TEM技术最近几年也在锂电池电极材料领域得到了很好的应用，成为了研究电极材料的一把利器。Wang等[193]将以SnO_2纳米线为负极组装的电池浸没在一离子液体基的电解液中，采用原位TEM探究了SnO_2在最初充电过程中的结构特征，结果发现在最初充电过后，纳米线仍然保持线的形状，但发生了高度扭曲，最初的直线由于发生了相变而成为了之字形结构，表明在相变过程中，纳米线经受了严重的变形。TEM图片显示，Li_xSn相拥有球形形貌，且被包埋在无定形Li_yO基体中（见图6.67）。

Liu等[194]采用原位TEM观察研究了嵌锂-脱锂循环过程中Al纳米线的粉碎及薄的Al_2O_3表面层的演变规律；Ghassemi等[195]采用原位TEM，原位观察了一单根无定形Si纳米棒为负极、离子液体为电解液的锂电池中电化学嵌锂-脱锂过程；Lee等[196]开发了一种含有$LiMn_2O_4$纳米线、离子液体电解液及$Li_4Ti_5O_{12}$晶体的纳米电池，将其置于原位TEM中，从而实现了对充电放电循环过程中局部相变的原位观察研究。此外，原位TEM也在锂离子电池CeO_2/石墨烯负极的电化学过程[197]及Cu_2S、FeS_2、Co_3S_4在与锂反应过程中结构、形貌演变[198]的原位观察研究中得到了成功应用。

各种光谱技术在纳米晶合成早期发挥了非常关键的作用，但对于揭示纳米晶生长机制尚不够直观；电子显微镜技术则具有直观的突出优势，但有时也以傅里叶变换红外、拉曼等光谱技术辅助表征。尤其ESEM、STEM、TEM液相反应池、ETEM等原位电镜技术在纳米晶生长过程机制的原位、实时研究中正日益发挥出不可替代的重要作用，然而目前这些原位手段操作起来还相对较为复杂，如何在环境更加友好、更加便于操作、更加廉价易得的条件下实现纳米晶的实时原位观察有望成为下一步的发展方向之一。

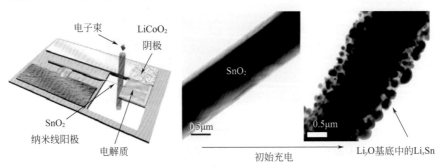

图6.67　SnO_2纳米线负极在最初充电后结构特征变化[193]

6.5
纳米晶生长的理论研究进展

在纳米晶生长机理研究方面，除了前述各种离线或原位实验表征技术的不断发展之外，多年来研究人员也一直在努力通过各种计算机辅助手段对纳米晶的成核、生长进行模拟或理论研究。当前，纳米晶成核、生长方面理论研究的具体手段主要包括分子动力学（molecular-dynamics，MD）模拟、蒙特卡洛（Monte-Carlo，MC）模拟以及第一性原理密度泛函理论等方法，而通过分子模拟手段探究成核过程则提供了在原子层面的机械理解，同时也使得动力学、热力学量的估算成为了可能[199]，并成为了实验研究手段的有力补充。

6.5.1
分子动力学模拟

分子模拟（molecular simulation）的基础是原子及分子间作用力，而这些原子、分子间作用力现在已经能够得到很好的表征。有了这些作用力的相关知识，就可以对特定体系的集体行为进行模拟，从而揭示其随时间变化的函数关系（"轨迹"），例如一个由溶剂中大量溶质分子构成的体系。这种方法，称为分子动力学（MD）模拟，主要是应用牛顿力学，即通过分子间相互作用力计算分子体系的演变。模拟可以在一个恒温恒压（NPT系统）下实施，因此可以实现模拟结果与实验结果的直接比较。可以应用周期性边界条件以去除不期望的表面效应。MD模拟给出的轨迹能够揭示体系中分子的动力学行为，因此能够提供直接的机理洞察。热力学平均量可以在统计力学各态历经假说基础上实现估算，也就是说，达到平衡后热力学量的时间平均值能够与结构平均实现关联[199]。目前，MD模拟已经在Au[200]、Pd[201,202]、Al[203,204]等金属及Ti_3Al双金属合金[205]的成核生长，乃至闪锌矿到岩盐的相转变[206]等方面取得了较大成功。

Luedtke等采用MD模拟研究了金（Au）纳米晶表面处于不同环境中时（吸附在石墨表面作为气相隔离团簇，或组装成三维超晶格）在单层烷基硫醇钝化过程中的结构、动力学及热力学现象，发现单层的堆积方式与密度对Au纳米晶核心部分的晶面及延伸部分的表面钝化表现不同，能够自组装成为具有择优取向的分子束，这些分子束在加热条件下可以进一步经历从有序束状形态到均匀分子间取向分布的可逆熔化转变[200]。Keblinski等[201]采用嵌入原子方法（embedded-atom-method）势能函数描述原子间相互作用力，以Pd为模型面心立方（fcc）金属，研究了Pd纳米晶的晶界结构，其模拟结果与实验吻合较好。Yamakov等[202]采用MD模拟研究了全三维的模型化面心立方金属Pd微观结构中的晶界扩散蔓延，这一机制也被认为对解释纳米晶材料的变形有贡献，而为了克服众所周知的具体模拟中与相对短的时间间隔有关的限制，模拟设置在升高温度的情形下进行，也取得了较好的结果。

Yamakov等[203]利用开发的并行分子动力学程序对多晶塑性进行了模拟，以阐明模型化Al纳米晶室温塑性变形过程中位错与晶界之间的复杂相互作用。模拟结果表明，在相对较高的压力（2.5GPa）及大的塑性张力（约12%）下，除传统的位错-滑移机制外，大量的形变孪晶开始出现。之后，作者又同样采用并行MD模拟研究了尺寸为30～100nm的柱状Al纳米晶变形过程中的复杂位错动力学，详细分析了在足够高的压力下发生的位错-位错及位错-孪晶晶界反应机制[204]。Xie等[205]则采用MD模拟研究了液体合金Ti_3Al在其快速固化过程中的纳米晶成形，以及纳米晶合金在拉伸负荷过程中的变形行为，通过微观结构演变探究了张力变形过程中纳米晶Ti_3Al的变形机制。分析结果显示，液体Ti_3Al合金在冷却速率为10^{11}K/s时完全结晶，而快速固化过程中也在纳米晶合金中发现了共格孪晶界。其中，10^{11}K/s冷却速率下不同结构类型Ti_3Al合金快速固化过程中的演变如图6.68所示。在1060K下，原子随机分布在模拟盒子中。

1050K时，主要的结构呈现无序、无组织特征，系统中只有少量原子形成了块体fcc结构。随着温度降低，体系变得越来越有序，fcc与hcp结构已经开始稳定生长。同时，fcc结构持续增长并成为了Ti_3Al合金纳米晶中的主要部分。纳米晶结构在1000～1050K之间快速增长，在1000K以下适度增长。在固化结束时，

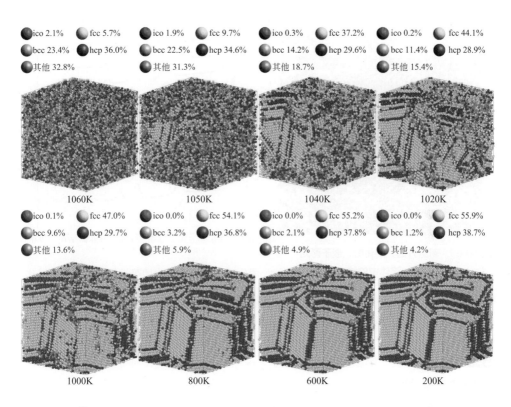

ico 2.1%	fcc 5.7%	ico 1.9%	fcc 9.7%	ico 0.3%	fcc 37.2%	ico 0.2%	fcc 44.1%
bcc 23.4%	hcp 36.0%	bcc 22.5%	hcp 34.6%	bcc 14.2%	hcp 29.6%	bcc 11.4%	hcp 28.9%
其他 32.8%		其他 31.3%		其他 18.7%		其他 15.4%	
1060K		1050K		1040K		1020K	
ico 0.1%	fcc 47.0%	ico 0.0%	fcc 54.1%	ico 0.0%	fcc 55.2%	ico 0.0%	fcc 55.9%
bcc 9.6%	hcp 29.7%	bcc 3.2%	hcp 36.8%	bcc 2.1%	hcp 37.8%	bcc 1.2%	hcp 38.7%
其他 13.6%		其他 5.9%		其他 4.9%		其他 4.2%	
1000K		800K		600K		200K	

图6.68　10^{11}K/s冷却速率下不同结构类型Ti_3Al合金快速固化过程中的演变

体系中处于结晶结构中的原子占到了94.6%。与亚稳定晶相相比，稳定晶相占据了体系的大部分，这一结果与结晶实验结果相吻合。

　　Morgan等[206]采用"恒压"MD模拟研究了离子纳米晶在压力驱动下从闪锌矿（B3）到岩盐（B1）的相变过程，直接的观察与计算所得衍射图谱均证实了这一转变，并对转变机制进行了描述，该机制对于纳米晶最终的整体及晶界形成过程中的形貌有影响。其中，新劈开的、热化的、嵌于两元Lennard-Jones流体中的纳米晶的分子动力学快照如图6.69所示，模拟过程中团簇结构因子的时间演化如图6.70所示，结果表明闪锌矿到岩盐的结构演变大致发生在9.0GPa处。

图6.69 新劈开的、热化的、嵌于两元 Lennard-Jones流体中的纳米晶的分子动力学快照

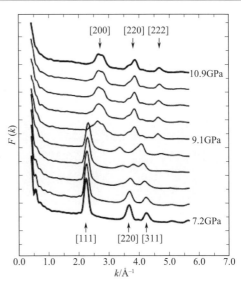

图6.70 模拟过程中团簇结构因子的时间演化（1Å=10^{-10}m）

6.5.2

蒙特卡洛模拟

当对研究对象感兴趣的主要是其平衡态或者热力学平均而非轨迹或路径时，蒙特卡洛（MC）模拟比分子动力学MD模拟更加方便。在MC模拟中，所需分子构型通过随机原子的替换位置变动而获得，之后再经基于玻尔兹曼统计的势能判据判断是接受还是拒绝。MC模拟能够适应于所有系统，包括NPT[199]。目前，MC模拟在微乳液[207,208]、反胶束[209,210]及基质[211,212]中纳米粒子的成核生长[208~213]、尺寸分布[207]、形貌[214]等方面取得了不错的结果。

Li等[207]采用MC模拟估算了微乳液合成纳米粒子过程中的颗粒尺寸分布，当含有不同反应物的两种微乳液混合在一起时，液滴的持续碰撞造成了颗粒的生成反应。在这一过程中，颗粒的生成受到了液滴碰撞的限制，因为一旦液滴发生了合并，则反应物之间的混合及反应就会变得很快。模拟结果显示，有大量的超细粒子产生，而这些超细粒子的存在使得小尺寸粒子的尺寸分布中出现了一个宽的驼峰。该模拟虽然能够与实验观察相吻合，但也暴露了局限和不足，使用时需要进行修正和改进。Bandyopadhyaya等[209]采用无格点3D动力学MC方法，针对描

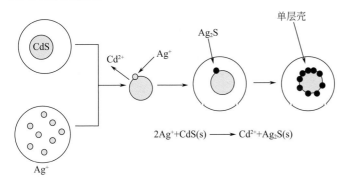

図6.71 核－壳纳米晶通过离子置换机制的形成示意图

述过程的一套偶合速率方程提供了平均场自洽解，继而对封装纳米晶成核、生长，即3D团簇的成核、生长、早期阶段的粗化进行了模拟，对生长、粗化的全过程中涉及的平均性质及团簇尺寸分布，两种路径都给出了高度吻合的结果。Jain 等[210]利用反胶束体系，采用MC技术，模拟了核壳纳米晶，如CdS-Ag$_2$S的形成过程（见图6.71）。所提出的模型分为了两部分，一是作为核的纳米颗粒的形成及其之后由于凝固而导致的生长，另一是通过离子置换进行的壳的形成。核纳米颗粒的形成及后续生长包括了有限成核、胶束内交换所致生长、纳米颗粒形成之后的凝固等现象，而核的生长被认为是受到了金属离子-配体胶束以及配体吸附层的限制。该模型解释了核-壳纳米晶的可能形成机制，模拟结果与观察到的实验现象也吻合得不错。

Bouhadiche 等[211]采用MC技术，对SiN$_x$基体中存在杂质情形下Si纳米晶的形成进行了模拟。模拟过程中，提出了所模拟基体中描述杂质分布的一种新的模式，假设杂质的分布是非随机的。MC模拟结果表明，所形成的晶粒尺寸随着基体中杂质量的增加而降低。晶体学取向数对于所获得纳米结构没有显著影响，但温度的升高会有利于更大尺寸硅晶粒的形成。经与已有实验比对得知，所提出的杂质非随机分布模型能够很好地描述实验结果。Liu 等[212]基于Potts模型，采用MC模拟方法研究了含有嵌入在无定形基体中的纳米晶的两相纳米薄膜的晶粒生长动力学。结果表明，在薄膜生长过程中无定形基体的形成受到了晶粒界面能与微晶/无定形相之间界面能的差异的驱动，而与单相多晶薄膜中的晶粒生长行为相比而言，无定形基体能够显著阻碍晶粒的生长，因此可以导致晶粒尺寸或晶粒动力学生长指数的显著减小。此外，模拟结果还显示，该阻碍效应对于无定形相的体积分数敏感，晶粒尺寸及动力学生长指数均会随无定形基体的体积分数增加而成指数性减少。

Yi等[213]采用无格点3D动力学MC模拟及平均力场速率模型自洽求解了一组描述过程的偶合速率方程，从而成功模拟了胶囊化纳米晶的成核、生长及基体中内嵌3D纳米团簇的粗化。对于生长及粗化阶段全过程中平均性质以及整个团簇尺寸分布而言，理论及模拟两种方法所得结果高度一致。Di等[214]开发了基于MC技术的模型，利用该模型研究了超顺磁磁铁矿（Fe_3O_4）胶体纳米晶团簇的形貌、力场诱导的链状图案以及诱导的磁化过程演变。结果表明，直径大小、单位表面活性剂分子以及磁流体的体积分数等重要参数能够影响高效率操控产品的形貌及磁化过程，并最终实现对其制备及多种应用的有效调控。

6.5.3
第一性原理

除MD、MC外，不少研究人员还尝试运用第一性原理以及密度泛函理论等其他手段，对纳米晶的成核、生长等现象进行了研究，不少成功的例子也已经见诸报端。Wang等[215]构建了一个简单、高度理想的纳米晶材料模型，在该模型中所有的晶粒尺寸、形状均相同，所有的晶界也都是晶体学等价的。在晶格-静力学（lattice-statics，LS）模拟中，作用在每个原子上面的力及作用于模拟晶胞上面的外部应力通过迭代实现收敛，以决定纳米晶的平衡结构，而原子之间相互作用力则是借助了众所周知的能够很好代表面心立方（fcc）金属的Lennard-Jones势函数来描述。模拟结果显示，模型纳米晶具有低温比热容，这一结果与实验观察所得异常相似，而该现象则是源自晶界上面存在的低频声子。

Fransaer等[216]采用布朗动力学（Brownian dynamics，BD）模拟方法，模拟了金属纳米颗粒自溶液中向一个电极二维平面发生的瞬间成核剂扩散控制的生长过程。Rondinone等[217]采用微乳液法合成了$CoFe_2O_4$尖晶石纳米晶，通过中子衍射与随时间衰退的磁化强度表明了这些纳米颗粒中发生的超顺磁弛豫，利用能垒分布函数通过计算机模拟了零场冷却（ZFC）磁化强度，计算值与实验所测数值表现出了高度一致性。Zhang等[218]采用溶胶-凝胶技术制备了TiO_2纳米粉体，研究了不同pH值条件下锐钛矿与金红石相之间的转变，此外通过密度泛函理论（基于B3LYP泛函）优化出了Ti-配位的复合物，继而模拟了不同pH值溶液中的结构单体，而基于几何参数及计算所得的Mulliken电荷数，预测了Ti-配位的复合物的可能反应路线。该理论模型很好地解释了实验结果，也从更深层次上揭示了不同pH值条件下不同晶相之间的形成机制。

Embden 等[219]利用群体平衡方程（population balance equation，PBE），模拟了热注射法工艺中不同最初反应条件下CdSe胶体纳米晶自均相溶液中开始的成核及生长现象，给出了扩散及反应两种约束条件下纳米晶的生长模拟结果，结果显示纳米晶的生长遵从严格的反应约束动力学，而渐近扩散及反应约束两种条件下模拟所得颗粒尺寸分布分别要比LSW及Wagner理论预测的静态分布要窄一些。同时，也有足够的证据表明，纳米晶早期阶段的合成包含了同时发生的成核、生长及粗化。在功能纳米材料开发过程中一个显著的挑战就是如何理解胶体纳米晶的生长，虽然目前胶体纳米晶的形貌选择性生长已经可以实现，但对于其过程的理解目前还不是很到位，而纳米晶也往往难以放大量产。Fichthorn 等[220]采用第一性原理密度泛函理论从原子尺度研究模拟了胶体纳米晶Ag的生长，揭示了聚乙烯吡咯烷酮（PVP）在Ag纳米晶合成中作为有效结构诱导剂的作用机制，同时研究也表明了聚环氧乙烷（polyethylene oxides，PEO）也具有纳米晶体结构诱导的作用，但其效果并不如PVP好，合成的纳米晶均一性等稍差。此外，作者还讨论了他们开发的力场在表征PVP、PEO等结构诱导剂与Ag表面相互作用，而这一可靠力场也将有助于将来通过传统的MD模拟探讨纳米晶生长的相关问题。

多年来，成核、生长一直是纳米晶合成领域内广受关注的一个热点，但同时也是难点，尤其是在纳米晶初期的成核阶段，由于胶体体系自身的复杂性，各种实验手段在对其进行原位、直观观察研究方面面临着不小的技术层面挑战。相比之下，基于原子尺度水平的各种分子模拟（含MD模拟、MC模拟）及第一性原理DFT理论的计算方法成为了实验手段的重要补充，使得在原子尺度层面对成核机制的理解及动力学、热力学量的估算成为了可能[197]。近些年来，基于一些巧妙的实验（其中不乏关于胶体体系）与新的分子模拟技术，研究人员已经在晶体成核理解方面取得了巨大进步。然而同时也得承认，目前的研究实质上最多还只是在表面上，所处理的力学与热力学方面问题还仅限于简单的球形模型体系，更复杂的体系，比如冰的成核等，依然还是挑战。而另一方面，理论模拟的对象往往不是应用研究上特别热门的材料，理论与实际还有较大间隙，因此纯粹利用理论模拟来寻找有应用价值的材料还需要很多研究才有可能实现。

截至目前，聚焦于成核的很多分子模拟方面的工作还是集中在方法的开发及具体的案例，很显然，伴随着基础研究的开展，还需要从单纯的原理验证性研究向能够描述当前现实中感兴趣晶体的实际模型转变。当前，采用理论方法模拟晶体成核、生长还有巨大的发展空间，但同时也面临着些具体的挑战，主要问题在于传统MD模拟能够达到的时间、空间尺度是有限的。硬件方面，研究人员期待计算能力能够持续地、甚至呈指数地增长，以及实现更大的并行处理能力，以便驱动强力算法。软件方面，研究人员则期待着模拟源代码算法效率的提升，更好的模型表达，即能够更加精确描述研究体系的力场及其相关参数设置。

6.6
本章小结

晶体，尤其纳米晶的成核、生长现象对于从深层次、微观角度上理解晶体的成核与生长现象及机制，促进晶体合成的理性设计、继而最终促进晶体工程的发展至关重要。对于具有一定结晶度的纳米晶的生长机制及现象的研究，各种光谱及电子显微技术等现代实验技术手段能够给出较好的直观证据，但对于纳米晶早期成核及早期生长阶段的机制及现象的认识则一般需要借助MD、MC以及第一性原理DFT理论等相关手段去认识。基于实验技术手段表征结果的相关猜测、推断需要理论计算的支撑，而理论研究成果是否合理往往也需要一定的实验结果佐证。因此，实验技术手段与理论研究手段互为补充，互有所长。两种研究手段势必也会在未来纳米晶成核、生长机制与现象相关研究中实现相辅相成地发展，最终共同促进人们对于纳米晶成核及生长机制与现象的理解和认识。

参考文献

[1] Nguyen TK, Thanh NM, Mahiddine S. Mechanisms of nucleation and growth of nanoparticles in solution. Chem Rev, 2014, 114: 7610-7630.

[2] Kumar S, Nann T. Shape control of II - VI semiconductor nanomaterials. Small, 2006, 2: 316-329.

[3] Hu S, Wang X. Ultrathin nanostructures: smaller size with new phenomena. Chem Soc Rev, 2013, 42 : 5577-5594.

[4] Zhou XS, Wan LJ, Guo YG. Binding SnO$_2$ nanocrystals in nitrogen-doped graphene sheets as anode materials for lithium-ion batteries. Adv

Mater, 2013, 25: 2152-2157.

[5] Liang YY, Li YG, Wang HL, Zhou JG, Wang J, Regier T, Dai HJ. Co₃O₄ nanocrystals on graphene as a synergistic catalyst for oxygen reduction reaction. Nature materials, 2011, 10: 780-786.

[6] Gai SI, Li CX, Yang PP, Lin J. Recent progress in rare earth micro/nanocrystals: soft chemical synthesis, luminescent properties, and biomedical applications. Chem Rev, 2014, 114: 2343-2389.

[7] Rivest JB, Jain PK. Cation exchange on the nanoscale: an emerging technique for new material synthesis, device fabrication, and chemical sensing. Chem Soc Rev, 2013, 42 : 89-96.

[8] Liu Q, Sun Y, Yang TS, Feng W, Li CG, Li FY. Sub-10 nm hexagonal lanthanide-doped NaLuF₄ upconversion nanocrystals for sensitive bioimaging in vivo. J Am Chem Soc, 2011, 133: 17122-17125.

[9] Park J, Joo J, Kwon SG, Jang Y, Hyeon T. Synthesis of monodisperse spherical nanocrystals. Angew Chem Int Ed, 2007, 46: 4630-4660.

[10] Faraday M. The bakerian lecture: Experimental relations of gold (and other metals)to light. Philos Trans R Soc Lond, 1857, 147: 145-181.

[11] Ostwald W. Über die vermeintliche Isomerie des roten und gelben Quecksilberoxyds und die Oberflächenspannung fester Körper. Z Phys Chem, 1900, 34: 495-503.

[12] Jörg Polte. Fundamental growth principles of colloidal metal nanoparticles——a new perspective. CrystEngComm, 2015, 17: 6809-6830.

[13] Turkevich J, Stevenson PC, Hillier J. A study of the nucleation and growth processes in the synthesis of colloidal gold. Discussions of the Faraday Society, 1951, 11: 55-75.

[14] Becker R, Doring W. Kinetic treatment of germ formation in supersaturated vapour. Ann Phys 1935, 24: 719-752.

[15] Lamer VK. Nucleation in Phase Transitions. Ind Eng Chem, 1952, 44: 1270-1277.

[16] Lamer VK, Dinegar RH. Theory, Production and Mechanism of Formation of Monodispersed Hydrosols. J Am Chem Soc, 1950, 72: 4847-4854.

[17] Xia YN, Xiong YJ, Lim B, Skrabalak SE. Shape-controlled synthesis of metal nanocrystals: simple chemistry meets complex physics? Angew Chem Int Ed, 2009, 48: 60-103.

[18] Zhang H, Jin MS, Xia YN. Noble-metal nanocrystals with concave surfaces: synthesis and applications. Angew Chem Int Ed, 2012, 51: 7656-7573.

[19] Sun YG. Controlled synthesis of colloidal silver nanoparticles in organic solutions: empirical rules for nucleation engineering. Chem Soc Rev, 2013, 42: 2497-2511.

[20] Lin NB, Liu XY. Correlation between hierarchical structure of crystal networks and macroscopic performance of mesoscopic soft materials and engineering principles. Chem Soc Rev, 2015, doi: 10. 1039/c5cs00074b.

[21] Li XM, Zhang F, Zhao DY. Lab on upconversion nanoparticles: optical properties and applications engineering via designed nanostructure. Chem Soc Rev, 2015, 44: 1346-1378.

[22] Murray CB, Kagan CR, Bawendi MG. Synthesis and Characterization of Monodisperse Nanocrystals and Closed-Packed Nanocrystal Assembles. Annu Rev Mater Sci, 2000, 30: 545-610.

[23] Meldrum FC, Cölfen H. Controlling Mineral Morphologies and Structures in Biological and Synthetic Systems. Chem Rev, 2008, 108: 4332-4432.

[24] Lamer VK. Nucleation in Phase Transitions. Iindustry and Engineering Chemistry, 1952, 44: 1270-1277.

[25] Viau G, Fiévet-Vincent F, Fiévet F. Nucleation and growth of bimetallic CoNi and FeNi monodisperse particles prepared in polyols. Solid State tonics, 1996, 84: 259-270.

[26] Erdenir D, Lee AY, Myerson AS. Nucleation of Crystals from Solution: Classical and Two-Step Models. Accounts of Chemical Research, 2009, 42: 621-629.

[27] Zeldovich YB. On the theory of new phase formation: cavitation. Acta Physicochim URSS,

1943, 18, 1-22.

[28] Becker VR, Döring W. Kinetische behandlung der keimbildung in übersättigten dämpfen. Ann Phys, 1935, 416: 719-752.

[29] 相国磊, 王训. 纳米晶核的尺寸与表面对生长与组装过程影响的研究进展. 无机化学学报, 2011, 27: 2323-2331.

[30] 丁祎, 顾均, 张亚文, 孙聆东, 严纯华. 稀土纳米晶合成研究: 从溶液化学到晶体生长. 中国科学: 技术科学, 2012, 42: 1-12.

[31] Yu WL, ZhangH, YangB. The progress in synthesis, evolution mechanism and applications of water-soluable CdTe nanocrystals. Scientia Sinica Chimica, 2012, 42: 1540-1553.

[32] Kwon SG, Hyeon T. Formation mechanisms of uniform nanocrystals via hot-injection and heat-up methods. Small, 2011, 7: 2685-2702.

[33] Timonen JVI, Seppala ET, lkkala O, Ras RHA. From hot-injection synthesis to heating-up synthesis of cobalt nanoparticles: observation of kinetically controllable nucleation. Angew Chem Int Ed, 2011, 50: 2128-2132.

[34] Jiang F, Liu JJ, Li YC, Fan LZ, Ding YQ, Li YF. Ultralong CdTe Nanowires: Catalyst-Free Synthesis and High-Yield Transformation into Core-Shell Heterostructures. Adv Funct Mat, 2012, 22: 2402-2411.

[35] Yin YD, Alivisatos AP. Colloidal nanocrystal synthesis and the organic-inorganic interface. Nature, 2005, 437: 664-670.

[36] Zhou W, W JB, Yang H. Highly uniform platinum icosahedra made by hot injection-assisted GRAILS method. Nano Lett, 2013, 13: 2870-2874.

[37] Herman DAJ, Ferguson P, Cheong S, Hermans IF, Ruck BJ, Allan KM, Prabakar S, Spencer JL, Lendrumc CD, Tilley RD. Hot-injection synthesis of iron/iron oxide core/shell nanoparticles for T_2 contrast enhancement in magnetic resonance imaging. Chem Commun, 2011, 47: 9221-9223.

[38] Fievet F, Lagier JP, Blin B, Beaudoin B, Figlarz M. Homogeneous and heterogeneous nucleations in the polyol process for the preparation of micron and submicron size metal particles. Solid State Ionics, 1989, 32/33: 198-205.

[39] Fievet F, Lagier JP, Figlarz M. Preparing Monodisperse Métal Powders in Micrometer and Submicrometer Sizes by the Polyol Process. MRS Bulletin, 1989, 14: 29-34.

[40] Peng S, McMahon JM, Schatz GC, Gray SK, Sun YG. Reversing the size-dependence of surface plasmon resonances. PNAS, 2010, 107: 14530-14534.

[41] Peng S, Sun YG. Synthesis of Silver Nanocubes in a Hydrophobic Binary Organic Solvent. Chemistry of Materials, 2010, 22: 6272-6279.

[42] Kwon SG, Piao YZ, Park J, Angappane S, Jo Y, Hwang NM, Park JG, Hyeon T. Kinetics of Monodisperse Iron Oxide Nanocrystal Formation by "Heating-Up" process. J Am Chem Soc, 2007, 129: 12571-12584.

[43] ParkJ, An K, Hwang Y, Park JG, Noh HJ, Kim JY, Park JH, Hwang NM, Hyeon T. Ultra-large-scale syntheses of monodisperse nanocrystals. Nat Mater, 2004, 3: 891-895.

[44] Guardia P, Juste JP, Labarta A, Batlle X, Liz-Marzán LM. Heating rate influence on the synthesis of iron oxide nanoparticles: the case of decanoic acid. Chem Commun, 2010, 46: 6108-6110.

[45] Baldan A. Progress in Ostwald ripening theories and their applications to nickel-base superalloys. Journal of Materials Science, 2002, 37: 2171-2202.

[46] Djerdjev AM, Beattie JK. Enhancement of Ostwald Ripening by Depletion Flocculation. Langmuir, 2008, 24: 7711-7717.

[47] Voorhees PW. The Theory of Ostwald Ripening. Journal of Statistical Physics, 1985, 38: 231-252.

[48] 冯怡, 马天翼, 刘蕾, 袁忠勇. 无机纳米晶的形貌调控及生长机理研究. 中国科学B辑: 化学, 2009, 39: 864-886.

[49] Villalba GU, Forgiarini A, Rahn K, Lozsán A. Influence of flocculation and coalescence on the evolution of the average radius of an O/W emulsion. Is a linear slope of R3 vs. t an

unmistakable signature of Ostwald ripening?
Phys Chem Chem Phys, 2009, 11: 11184-11195.

[50] Zhang ZR, Wang ZN, He SN, Wang CQ, Jin
MS, Yin YD. Redox reaction induced Ostwald
ripening for size- and shape-focusing of
palladium nanocrystals. Chem Sci, 2015, 6:
5197-5203.

[51] Raj AN, Rinkel T, Haase M. Ostwald ripening,
particle size focusing, and decomposition of
sub-10 nm NaREF$_4$ (RE = La, Ce, Pr, Nd)
nanocrystals. Chemistry of Materials, 2014, 26:
5689-5694.

[52] Rinkel T, Nordmann J, Raj AN, Haase M.
Ostwald-ripening and particle size focussing of
sub-10 nm NaYF$_4$ upconversion nanocrystals.
Nanoscale, 2014, 6: 14523-14530.

[53] Lignier P, Bellabarba R, Tooze RP. Scalable
strategies for the synthesis of well-defined
copper metal and oxide nanocrystals. Chem Soc
Rev, 2012, 41: 1708-1720.

[54] Liu HL, Nosheen F, Wang X. Noble metal alloy
complex nanostructures: controllable synthesis
and their electrochemical property. Chem Soc
Rev, 2015, 44: 3056-3078.

[55] Liang JC, Han XB, Li Y, Ye KQ, Hou CM, Yu
KF. Fabrication of TiO$_2$ hollow nanocrystals
through the nanoscale Kirkendall effect for
lithium-ion batteries and photocatalysis. New J
Chem, 2015, 39: 3145-3149.

[56] Parlett CMA, Wilson K, Lee AF. Hierarchical
porous materials: catalytic applications. Chem
Soc Rev, 2013, 42: 3876-3893.

[57] Zhang ZQ, Zhang H, Zhu L, Zhang Q, Zhu WC.
Hierarchical porous Ca(BO$_2$)$_2$ microspheres:
Hydrothermal-thermal conversion synthesis and
their applications in heavy metal ions adsorption
and solvent-free oxidation of benzyl alcohol.
Chemical Engineering Journal, 2016, 283: 1273-
1284.

[58] Zhang ZQ, Zhu WC, Wang RG, Zhang LL, Zhu L,
Zhang Q. Ionothermal confined self-organization
for hierarchical porous magnesium borate
superstructures as highly efficient adsorbents for
dye removal. J Mater Chem, A, 2014, 2: 19167-
19179.

[59] Liu J, QiaoSZ, Chen JS, (David)Lou XW, Xing
XR, (Max)Lu GQ. Yolk/shell nanoparticles: new
platforms for nanoreactors, drug delivery and
lithium-ion batteries. Chem Commun, 2011, 47:
12578-12591.

[60] Cortie MB, McDonagh AM. Synthesis and
optical properties of hybrid and alloy plasmonic
nanoparticles. Chem Rev, 2011, 111: 3713-3735.

[61] Yang X, Yang MX, Pang B, Vara M, Xia YN.
Gold Nanomaterials at Work in Biomedicine.
Chem Rev, 2015, doi: 10. 1021/acs. chemrev.
5b00193.

[62] Hu J, Chen M, Fang XS, Wu LM. Fabrication
and application of inorganic hollow spheres.
Chem Soc Rev, 2011, 40: 5472-5491.

[63] Fang JX, Ding BJ, Gleiter H. Mesocrystals:
syntheses in metals and applications. Chem Soc
Rev, 2011, 40: 5347-5360.

[64] Qi J, Lai XY, Wang JY, Tang HJ, Ren H, Yang
Y, Jin Q, Zhang LJ, Yu RB, Ma GH, Su ZG,
Zhao HJ, Wang D. Multi-shelled hollow micro-/
nanostructures. Chem Soc Rev, 2015, 44: 6749-
6773.

[65] Gao MR, Xu YF, Jiang J, Yu SH. Nanostructured
metal chalcogenides: synthesis, modification,
and applications in energy conversion and
storage devices. Chem Soc Rev, 2013, 42: 2986-
3017.

[66] Zhao Y, Jiang L. Hollow Micro/Nanomaterials
with Multilevel Interior Structures. Adv Mater,
2009, 21: 3621-3638.

[67] Zeng HC. Synthetic architecture of interior space
for inorganic nanostructures. J Mater Chem,
2006, 16: 649-662.

[68] Liu B, Zeng HC. Symmetric and asymmetric
Ostwald ripening in the fabrication of
homogeneous core-shell semiconductors. Small,
2005, 1: 566-571.

[69] Nguyen CC, Vu NN, Do TO. Recent advances
in the development of sunlight-driven hollow
structure photocatalysts and their applications. J

Mater Chem A, 2015, 3: 18345-18359.

[70] Yec CC, Zeng HC. Synthesis of complex nanomaterials via Ostwald ripening. J Mater Chem A, 2014, 2: 4843-4851.

[71] Yang HG, Zeng HC. Preparation of hollow anatase TiO_2 nanospheres via Ostwald ripening. J Phys Chem B, 2004, 108: 3492-3495.

[72] Li J, Zeng HC. Hollowing Sn-Ddoped TiO_2 nanospheres via Ostwald ripening. J Am Chem Soc, 2007, 129: 15839-15847.

[73] Chang Y, Teo JJ, Zeng HC. Formation of colloidal CuO nanocrystallites and their spherical aggregation and reductive transformation to hollow Cu_2O nanospheres. Langmuir, 2005, 21: 1074-1079.

[74] Teo JJ, Chang Y, Zeng HC. Fabrications of hollow nanocubes of Cu_2O and Cu via reductive self-assembly of CuO nanocrystals. Langmuir, 2006, 22: 7369-7377.

[75] Wang DP, Zeng HC. Creation of interior space, architecture of shell structure, and encapsulation of functional materials for mesoporous SiO_2 spheres. Chemistry of Materials, 2011, 23: 4886-4899.

[76] Hu S, Wang X. Fullerene-like colloidal nanocrystal of nickel hydroxychloride. J Am Chem Soc 2010, 132: 9573-9575.

[77] Yec CC, Zeng HC. Synthetic architecture of multiple core-shell and yolk-shell structures of $(Cu_2O@)_nCu_2O(n=1\sim4)$ with centricity and eccentricity. Chemistry of Materials, 2012, 24: 1917-1929.

[78] Ye TN, Dong ZH, Zhao YN, Yu JG, Wang FQ, Zhang LL, Zou YC. Rationally fabricating hollow particles of complex oxides by a templateless hydrothermal route: the case of single-crystalline $SrHfO_3$ hollow cuboidal nanoshells. Dalton Trans, 2011, 40: 2601-2606.

[79] Zou YC, Luo Y, Wen N, Ye TN, Xu CY, Yu JG, Wang FQ, Li GD, Zhao YN. Fabricating $BaZrO_3$ hollow microspheres by a simple reflux method. New Journal of Chemistry, 2014, 38: 2548-2553.

[80] Ye TN, Dong ZH, Zhao YN, Yu JG, Wang FQ, Guo SK, Zou YC. Controllable fabrication of perovskite $SrZrO_3$ hollow cuboidal nanoshells. CrystEngComm, 2011, 13: 3842-3847.

[81] Voß B, Nordmann J, Uhl A, Komban R, Haase M. Effect of the crystal structure of small precursor particles on the growth of β-NaREF$_4$(RE=Sm, Eu, Gd, Tb)nanocrystals. Nanoscale, 2013, 5: 806-812.

[82] Zong RL, Wang XL, Shi SK, Zhu YF. Kinetically controlled seed-mediated growth of narrow dispersed silver nanoparticles up to 120 nm: secondary nucleation, size focusing, and Ostwald ripening. Physical chemistry chemical physics: PCCP, 2014, 16: 4236-4241.

[83] Reiss H. The Growth of Uniform Colloidal Dispersions. The Journal of Chemical Physics, 1951, 19: 482-487.

[84] Peng XG, Wickham J, Alivisatos AP. Kinetics of Ⅱ-Ⅵ and Ⅲ-Ⅴ colloidal semiconductor nanocrystal growth: "Focusing" of size distributions. J Am Chem Soc, 1998, 120: 5343-5344.

[85] Talapin DV, Rogach AL, Haase M, Weller H. Evolution of an ensemble of nanoparticles in a colloidal solution: Theoretical study. J Phys Chem B, 2001, 105: 12278-12285.

[86] Rogach AL, Talapin DV, Shevchenko EV, Kornowski A, Haase M, Weller H. Organization of matter on different size scales monodisperse: Nanocrystals and their superstructures. Adv Funct Mater, 2002, 12: 653-664.

[87] Peng XG. Mechanisms for the shape-control and shape-evolution of colloidal semiconductor nanocrystals. Adv Mater, 2003, 15: 459-463.

[88] Bastus NG, Comenge J, Puntes V. Kinetically controlled seeded growth synthesis of citrate-stabilized gold nanoparticles of up to 200 nm: Size focusing versus Ostwald ripening. Langmuir, 2011, 27: 11098-11105.

[89] Zhang H, Liu Y, Wang CL, Zhang JH, Sun HZ, Li MJ, Yang B. Directing the growth of semiconductor nanocrystals in aqueous solution: role of electrostatics. Chemphyschem:

a European journal of chemical physics and physical chemistry, 2008, 9: 1309-1316.

[90] Zhang H, Liu Y, Zhang JH, Wang CL, LiMJ, Yang B. Influence of interparticle electrostatic repulsion in the initial stage of aqueous semiconductor nanocrystal growth. J Phys Chem C, 2008, 112: 1885-1889.

[91] Han JS, Zhang H, Tang Y, Liu Y, Yao X, Yang B. Role of redox reaction and electrostatics in transition-metal impurity-promoted photoluminescence evolution of water-soluble ZnSe nanocrystals. J Phys Chem C, 2009, 113: 7503-7510.

[92] Zhang H, Wang LP, Xiong HM, Hu LH, Yang B, Li W. Hydrothermal synthesis for high-quality CdTe nanocrystals. Adv Mater, 2003, 15: 1712-1715.

[93] Shevchenko EV, Bodnarchuk MI, Kovalenko MV, Talapin DV, Smith RK, Aloni S, Heiss W, Alivisatos AP. Gold/Iron oxide core/hollow-shell nanoparticles. Adv Mater, 2008, 20: 4323-4329.

[94] Kim S, Yin YD, Alivisatos AP, Somorjai GA, Yates JT, Jr. IR spectroscopic observation of molecular transport through Pt@CoO yolk-shell nanostructures. J Am Chem Soc, 2007, 129: 9510-9513.

[95] González E, Arbiol J, Puntes VF. Carving at the nanoscale: sequential galvanic exchange and Kirkendall growth at room temperature. Science, 2011, 334: 1377-1380.

[96] Yin YD, Rioux RM, Erdonmez CK, Hughes S, Somorjai GA, PaulAlivisatos A. Formation of hollow nanocrystals through the nanoscale Kirkendall effect. Science, 2004, 304: 711-714.

[97] Gao JH, Liang GL, Zhang B, Kuang Y, Zhang XX, Xu B. FePt@CoS₂ yolk-shell nanocrystals as a potent agent to kill HeLa cells. J Am Chem Soc, 2007, 129: 1428-1433.

[98] Pang ML, Hu JY, Zeng HC. Synthesis, morphological control, and antibacterial properties of hollow/solid Ag₂S/Ag heterodimers. J Am Chem Soc, 2010, 132: 10771-10785.

[99] Zhang GQ, Yu QX, Yao Z, Li XG. Large scale highly crystalline Bi₂Te₃ nanotubes through solution phase nanoscale Kirkendall effect fabrication. Chemi Comm, 2009: 2317-2319.

[100] Liao MY, Huang CC, Chang MC, Lin SF, Liu TY, Su CH, Yeh CS, Li HP. Synthesis of magnetic hollow nanotubes based on the kirkendall effect for MR contrast agent and colorimetric hydrogen peroxide sensor. Journal of Materials Chemistry, 2011, 21: 7974-7981.

[101] Feng J, Zeng HC. Reduction and reconstruction of Co₃O₄ nanocubes upon carbon deposition. J Phys Chem B, 2005, 109: 17113-17119.

[102] Han JH, Bang JH. A hollow titanium oxynitride nanorod array as an electrode substrate prepared by the hot ammonia-induced Kirkendall effect. Journal of Materials Chemistry A, 2014, 2: 10568-10576.

[103] Fan HJ, Gçsele U, Zacharias M. Formation of nanotubes and hollow nanoparticles based on Kirkendall and diffusion processes: a review. Small, 2007, 3: 1660-1671.

[104] Watzky MA, Finney EE, Finke RG. Transition-metal nanocluster size vs formation time and the catalytically effective nucleus number: A mechanism-based treatment. J Am Chem Soc, 2008, 130: 11959-11969.

[105] Watzky MA, Finke RG. Nanocluster size-control and "Magic Number" incestigations. experimental tests of the "Living-Metal Polymer" concept and mechanism-based size-control predictions leadding to the syntheses of Iridium(0)nanoclusters centering about four sequential magic numbers. Chem Mater 1997, 9: 3083-3095.

[106] Besson C, Finney EE, Finke RG. A mechanism for transition-metal nanoparticle self-assembly. J Am Chem Soc, 2005, 127: 8179 8184.

[107] Yao SY, Yuan Y, Xiao CX, Li WZ, Kou Y, Dyson PJ, Yan N, Asakura H, Teramura K, Tanaka T. Insights into the formation mechanism of Rhodium nanocubes. The Journal of Physical Chemistry C, 2012, 116: 15076-15086.

[108] Cölfen H, Mann S. Higher-order organization by mesoscale self-assembly and transformation of hybrid nanostructures. Angew Chem Int Ed, 2003, 42: 2350-2365.

[109] Bahrig L, Hickey SG , Eychmüller A. Mesocrystalline materials and the involvement of oriented attachment - a review. CrystEngComm, 2014, 16: 9408-9424.

[110] Wohlrab S, Pinna N, Antonietti M, Cölfen H. Polymer-induced alignment of DL-alanine nanocrystals to crystalline mesostructures. Chemistry, 2005, 11: 2903-2913.

[111] Niederberger M, Cölfen H. Oriented attachment and mesocrystals: non-classical crystallization mechanisms based on nanoparticle assembly. Phys Chem Chem Phys, 2006, 8: 3271-3287.

[112] Penn RL, Banfield JF. Oriented attachment and growth, twinning, polytypism, and formation of metastable phases: Insights from nanocrystalline TiO$_2$. American Mineralogist, 1998, 83: 1077-1082.

[113] Penn RL, Banfield JF. Morphology development and crystal growth in nanocrystalline aggregates under hydrothermal conditions: Insights from titania. Geochimica et Cosmochimica Acta, 1999, 63: 1549-1557.

[114] Penn RL, Banfiel JF. Imperfect Oriented attachment: Dislocation generation in defect-free nanocrystals. Science, 1998, 281: 969-971.

[115] Zhang Q, Liu SJ, Yu SH. Recent advances in oriented attachment growth and synthesis of functional materials: concept, evidence, mechanism, and future. J Mater Chem, 2009, 19: 191-207.

[116] Wang FD, Richards VN, Shields SP, Buhro WE. Kinetics and Mechanisms of Aggregative Nanocrystal Growth. Chemistry of Materials, 2014, 26: 5-21.

[117] Ivanov VK, Fedorov PP, Baranchikov AY, Osiko VV. Oriented attachment of particles: 100 years of investigations of non-classical crystal growth. Russ Chem Rev, 2014, 83: 1204-1222.

[118] Zhang J, Huang F, Lin Z. Progress of nanocrysta-lline growth kinetics based on oriented attachment. Nanoscale, 2010, 2: 18-34.

[119] Zhang QB, Zhang KL, Xu DG, Yang GC, Huang H, Nie FD, Liu CM, Yang SH. CuO nanostructures: Synthesis, characterization, growth mechanisms, fundamental properties, and applications. Progress in Materials Science, 2014, 60: 208-337.

[120] Yang HG, Zeng HC. Self-Construction of Hollow SnO$_2$ Octahedra Based on Two-Dimensional Aggregation of Nanocrystallites. Angewandte Chemie, 2004, 116: 6056-6059.

[121] Zheng JS, Huang F, Yin SG, Wang YJ, Lin Z, Wu XL, ZhaoYB. Correlation between the photoluminescence and Oriented attachment growth mechanism of CdS quantum dots. J Am Chem Soc, 2010, 132: 9528-9530 (2010).

[122] Ribeiro C, Lee EJH, Longo E, Leite ER. A Kinetic Model to Describe Nanocrystal Growth by the Oriented Attachment Mechanism. ChemPhysChem, 2005, 6: 690-696.

[123] Li DS, Nielsen MH, Lee JRI, Frandsen C, Banfield JF, Yoreo JJD. Direction-specific interactions control crystal growth by oriented attachment. Science, 2012, 336: 1014-1018.

[124] Zhang DF, Sun LD, Yin JL, Yan CH, Wang RM. Attachment-driven morphology evolement of rectangular ZnO nanowires. J Phys Chem B, 2005, 109: 8786-8790.

[125] Pal P, Pahari SK, Sinhamahapatra A, Jayachandran M, Kiruthika GVM, Bajaj HC, Panda AB. CeO$_2$ nanowires with high aspect ratio and excellent catalytic activity for selective oxidation of styrene by molecular oxygen. RSC Advances, 2013, 3: 10837-18047.

[126] Du JY, Dong XW, Zhuo SJ, Shen WL, Sun LL, Zhu CQ. Eu(Ⅲ)-induced room-temperature fast transformation of CdTe nanocrystals into nanorods. Talanta, 2014, 122: 229-233.

[127] Xi GC, Ye JH. Ultrathin SnO$_2$ nanorods: template-free and surfactant-free solution phase synthesis, growth mechanism, optical, gas-sensing, and surface adsorption properties.

Inorg. Chem, 2010, 49: 2302-2309.

[128] O'Sullivan C, Gunning RD, Sanyal A, Barrett CA, Geaney H, Laffir FR, Ahmed S, Ryan KM. Spontaneous room temperature elongation of CdS and Ag$_2$S nanorods via Oriented attachment. J Am Chem Soc, 2009, 131: 12250-12257.

[129] Xu B, Wang X. Solvothermal synthesis of monodisperse nanocrystals. Dalton Trans, 2012, 41: 4719-4725.

[130] Li TY, Xiang GL, Zhuang J, Wang X. Enhanced catalytic performance of assembled ceria necklace nanowires by Ni doping. Chem Commun, 2011, 47: 6060-6062.

[131] Halder A, Ravishankar N. Ultrafine single-crystalline Gold nanowire arrays by Oriented attachment. Advanced materials, 2007, 19: 1854-1858.

[132] Pradhan N, Xu HF, Peng XG. Colloidal CdSe quantum wires by Oriented attachment. Nano Lett, 2006, 6: 720-724.

[133] Tang ZY, Kotov NA, Giersig M. Spontaneous organization of single CdTe nanoparticles into luminescent nanowires. Science, 2002, 297: 237-240.

[134] Cho KS, Talapin DV, Gaschler W, Murray CB. Designing PbSe nanowires and nanorings through Oriented attachment of nanoparticles. J Am Chem Soc, 2005, 127: 7140-7147.

[135] Gong MG, Kirkeminde A, Ren SQ. Symmetry-defying iron pyrite (FeS$_2$)nanocrystals through oriented attachment. Sci Rep, 2013, 3: 2092.

[136] Ren TZ, Yuan ZY, Hu WK, Zou XD. Single crystal manganese oxide hexagonal plates with regulated mesoporous structures. Microporous and Mesoporous Materials, 2008, 112: 467-473.

[137] Jia SF, Zheng H, Sang HQ, Zhang WJ, Zhang H, Liao L, Wang JB. Self-assembly of K$_x$WO$_3$ nanowires into nanosheets by an oriented attachment mechanism. ACS Appl Mater Interfaces, 2013, 5: 10346-10351.

[138] Zhang H, Huang J, Zhou XG, Zhong XH. Single-crystal Bi$_2$S$_3$ nanosheets growing via

attachment-recrystallization of nanorods. Inorg Chem, 2011, 50: 7729-7734.

[139] Silva ROD, Gonc, alves RH, Stroppa DG, Ramirez AJ, Leite ER. Synthesis of recrystallized anatase TiO$_2$ mesocrystals with Wulff shape assisted by oriented attachment. Nanoscale, 2011, 3: 1910-1916.

[140] Jia BP, Gao L. Growth of well-defined cubic hematite single crystals: Oriented aggregation and Ostwald ripening. Crystal Growth & Design, 2008, 8: 1372-1376.

[141] Yu P, Huang J, Tang J. Observation of Coalescence Process of Silver Nanospheres During Shape Transformation to Nanoprisms. Nanoscale Res Lett, 2011, 6(46): 1-7.

[142] Liu B, Zeng HC. Mesoscale organization of CuO nanoribbons: Formation of "Dandelions". J Am Chem Soc, 2004, 126: 8124-8125.

[143] Fang JX, Ding BJ, Song XP, Han Y. How a silver dendritic mesocrystal converts to a single crystal. Applied Physics Letters, 2008, 92: 173120.

[144] Zitoun D, Pinna N, Frolet N, Belin C. Single Crystal Manganese Oxide Multipods by Oriented Attachment. J Am Chem Soc, 2005, 127: 15034-15035.

[145] Liu B, Yu SH, Li LJ, Zhang Q, Zhang F, Jiang K. Morphology control of stolzite microcrystals with high hierarchy in solution. Angew Chem Int Ed, 2004, 43: 4745-4750.

[146] JunYW, Chung HW, Jang JT, Cheon JW. Multiple twinning drives nanoscale hyper-branching of titanium dioxide nanocrystals. Journal of Materials Chemistry, 2011, 21: 10283-10286.

[147] Li HB, Kanaras AG, Manna L. Colloidal branched semiconductor nanocrystals: State of the art and perspectives. Accounts of Chemical Research, 2013, 46: 1387-1396.

[148] Watt J, Cheong S, Toney MF, Ingham B, Cookson J, Bishop PT, Tilley RD. Ultrafast growth of highly branched Palladium nanostructures for catalysis. ACS Nano, 2010,

4: 396-402.

[149] Zhu WC, Zhu SL, Xiang L. Successive effect of rolling up, oriented attachment and Ostwald ripening on the hydrothermal formation of szaibelyite MgBO$_2$(OH) nanowhiskers. CrystEngComm, 2009, 11: 1910-1919.

[150] Chen ZM, Geng ZR, Shi ML, Liu ZH, Wang ZL. Construction of EuF$_3$ hollow sub-microspheres and single-crystal hexagonal microdiscs via Ostwald ripening and oriented attachment. CrystEngComm, 2009, 11: 1591-1596.

[151] Yang XF, Fu JX, Jin CJ, Chen J, Liang CL, Wu MM, Zhou WZ. Formation mechanism of CaTiO$_3$ hollow crystals with different microstructures. J Am Chem Soc, 2010, 132: 14279-14287.

[152] Yao KX, Sinclair R, Zeng HC. Symmetric linear assembly of hourglass-like ZnO nanostructures. J Phys Chem C, 2007, 111: 2032-2039.

[153] Zhao JB, Wu LL, Zou K. Fabrication of hollow mesoporous NiO hexagonal microspheres via hydrothermal process in ionic liquid. Materials Research Bulletin, 2011, 46: 2427-2432.

[154] Yang XF, Williams ID, Chen J, Wang J, Xu HF, Konishi H, Pan YX, Liang CL, Wu MM. Perovskite hollow cubes: morphological control, three-dimensional twinning and intensely enhanced photoluminescence. Journal of Materials Chemistry, 2008, 18: 3543-3546.

[155] Zhang H, Zhai CX, Wu JB, Ma XY, Yang DR. Cobalt ferrite nanorings: Ostwald ripening dictated synthesis and magnetic properties. Chem Commun 2008: 5648-5650.

[156] Lifshitz IM, Slyozov VV. Kinetics of precipitation from supersaturated solid solutions. Journal of Physics and Chemistry of Solids, 1961, 19: 35-50.

[157] Wagner C. Theorie Der Alterung Von Niederschlagen Durch Umlosen (Ostwald-Reifung). Zeitschrift Fur Elektrochemie. 1961, 65: 581-591.

[158] Viswanatha R, Sarma DD. Growth of nanocrystals in solution//Rao CNR Muller

A Cheetham AK. Nanomaterials Chemistry: Recent Develoments and New Directions. Wiley VCH Weinheim, 2007: 139-170.

[159] Shi JM, Anderson MW, Carr SW. Direct observation of zeolite A synthesis by in situ solid-state NMR. Chem Mater, 1996, 8: 369-375.

[160] Hosokawa H, Fujiwara H, Murakoshi K, Wada Y, Yanagida S, Satoh M. In-situ EXAFS observation of the surface structure of colloidal CdS nanocrystallites in N, N-Dimethylformamide. J Phys Chem, 1996, 100: 6649-6656.

[161] Haselhoff M, Weber H. Nanocrystal growth in alkali halides observed by exciton spectroscopy. Physical Review B, 1998, 58(8): 5052-5061.

[162] Qu LH, Yu WW, Peng XG. In situ observation of the nucleation and growth of CdSe nanocrystals. Nano Lett, 2004, 4(3): 465-469.

[163] Jung HS, Shin H, Kim JR, Kim JY, Hong KS. In situ observation of the stability of anatase nanoparticles and their transformation to rutile in an acidic solution. Langmuir, 2004, 20: 11732-11737.

[164] Kim DW, Cho IS, Kim JY, Jang HL, Han GS, Ryu HS, Shin H, Jung HS, Kim H, Hong KS. Simple large-scale synthesis of hydroxyapatite nanoparticles: In situ observation of crysta-llization process. Langmuir, 2010, 26(1): 384-388.

[165] Oezaslan M, Hasché F, Strasser P. In situ observation of bimetallic alloy nanoparticle formation and growth using high-temperature XRD. Chem Mater, 2011, 23: 2159-2165.

[166] Meneses CT, Flores WH, Sasaki JM. Direct observation of the formation of nanoparticles by in situ time-resolved X-ray absorption spectroscopy. Chem Mater, 2007, 19: 1024-1027.

[167] Ingham B, Illy BN, Ryan MP. Direct observation of distinct nucleation and growth processes in electrochemically deposited ZnO nanostructures using in situ XANES. J Phys

Chem C, 2008, 112: 2820-2824.

[168] Millar GJ, Nelson ML, Uwins PJR. In situ observation of structural changes in polycrystalline silver catalysts by environmental scanning electron microscopy. J Chem Soc Faraday Trans, 1998, 94(14): 2015 2023.

[169] Wang ZJ, Weinberg G, Zhang Q, Lunkenbein T, Hoffmann AK, Kurnatowska M, Plodinec M, Li Q, Chi LF, Schloegl R, Willinger MG. Direct observation of graphene growth and associated copper substrate dynamics by in situ scanning electron microscopy. ACS Nano, 2015, 9(2): 1506-1519.

[170] Woehl TJ, Evans JE, Arslan I, Ristenpart WD, Browning ND. Direct in situ determination of the mechanisms controlling nanoparticle nucleation and growth. ACS Nano, 2012, 6(10): 8599-8610.

[171] Parent LR, Robinson DB, Woehl TJ, Ristenpart WD, Evans JE, Browning ND, Arslan I. Direct in situ observation of nanoparticle synthesis in a liquid crystal surfactant template. ACS Nano, 2012, 6(4): 3589-3596.

[172] Parent LR, Robinson DB, Cappillino PJ, Hartnett RJ, AbellanP, Evans JE, Browning ND, Arslan I. In situ observation of directed nanoparticle aggregation during the synthesis of ordered nanoporous metal in soft templates. Chem Mater, 2014, 26: 1426-1433.

[173] Zheng HM, Smith RK, Jun YW, Kisielowski C, Dahmen U, Alivisatos AP. Observation of single colloidal platinum nanocrystal growth trajectories. Science, 2009, 324: 1309-1312.

[174] Jiang Y, Wang Y, Zhang YY, Zhang ZF, Yuan WT, Sun CH, Wei X, Brodsky CN, Tsung CK, Li JX, Zhang XF, Mao SX, Zhang SB, Zhang Z. Direct observation of Pt nanocrystal coalescence induced by electron-excitation-enhanced van der Waals interactions. Nano Research, 2014, 7(3): 308-314.

[175] Liao HG, Niu KY, Zheng HM. Observation of growth of metal nanoparticles. Chem Commun, 2013, 49, 11720-11727.

[176] Jeong M, Yuk JM, Lee JY. Observation of surface atoms during platinum nanocrystal growth by monomer attachment. Chem Mater, 2015, 27: 3200-3202.

[177] Xin HL, Zheng HM. In situ observation of oscillatory growth of bismuth nanoparticles. Nano Lett, 2012, 12: 1470-1474.

[178] Sutter E, Sutter P, Zhu YM. Assembly and interaction of Au/C core-shell nanostructures: In situ observation in the transmission electron microscope. Nano Lett, 2005, 5(10): 2092-2096.

[179] Simões S, Calinas R, Vieira MT, Vieira MF, Ferreira PJ. In situ TEM study of grain growth in nanocrystalline copper thin films. Nanotechnology, 2010, 21: 145701.

[180] Chou YC, Wu WW, Cheng SL, Yoo BY, Myung NS, Chen LJ, Tu KN. In-situ TEM observation of repeating events of nucleation in epitaxial growth of nano CoSi$_2$ in nanowires of Si. Nano Lett, 2008, 8(8): 2194-2199.

[181] In JH, Yoo YD, Kim JG, Seo KY, Kim HJ, Ihee H, Oh SH, Kim BS. In situ TEM observation of heterogeneous phase transition of a constrained single-crystalline Ag$_2$Te nanowire. Nano Lett, 2010, 10: 4501-4504.

[182] Shaygan M, Gemming T, Bezugly V, Cuniberti G, Lee JS, Meyyappan M. In situ observation of melting behavior of ZnTe nanowires. J Phys Chem C, 2014, 118: 15061-15067.

[183] Nasibulin AG, Sun LT, Hämäläinen S, Shandakov SD, Banhart F, Kauppinen EI. In situ TEM observation of MgO nanorod growth. Crystal Growth & Design, 2010, 10(1): 414-417

[184] Cordeiro MAL, Crozier PA, Leite ER. Anisotropic nanocrystal dissolution observation by in situ transmission electron microscopy. Nano Lett, 2012, 12: 5708-5713.

[185] Li DS, Nielsen MH, Lee JRI, Frandsen C, Banfield JF, Yoreo JJD. Direction-specific interactions control crystal growth by oriented attachment. Science, 2012, 336: 1014-1018.

[186] Lian J, Ríos S, Boatner LA, Wang LM, Ewing

RC. Microstructural evolution and nanocrystal formation in Pb-implanted ZrSiO₄ single crystals. J Appl Phys, 2003, 94(9): 5695-5703.

[187] Kim SJ, Ryu HS, Shin HH, Jung HS, Hong KS. In situ observation of hydroxyapatite nanocrystal formation from amorphous calcium phosphate in calcium-rich solutions. Materials Chemistry and Physics, 2005, 91: 500-506.

[188] Zhu WC, Zhang Q, Xiang L, Zhu SL. Repair the pores and preserve the morphology: Formation of high crystallinity 1D nanostructures via the thermal conversion route. Crystal Growth & Design, 2011, 11(3): 709-718.

[189] Kimura Y, Niinomi H, Tsukamoto K, García-Ruiz JM. In situ live observation of nucleation and dissolution of sodium chlorate nanoparticles by transmission electron microscopy. J Am Chem Soc, 2014, 136: 1762-1765.

[190] Yasuda A, Kawase N, Banhart F, Mizutani W, Shimizu T, Tokumoto H. Graphitization mechanism during the carbon-nanotube formation based on the in-situ HRTEM observation. J Phys Chem B, 2002, 106: 1849-185.

[191] Yoshida H, Takeda S, Uchiyama T, Kohno H, Homma Y. Atomic-scale in-situ observation of carbon nanotube growth from solid state iron carbide nanoparticles. Nano Lett, 2008, 8(7): 2082-2086.

[192] Pattinson SW, Diaz RE, Stelmashenko NA, Windle AH, Ducati C, Stach EA, Koziol KKK. In situ observation of the effect of nitrogen on carbon nanotube synthesis. Chem Mater, 2013, 25: 2921-2923.

[193] Wang CM, Xu W, Liu J, Zhang JG, Saraf LV, Arey BW, Choi DW, Yang ZG, Xiao J, Thevuthasan S, Baer DR. In situ transmission electron microscopy observation of micro-structure and phase evolution in a SnO₂ nanowire during lithium intercalation. Nano Lett, 2011, 11: 1874-1880.

[194] Liu Y, Hudak NS, Huber DL, Limmer SJ, Sullivan JP, Huang JY. In situ transmission

electron microscopy observation of pulverization of aluminum nanowires and evolution of the thin surface Al₂O₃ layers during lithiation delithiation cycles. Nano Lett, 2011, 11: 4188-4194.

[195] Ghassemi H, Au M, Chen N, Heiden PA, Yassar RS. In situ electrochemical lithiation/delithiation observation of individual amorphous Si nanorods. ACS Nano, 2011, 5(10): 7805-7811.

[196] Lee SY, Oshima Y, Hosono E, Zhou HS, Kim KS, Chang HM, Kanno R, Takayanagi K. In situ TEM observation of local phase transformation in a rechargeable LiMn₂O₄ nanowire battery. J Phys Chem C, 2013, 117: 24236-24241.

[197] Su QM, Chang L, Zhang J, Du GH, Xu BS. In situ TEM observation of the electrochemical process of individual CeO₂/Graphene anode for pithium ion battery. J Phys Chem C, 2013, 117: 4292-4298.

[198] McDowell MT, Lu ZD, Koski KJ, Yu JH, Zheng GY, Cui Y. In situ observation of divergent phase transformations in individual sulfide nanocrystals. Nano Lett, 2015, 15: 1264-1271.

[199] Anwar J, Zahn D. Uncovering Molecular Processes in Crystal Nucleation and Growth by Using Molecular Simulation. Angew Chem Int Ed, 2011, 50: 1996-2013.

[200] Luedtke WD, Landman U. Structure, Dynamics, and Thermodynamics of Passivated Gold Nanocrystallites and Their Assemblies. J Phys Chem, 1996, 100(32): 13323-13329.

[201] Keblinski P, Wolf D, Phillpot SR, Gleiter H. Structure of Grain Boundaries in Nanocrystalline Palladium by Molecular Dynamics Simulation. Scripta Materialia, 1999, 41(6): 631-636.

[202] Yamakov V, Wolf D, Phillpot SR, Gleiter H. Grain-boundary diffusion creep in nanocrystalline palladium by molecular-dynamics simulation. Acta Materialia, 2002, 50: 61-73.

[203] Yamakov V, Wolf D, Phillpot SR, Gleiter

H. Deformation twinning in nanocrystalline
Al by molecular-dynamics simulation. Acta
Materialia, 2002, 50: 5005-5020.

[204] Yamakov V, Wolf D, Phillpot SR, Gleiter H.
Dislocation-dislocation and dislocation-twin
reactions in nanocrystalline Al by molecular
dynamics simulation. Acta Materialia, 2003, 51:
4135-4147.

[205] Xie ZC, Gao TH, Guo XT, Xie Q. Molecular
dynamics simulation of nanocrystal formation
and deformation behavior of Ti_3Al alloy.
Computational Materials Science, 2015, 98:
245-251.

[206] Morgan BJ, Madden PA. Pressure-Driven
Sphalerite to Rock Salt Transition in Ionic
Nanocrystals: A Simulation Study. Nano Lett,
2004, 4(9): 1581-1585.

[207] Li YC, Park CW. Particle Size Distribution
in the Synthesis of Nanoparticles Using
Microemulsions. Langmuir, 1999, 15: 952-956.

[208] Kuriyedath SR, Kostova B, Kevrekidis IG,
Mountziaris TJ. Lattice Monte Carlo Simulation
of Cluster Coalescence Kinetics with
Application to Template-Assisted Synthesis of
Quantum Dots. Ind Eng Chem Res, 2010, 49:
10442-10449.

[209] Bandyopadhyaya R, Kumar R, Gandhi KS.
Simulation of Precipitation Reactions in
Reverse Micelles. Langmuir, 2000, 16: 7139-
7149.

[210] Jain R, Shukla D, Mehra A. A Monte Carlo
Model for the Formation of Core Shell
Nanocrystals in Reverse Micellar Systems. Ind
Eng Chem Res, 2006, 45: 2249-2254.

[211] Bouhadiche A, Bouridah H, Boutaoui N.
Monte Carlo simulation of silicon nanocrystal
formation in the presence of impurities in a
SiN_x matrix. Computational Materials Science,
2014, 92: 41-46.

[212] Liu ZJ, Shen YG. Effects of amorphous matrix
on the grain growth kinetics in two-phase

nanostructured films: a Monte Carlo study. Acta
Materialia, 2004, 52: 729-736.

[213] Yi DO, Jhon MH, Sharp ID, Xu Q, Yuan CW,
Liao CY, Ager JW Ⅲ, Haller EE, Chrzan
DC. Modeling nucleation and growth of
encapsulated nanocrystals: Kinetic Monte Carlo
simulations and rate theory. Physical Review B,
2008, 78: 245415.

[214] Di ZY, Zhang DC, ChenXF. A Monte Carlo
simulation of nanoscale magnetic particle
morphology and magnetization. J Appl Phys,
2008, 104: 093109.

[215] Wang J, Wolf D, Phillpot SR, Gleiter H.
Phonon-Induced Anomalous Specific Heat of
a Model Nanocrystal by Computer Simulation.
NanoStructured Materials, 1995, 6: 747-750.

[216] Fransaer JL, Penner RM. Brownian Dynamics
Simulation of the Growth of Metal Nanocrystal
Ensembles on Electrode Surfaces from Solution.
I. Instantaneous Nucleation and Diffusion-
Controlled Growth. J Phys Chem B, 1999, 103:
7643-7653.

[217] Rondinone AJ, Samia ACS, Zhang ZJ.
Superparamagnetic Relaxation and Magnetic
Anisotropy Energy Distribution in $CoFe_2O_4$
Spinel Ferrite Nanocrystallites. J Phys Chem B,
1999, 103: 6876-6880.

[218] Zhang WW, Chen SG, Yu SQ, Yin YS.
Experimental and theoretical investigation of
the pH effect on the titania phase transformation
during the sol-gel process. Journal of Crystal
Growth, 2007, 308: 122-129.

[219] Embden JV, Sader JE, Davidson M, Mulvaney
P. Evolution of Colloidal Nanocrystals: Theory
and Modeling of their Nucleation and Growth. J
Phys Chem C, 2009, 113: 16342-16355.

[220] Fichthorn KA. Atomic-Scale Theory and
Simulations for Colloidal Metal Nanocrystal
Growth. J Chem Eng Data, 2014, 59: 3113-
3119.

索 引

B

八面体Pd　221
钯纳米晶　015
饱和浓度　212
爆发性成核　214, 225
表面保护剂　013
表面等离子体共振　165
表面活性剂　135
表面能　016, 219
表面配体　013
表面原子　165
宾汉塑性体　179
并行分子动力学程序　268
不良溶剂　177, 186
布朗动力学模拟　272

C

层错　011
超薄二维结构　042
超薄过渡金属碳化物　201
超晶格　062, 184
超细纳米结构　164
超细纳米晶　203
超细纳米线　167
成核　008, 212
尺寸分布效应　226
尺寸效应　172, 175, 239
从上至下法　003, 063, 199

D

丹姆克尔数　228
单壁纳米管　186

单晶　011
单晶纳米管　143
单体聚集　212
单向内扩散　154
岛状生长模式　052
第一性原理　272
碲纳米线　132
电负性　028, 034
对称型Ostwald熟化　223
多步分级生长法　116
多层级纳米阵列　114
多重孪晶　011
多孔单晶材料　244
多孔膜模板　139, 141
多孔阳极氧化铝膜　131, 141
多酸　164

E

二重孪晶　011
二聚体结构　048
二硫化钼纳米片　157
二维超薄材料　043
二维超细纳米晶　165, 198
二维纳米阵列　106

F

反应成核　219
非对称型Ostwald熟化　223
非晶态纳米材料　210
非均相成核　214, 216
非离子表面活性剂　136
非牛顿流体　179
非生物模板　135

非生物模板法　135, 156

非外延生长　144

非原位　251

分子动力学模拟　267

分子模拟　267

封端剂　083

富勒烯结构　222

傅里叶变换拉曼光谱　255

G

高压釜　078

共价键　167

固相反应　063

贵金属诱导还原反应　033

H

合金纳米晶　029

核壳结构　222

恒压MD模拟　269

化学腐蚀　066

化学模板　139

化学模板法　132, 148

化学气相沉积法　087

还原电势　010, 051

还原速率　053

环境扫描电子显微镜　255

缓慢升温方式　026

J

机械剥离　200

基底　105

剪切稀释体　179

剪切增稠体　179

截角八面体　010

介观连接　234

界面能　052, 212

金溶胶　211

金属纳米晶　008

金属团簇　164

金属置换反应　055

经典成核理论　211, 233

经典结晶理论　233

晶格错配度　011

晶核　008

晶态纳米材料　210

晶体　227

晶种　010

晶种导向模式　101

晶种法　054

精细X射线吸收谱　071

聚碳酸酯膜　141

卷曲机制　101

均相成核　214

K

空心钯纳米晶　045

快速成核　216

快速傅里叶变换　037

快速傅里叶变换（FFT）图　184

矿化剂　083

扩散层　226

扩散控制生长　226

扩散控制生长等式　229

扩展X射线吸收精细结构　252

L

铑纳米晶　041

冷冻干燥法　253

离线分析　251

良溶剂　186

两步法　051

两相法腐蚀　067

临界半径　214, 225

临界成核浓度　212

零维超细纳米晶　165

零维纳米材料　132

流体力学效应　177

孪晶界面能　016

M

蒙特卡洛模拟　270

密度泛函理论　272

魔角自旋　253

模板　130

模板法　130

钼氧化物　187

N

纳米棒　087, 093

纳米带　147

纳米管　098, 131

纳米管结构　232

纳米化学　002, 211

纳米结构　164

纳米科学　002

纳米线　087, 131

纳米阵列　104

内模板法　131

逆Ostwald熟化　260

镍铁水滑石六方纳米片阵列　111

牛顿流体　179

O

偶极作用　172

P

配体　051

偏光显微镜　185

平面型生长模式　052

平行原位X射线衍射技术　252

蒲公英结构　245

Q

气相沉积　003

嵌入原子方法　268

氢氧化钆　168

取向连生　172, 234

群体平衡方程　273

R

热力学模型　015

热注入方式　026

热注射法　215

溶剂　079

溶剂热法　079

柔性　177

蠕虫链构象　172

软模板法　130

弱还原剂　028

S

三步生长机理　015, 032

三维纳米阵列　112

三维组装　177

扫描透射电子显微镜　256

生长　008, 212

生长动力学　219

生长机理　267

生长速率　227

生物模板　133

生物模板法　134, 156
疏水溶剂　013
疏水体系　013
双金属纳米晶　010
水热法　245
水热合成　078
水热晶化法　099
水热/溶剂热合成　078
瞬间成核　009, 026

T

肽模板　140
弹性应变能　016
填充度　084
同步辐射技术　255
透射电子显微镜　257
团簇　008, 174

W

外模板法　131
外延包覆　144
外延生长　142
微乳液　270
微乳液法　087
无格点3D动力学MC方法　270
五重孪晶结构　089
物理-化学模板　139
物理模板　139, 142
物理模板法　132

X

牺牲模板　156
牺牲模板法　193
相互扩散　154
硝酸腐蚀法　064
形貌调控剂　013, 017, 053

悬臂梁模型　198

Y

亚纳米　165
烟草花叶病毒　140
氧化腐蚀　051, 065
氧化还原诱导Ostwald熟化　220
氧化铁纳米晶　218
氧化物纳米管　144
液晶模板法　140
液相剥离　200
液相沉淀法　087
液相反应池　258
液相合成　003
一步法　051
一步溶剂热法　221
一步水热法　114
一锅法　088
一级纳米阵列　106
一维超细结构　167
一维超细纳米晶　165
一维$MgBO_2(OH)$　246
一维纳米材料　086
一维纳米结构模板　139, 142
一维纳米阵列　106
异质外延生长　054
银纳米晶　023
硬模板　130
硬模板法　130
由下至上法　003, 199
油胺　013
有机模板　139
有机溶剂　080
有效电负性　034
原位电镜技术　071
原位高温X射线衍射技术　254

原位观察　252
原位光谱技术　072
原位吸收光谱　252

Z

障碍自由能　213
枝晶　246
植物膜模板法　156
置换反应　151
中空 $CaTiO_3$ 立方体　249
中空结构对称型 Ostwald 熟化　223
中空结构球　223
紫外-可见吸收光谱　252
自催化表面生长　232
自由能　212
自组装　139, 174
自组装反应剂　083
最小成核浓度　212

其他

Ag 纳米晶　217
Ag 纳米片　156
Ag 纳米线　089
Au 超细纳米线　191
Au 纳米棒　088
Au 纳米片　156
Bi_2S_3 超细纳米线　172
CdS　093
CdS 纳米线　094
CeO_2 纳米线　241

Cu-Au 纳米晶　059
Cu_2O 纳米线　092
Cu 纳米线　090
Cu 团簇　176
Fick 第一定律　226
Finke-Watzky 两步机制　232
GaN 单晶纳米管　143
GaN 纳米管　150
Kirkendall 效应　153, 230
Lamer 模型　008, 211, 232
LSW 生长模型　251
MnO_2 单晶纳米线　092
MoO_3 单壁纳米管　189
NMR　253
OA 机理　233
Ostwald 熟化　219, 232, 260
Ostwald 熟化机制　211
Pd/Sn 双金属纳米颗粒　017
Potts 模型　271
Pt/Cu 双金属纳米晶　018
Pt-Ni 合金纳米晶　056
Pt-Ni 纳米晶　037
Pt 纳米棒　089
Pt 纳米晶　215
Wulff 多面体　010
Wulff 构造原理　010
$Y(OH)_3$ 纳米卷　182
ZnO 纳米棒　090, 107
ZnO 纳米花阵列　112
ZnS 纳米管　151